História da Filosofia

Teias da Humanidade: Uma Jornada Através dos Tempos – Volume 3

Prof. Marco Aurélio Padovan Jr.

História da Filosofia

Teias da Humanidade: Uma Jornada Através dos Tempos – Volume 3

UM GUIA DE ESTUDOS DE

Marco Aurélio Padovan Junior

Título original
TEIAS DA HUMANIDADE: HISTÓRIA DA FILOSOFIA

Primeira publicação em
Ribeirão Preto, São Paulo, Brasil.
2024

1ª Edição

Todos os direitos da obra
TEIAS DA HUMANIDADE: HISTÓRIA DA FILOSOFIA
reservados ao Autor

Copyright do texto © Marco Aurélio Padovan Junior, 2024
Arte de capa — Icaro Squassoni Pallone

Aos membros da família Ferezin: Lílian, Daniel e Isadora;
que trouxeram luz onde antes só havia trevas.

Introdução 12

1 – Origem 13

2 – Pré-Socráticos 17

3 – Sofistas 26

4 – Sócrates 28

5 – Platão 32

6 – Aristóteles 38

7 – Filosofia Helenística 45

8 – Filosofia Romana 54

9 – Filosofia Cristã Medieval 58

10 – Filosofia Árabe Medieval 67

11 – Filosofia das Universidades 71

12 – Tomás de Aquino 74

13 – Filosofia Inglesa Medieval 77

14 – Humanismo 80

15 – Reforma Protestante 83

16 – Revolução Científica 90

17 – Giordano Bruno 97

18 – Galileu Galilei 99

19 – Nicolau Maquiavel 103

20 – Morus e Montaigne 106

21 – Francis Bacon 110

22 – René Descartes 114

23 – Thomas Hobbes 126

24 – Bento de Espinosa 130

25 – Gottfried Wilhelm Leibniz 135

26 – Isaac Newton 138

27 – Reflexão da Revolução Científica 141

28 – Empirismo 144

29 – Iluminismo 150

30 – Voltaire 155

31 – Denis Diderot 158

32 – Jean-Jacques Rousseau 161

33 – Iluminismo Alemão 167

34 – Immanuel Kant 170

35 – Direitos Humanos 177

36 – Pré-Romantismo 182

37 – Johann Gottlieb Fichte 186

38 – Friedrich Schelling 189

39 – Utilitarismo 192

40 – Harriet Taylor 197

41 – Arthur Schopenhauer... 200

42 – Georg Wilhelm Friedrich Hegel......................... 203

43 – Auguste Comte 209

44 – Karl Marx 213

45 – Durkheim e Weber... 225

46 – Fiedrich Nietzsche.. 232

47 – Miguel de Unamuno 236

48 – José Ortega y Gasset 239

49 – Gottlob Frege 241

50 – Bertrand Russell... 247

51 – George Morre 250

52 – Círculo de Viena 253

53 – Rudolf Carnap 257

54 – Henri Bergson 262

55 – Edmund Husserl 265

56 – Sigmund Freud 268

57 – Ludwig Wittgenstein 274

58 – Karl Popper 278

59 – Antonio Gramsci 283

60 – Louis Althusser 286

61 – Martin Heidegger 289

62 – Jean-Paul Sartre 294

63 – Simone de Beauvoir 302

64 – Hans-Georg Gadamer 305

65 – Escola de Frankfurt e Annales 308

66 – Estruturalismo 314

67 – Jacques Lacan 318

68 – Michel Foucault 321

69 – Paul Ricoeur 325

70 – Pragmatismo 329

71 – Teorias da Justiça 333

72 – Pós-Modernidade 337

73 – Filosofia no Brasil 355

74 – Ciência, Tecnologia e Sociedade 359

75 – Filosofia Medieval Atual 362

Introdução

Esta obra é o terceiro volume do projeto Teias da Humanidade, sendo destinado a todos que buscam uma visão panorâmica do pensamento filosófico ocidental e desejam, a partir dessa perspectiva, desenvolver uma reflexão crítica sobre a história das ideias e o lugar que ocupamos na sociedade contemporânea, procurando complementar os eventos retratados nos dois primeiros volumes.

É importante esclarecer que esta obra não se propõe a atender aos critérios da pesquisa acadêmica especializada, ainda que faça uso de diversas contribuições relevantes da tradição filosófica, selecionadas por sua capacidade de enriquecer o debate e favorecer a compreensão do pensamento ocidental em suas múltiplas vertentes. O leitor perceberá que esta proposta contempla uma ampla gama de informações organizadas de maneira didática, ainda que, por limitações próprias do formato, algumas abordagens sejam tratadas com menor profundidade. Trata-se, portanto, de uma introdução geral, que busca estimular a curiosidade e abrir caminhos para estudos mais aprofundados.

A presente edição percorre, em ordem cronológica, os principais momentos da história da Filosofia Ocidental, das origens na Grécia Antiga até os debates contemporâneos. O foco recai sobre pensadores e correntes que, em minha leitura, contribuíram significativamente para a construção do pensamento ocidental. Busquei priorizar o equilíbrio entre diferentes escolas e contrapontos filosóficos, sempre com o objetivo de fomentar o espírito crítico e o diálogo entre ideias divergentes. Além disso, acredito que o melhor caminho para compreender profundamente um filósofo é o contato direto com sua própria obra. Por isso, as obras citadas ao longo dos capítulos já funcionam como um convite à leitura direta e reflexiva dos autores abordados.

Espero que este trabalho possa colaborar para o fortalecimento de uma consciência filosófica e histórica mais ampla, contribuindo com a formação de estudantes do Ensino Médio, da Graduação ou de qualquer pessoa interessada em compreender melhor os fundamentos do pensamento ocidental.

1 – Origem

Circunstâncias econômicas, sociais e culturais levaram ao aparecimento dos primeiros filósofos na Grécia Antiga do século VI a.C. Esses pensadores buscaram um princípio que explicasse a existência do mundo sem recorrer à mitologia.

Capacidade de Pensar

O ser humano é o único animal do planeta capaz de pensar sobre o mundo que o cerca. A capacidade de pensar levou a espécie humana a criar mecanismos de sobrevivência e adaptação ao meio no qual vivia, conseguindo fazer algo que nenhuma outra espécie era capaz de fazer: interferir sobre a natureza e adequá-la às suas necessidades.

A atividade de pensar, ou seja, a capacidade de refletir sobre as coisas que nos cercam, é aquilo que chamamos de razão. Refletir sobre o sentido da vida, os seus valores e como viver de forma feliz e correta, entre outras coisas, é o ofício da Filosofia. A filosofia, portanto, é o ato de conhecer como relações que se estabelece entre o sujeito que conhece e o objeto a ser conhecido, como resultado desse ato.

Mito Grego

A palavra mito (*mythos*) pode ser traduzida como "narrativa" ou "relato" com significação simbólica. Trata-se de relatos orais fabulosos muito antigo que se conservaram na memória dos povos – neste caso, o povo grego. Os mitos explicavam os grandes temas da vida e do mundo – como os fenômenos naturais, o surgimento das coisas e o comportamento humano – por meio de histórias cujos protagonistas são deuses e heróis (cosmogonia), tendendo a fornecer uma resposta e uma explicação satisfatória.

No pensamento mítico, cada fenômeno, cada acontecimento é comandado pelos deuses – seres imortais e passionais, de aparência semelhante à humana, mas com um enorme poder. Mais do que dominar o mundo, os deuses o constituíram, portanto os mitos são

carregados de crenças, o que nos leva a concluir que não passam por uma sistematização do conhecimento.
Assim o estado inicial da natureza, em que predominava a desorganização, eram um deus, Caos. As coisas começaram a ordenar-se quando outros deuses surgiram, seguindo-se a Caos: Terra, Céu, Noite, Dia, Oceano, Trovão, Relâmpago e Montanhas.
Esse ordenamento criou o mundo. E as relações entre os deuses – os primordiais e os que vieram depois deles –, em geral conflituosas, geravam os acontecimentos do mundo. Essas explicações míticas, ao que parece, satisfizeram durante séculos a curiosidade dos antigos gregos pela origem do mundo.
A proximidade dos gregos com seus deuses, que eram reproduções dos homens, ou seja, continham as virtudes e os defeitos do homem, os aproximava de uma preocupação com a figura humana, talvez esta seja a principal razão para a filosofia ter surgido na Grécia Antiga, pois filosofia é uma palavra grega (*philosophia*), cujo significado é "amigo do saber".

Homero e Hesíodo

É atribuído a Homero (século IX a.C.) a autoria dos dois grandes poemas épicos, *Ilíada* e *Odisseia*. Como quase nada se sabe de sua vida, chegou-se a duvidar de que ele tivesse existido. Uma das hipóteses levantadas pelos pesquisadores foi a de que ambos os poemas seriam o resultado de uma longa tradição oral que, em um determinado momento, foi escrita. Essa tese parecia confirmada pelas diferenças estilísticas entre um e outro. A crítica atual, porém, considera que Homero realmente existiu e que os dois poemas são uma adaptação de diversos mitos transmitidos oralmente.
Hesíodo (século VIII a.C.) compôs dois grandes poemas: a *Teogonia*, na qual trata da origem do mundo e dos deuses, tentando dar unidade aos diferentes mitos gregos, e *Os Trabalhos e os Dias*, em que explica as tarefas agrícolas, ao mesmo tempo em que faz reflexões morais sobre a ambição de riqueza e as virtudes do trabalho e da justiça.

Surgimento da Filosofia

No século VI a.C., em Mileto – cidade da costa da Jônia, Ásia Menor – , surgiram os primeiros questionamentos a um aspecto fundamental do pensamento mítico: a constituição da natureza. Alguns homens começaram a indagar se as coisas eram mesmo obra dos deuses ou se poderia haver outra explicação para seu surgimento. A esses homens, a história da filosofia considera eles como os "primeiros filósofos".

Para a Jônia tinham ido muitos gregos, no século XII a.C., fugindo das invasões dóricas, que arrasaram os reinos micênicos. O tipo de vida que se tinha então – de base agrária, patriarcal e gentílica – foi profundamente alterado na Jônia. A intensa atividade comercial jônica, facilitada pela adoção da moeda, no século VII a.C., reforçou o papel social, cultural e político de comerciantes, navegadores e artesãos.

Tudo isso, aliado às trocas culturais que o porto de Mileto proporcionava e ao desenvolvimento de novas técnicas, levou, em especial ao longo do século VI a.C., a um modo de pensar desvinculado da tradição mitológica.

Começou-se a entender e a explicar o mundo de uma maneira nova, dando-lhe um ordenamento lógico, não-mágico. Esse entendimento passou a vir das experiências e das observações sobre o funcionamento da natureza, em busca da Arché – o elemento que dá origem a tudo – e deu origem à filosofia (cosmologia).

Primeiros Filósofos

É extremamente complicado saber o que pensaram os primeiros filósofos, uma vez que não escreveram nada para chegar até nós. Assim, para conhecê-los é preciso recorrer aos pouquíssimos fragmentos conservados ao longo dos séculos, ou a autores do Mundo Antigo que deixaram relatos sobre eles, como Aristóteles, Teofrasto, Plutarco e Diógenes.

Esses relatos são limitados, já que não é possível saber, por exemplo, até que ponto as observações feitas por esses autores correspondem ao pensamento dos primeiros filósofos. Por um lado, é preciso levar em conta que, por mais fiéis que eles tenham pretendido ser, não escaparam, em seus escritos, de descrever esse pensamento segundo um entendimento próprio, que não corresponde necessariamente às ideias originais.

Por outro lado, a elaboração de análises e interpretações, como em Aristóteles, apresenta não as ideias dos primeiros filósofos, mas comentários sobre o que se julgava que fossem essas ideias. Mesmo com tantas limitações, essas fontes são as únicas de que os pesquisadores da atualidade dispõem para recompor o início da história da filosofia.

Áreas Filosóficas

Algumas das áreas de atuação da filosofia são:
- **Teoria do Conhecimento, Gnosiologia ou Lógica**, relações entre sujeito e objeto no ato de conhecer as sensações, experiências e noções de verdade e falsidade.
- **Antropologia**, concepção do ser humano como parte do que o ser humano é, refletindo sobre aquilo que se pensa que deva ser, possuindo a antropologia científica que estuda diferentes culturas como base.
- **Política**, que reflete as relações de poder entre cidadãos, sociedade e Estado, preocupando-se com formas de regimes políticos, violência e fins da política.
- **Ética**, também chamada **Filosofia Moral**, que reflete sobre noções e fins da vida moral.
- **Moral**, regras de conduta assumidas livre e conscientemente.
- **Estética**, responsável pelo conceito de beleza e da natureza e da função da arte;
- **Filosofia da Educação**, reflete a educação e a pedagogia formando seres humanos com pressupostos do conhecimento utilizando métodos para conhecer, preocupando-se com o ser humano em formação.

2 – Pré-Socráticos

A filosofia começou nas colônias gregas da Ásia Menor, quando alguns homens começaram a questionar se haveria uma origem única para a multiplicidade de coisas que existem na natureza, e qual seria essa origem. Esses primeiros questionadores ficaram conhecidos como Filósofos da Natureza ou Pré-Socráticos.

Tales de Mileto

Aristóteles considerou Tales de Mileto (c. 624-546 a.C.) o fundador da filosofia e foi assim que ele passou para a história. Como nenhum texto de Tales chegou à atualidade, os especialistas em filosofia antiga deduzem que ele nada escreveu. Assim, pouco se conhece sobre seu pensamento. Sabe-se dele o que outros pensadores registraram. Esses registros atestam, por exemplo, que em 586 a.C. Tales previu um eclipse total do sol, além de ter introduzido, na Grécia, noções de matemática oriental, ao qual ele aperfeiçoou.

É atribuída a Tales a ideia de que a água é a base de tudo que existe, a arché. Alguns veem aí a influência do pensamento mitológico sobre a formação do mundo, tema encontrado em Homero e Hesíodo. Também é importante lembrar que Tales vivia numa cidade costeira (Mileto, atualmente na Turquia), cujas atividades giravam em torno do mar, e que essa proximidade facilitava a observação de fenômenos ligados a ele, como o movimento das marés, da evaporação da água e a formação de nuvens. Também professava que a Terra era plana e que flutuava sobre água, explicando que o terremoto era o balanço da Terra como o balanço de um navio.

Na ideia de que tudo tem uma causa está implicado o movimento – aquele que o princípio gerador faz para dar origem às coisas. Por isso, para Tales, o mundo é animado (no sentido de ser dotado de capacidade de mudança). Esse modo de entender a realidade, buscando na própria natureza as explicações para a existência das coisas, talvez seja o maior legado de Tales de Mileto.

Certamente, algo que fica subentendido, ele teria que ser da alta sociedade de Mileto para devotar tempo à filosofia e à ciência, por isso conta-se que Tales fez fortuna investindo na colheita de azeitonas.

Anaximandro de Mileto

A Anaximandro de Mileto (610-547 a.C.) é atribuído dois grandes feitos: o de ter sido o primeiro homem a elaborar um mapa geográfico e o de ter introduzido na Grécia o relógio de sol, de origem babilônica, aperfeiçoando-o. A exemplo de Tales, Anaximandro também concluiu que todas as coisas tinham uma origem única.
O mais surpreendente em relação a Anaximandro é que foram conservadas, e chegaram até os dias atuais, algumas linhas de seus escritos. Nesse fragmento existem algumas palavras que lembram Aristóteles. Por esse motivo, muitos especialistas não o atribuem a Anaximandro. O trecho sugere um ordenamento na realidade, tanto no âmbito da natureza como no território moral. Pode-se interpretá-lo como a afirmação de uma justiça que agiria sobre a desordem, provocada pela injustiça, reinstaurando o ordenamento natural do mundo.
Também é atribuída a Anaximandro a ideia do ilimitado (*ápeiron*) "como princípio e elemento das coisas existentes e que contém toda a causa do nascimento e da destruição do mundo". A palavra *ápeiron* já é encontrada na *Ilíada* de Homero, quando ele falar do mar imenso, sem fim, e de um sonho indeterminado, sem limites precisos. Para Anaximandro, esse termo poderia ter um sentido semelhante: a realidade é indeterminada, imprecisa.

Anaxímenes de Mileto

Alguns registros de Aristóteles, Teofrasto e Plutarco apresentam Anaxímenes de Mileto (c. 588-524 a.C.) como um astrônomo ocupado em estudar a natureza, a forma e o movimento dos corpos celestes. Anaxímenes considerou o ar infinito como o princípio de todas as coisas, que seriam produzidas pelos processos de condensação e rarefação do ar infinito.
Tales e Anaximandro concluíram que a existência tinha uma origem comum a todas as coisas, sem indicar o modo como essa passagem entre causa e efeito se dava, Anaxímenes teve o cuidado de estabelecer como acontecia essa passagem. Para ele, o princípio gerador produzia a multiplicidade e a variedade do mundo pela condensação e pela rarefação do ar.

Pitágoras de Samos

Segundo grande parte dos estudiosos, Pitágoras foi o primeiro a usar o termo "filosofia" (no sentido platônico "amigo do saber") e o primeiro a chamar-se de "filósofo". Famoso pelo Teorema matemático que leva seu nome, mas já conhecido pelos babilônios e egípcios no Mundo Antigo, Pitágoras fundou uma escola de caráter místico e político em Crotona, inspirada em tradições orientais e no orfismo, seita que afirmava a transmigração da alma e a necessidade de o homem purificar-se para livrar-se das contínuas reencarnações, sendo amplamente responsável pelas diversas crenças de numerologia da modernidade.
Pitágoras criou um sistema para explicar a origem da natureza. Nesse sistema, o "ar infinito" desempenhava o papel principal. Segundo ele, as áreas mais próximas desse ar infinito penetravam no mundo e separavam suas partes, criando os seres e as coisas, a multiplicidade e os números. Todos esses seres e coisas, dizia o filósofo, têm uma natureza comum, divina. Mas o homem somente percebe isso quando está em harmonia com o mundo. E para alcançar essa harmonia ele precisa da razão, que o leva a entender a essência escondida atrás da aparência das coisas.
Usando a razão, o homem compreende que a essência do mundo é composta por relações numéricas. Quando elas estão numa proporção justa (*métron*), existe harmonia. Um bom exemplo disso, argumentava Pitágoras, é a música. Os acordes soam agradáveis, harmônicos, quando a relação numérica entre as notas musicais tem a medida justa. A ausência dessa medida produz sons desagradáveis, sem harmonia.
Para justificar sua teoria, Pitágoras criou a Tétrada, um diagrama que representa os quatro primeiros números num triângulo de dez pontos. Em seu pensamento, o número 10 é o número perfeito por ser a soma dos quatro primeiros números inteiros, que representariam as fundamentais: 1, o ponto; 2, a linha; 3, a superfície; e 4, o sólido.

Escola Pitagórica

A organização "docente" da escola de Pitágoras era rígida. Havia alunos acusmáticos, isto é, obrigados a ouvir as lições em silêncio; uma vez "aprendido" o silêncio, podiam começar a perguntar e a expressar o que sentiam ou pensavam. Então, eram chamados de matemáticos, porque podiam aprofundar-se naquilo que aprendiam e, por isso, eram instruídos nos fundamentos da ciência, ao contrário dos acusmáticos, que atendiam somente aos compêndios de livros, sem pensar por que diziam o que diziam.

Os próprios alunos de Pitágoras entraram em choque devido as próprias descobertas de seu mestre: como o número pode ser a perfeição sendo que a razão entre a diagonal de um quadrado e seus lados não podia ser expressa como um número inteiro. Isso levaria a descoberta dos números irracionais.

A contribuição de Pitágoras à filosofia e à matemática confunde-se com a de sua escola. Nela, a álgebra e a aritmética foram aperfeiçoadas, foi realizada uma classificação dos poliedros regulares, elaborada uma teoria musical com base na matemática e formulado o Teorema de Pitágoras.

Heráclito de Éfeso

Da vida de Heráclito (c. 544-480 a.C.) sabe-se pouco: foi chamado "o Obscuro" porque expressava seu pensamento sem muita clareza, preferia a solidão e nasceu em Éfeso, na Jônia, na época em que a região foi dominada pelos persas. De sua obra restaram fragmentos, citados e comentados por outros autores da Antiguidade. Foi o filósofo do devir, do eterno vir-a-ser, cuja origem encontrava-se na luta dos contrários (o calor e o frio, o dia e à noite, o bem e o mal, a ordem e a desordem), simbolizada pelo fogo, princípio fundamental da natureza.

É de Heráclito a primeira obra pré-socrática que chegou até os dias atuais: *Da Natureza*. Nela, Heráclito reflete sobre a existência do mundo e o sentido da vida humana em 130 fragmentos. Para ele, a guerra (*pólemos*) é a origem (o "pai") de tudo: o conflito de forças contrárias seria o estado natural do mundo, espelhando os conceitos orientais de yin e yang. Essas forças, atuando em sentidos opostos, criam uma tensão que as mantém unidas, provocando movimentos ou transformações, ao que foi chamado de *kinesis*. É como se elas formassem as pontas de uma corda presa aos dois extremos de um arco – tensionadas, elas produzem, juntas e por oposição uma à outra, o equilíbrio do mundo. A harmonia, portanto, nasce da tensão criada pela oposição dos contrários.

Essa tensão, além de criar a unidade do mundo, é responsável por sua transformação, mesmo que não seja observável pelos sentidos. O mundo está em constante mutação: flui como as águas de um rio, em movimento eterno, sem ter sido criado por deuses ou homens. O

mundo não é somente o real, as supostas coisas imóveis ou fixas, os acontecimentos já determinados; o mundo é também o possível, e essa possibilidade está presente no jogo dos opostos. A esse entendimento, afirma Heráclito, chega-se não pelos sentidos ou pelas opiniões, mas pela razão. Ela mostra, sem risco de erro, que "tudo é um" – e que esse "um" muda continuamente.
Como afirmou: "Nunca nos banhamos duas vezes no mesmo rio", pois esse rio muda pelo movimento de suas águas e o homem também se transforma pelas mudanças, não só orgânicas como psicológicas. Resumindo: "tudo flui".
Suas obras são escritas em aforismos e em escrita profética, com desprezo por leitores que não conseguem visualizar o pensamento que está diante deles. Heráclito é um místico com fortes afinidades com Lao Tsé, escritor chinês do *Tao te Ching*, pai do taoísmo. Embora tenham vivido no mesmo período, é quase impossível determinar se tiveram o contato um com outro.

Parmênides de Eleia

Parmênides (c. 530-460 a.C.) foi o fundador da escola eleática, que introduziu a ontologia e a lógica (o ser e o conhecer) entre as questões filosóficas. Seu pensamento foi reconstruído com base nos poucos fragmentos que chegaram até a atualidade. Para ele, a multiplicidade das coisas, assim como as constantes mudanças a que estão sujeitas, são aparências de uma realidade única e eterna: o Ser, que é Uno e compreende todo o existente. A filosofia de Parmênides e de sua escola instaurou uma linha de pensamento que se opôs à sustentada por Heráclito, pois uma coisa ou um ser não podem ser e não-ser ao mesmo tempo.
A experiência direta das coisas, sua separação, suas oposições não levam a lugar algum, afirma. Só o raciocínio abre a porta do entendimento do mundo. E o raciocínio mostra que uma coisa não pode ser outra, assim como não pode ser o seu contrário: homem é homem, aquilo que é, é.
Em resumo, o que existe, o ser, é. A conclusão lógica dessa premissa: o que não existe, o não-ser, não é. Não se pode nem mesmo pensar nisso: como dar forma, mesmo em pensamento, àquilo que não há, que não é? A única realidade – o ser, o que existe – que pode ser pensada é esférica, perfeita, limitada, imóvel, incriada e indestrutível.
Para questionar o exemplo do rio de Heráclito, Parmênides concluiu que o movimento não pode ser desprezado e tampouco

superestimado, pois o movimento só existe para o mundo sensível, ou para os nossos sentidos, enquanto, para o mundo das ideias, o movimento é ilusório, pois todo ser tem sua identidade que não pode ser contrafeita. Resumindo: "As coisas que existem fora de mim são idênticas ao meu pensamento, e o que não consegui pensar não pode ser realidade".
Segundo Parmênides, o homem tem dois caminhos: o da opinião e o da verdade. O primeiro refere-se aos objetos dos sentidos, à experiência sensível, e deve ser abandonado por não levar à verdade. O único caminho que conduz à verdade é o da razão: "O ser e o pensar são a mesma coisa". Essa afirmação irá colocar a especulação filosófica apenas no mundo da mente. A união dos dois domínios, problema apresentado no poema de Parmênides, percorrerá toda a história da filosofia.
Essas ideias estão contidas no poema *Sobre a Natureza*, cujos protagonistas são a Verdade, a Justiça, a Opinião, o Caminho, o Não-Ser, o Nascimento e a Necessidade. Desse poema restam 156 versos, que chegaram até a atualidade graças a autores posteriores, que os citaram em suas obras.

Legado

Heráclito e Parmênides inauguraram uma discussão que passou a ser um dos grandes desafios para os filósofos gregos, em especial, Platão e Aristóteles. O conhecimento verdadeiro passa pelos sentidos para chegar à razão ou só pode ser formulado diretamente pela razão? O que vemos, tocamos e sentimos, de uma maneira geral, são apenas ilusões? Se a razão por si só é a fonte de toda sabedoria, isso quer dizer que já nascemos sabendo, ou seja, que o conhecimento é inato?

Xenófanes de Cólofon

Xenófanes (c. 570-475 a.C.) é um filósofo cercado de incertezas. O que se sabe é que Heráclito o menciona como contemporâneo e crítico de Pitágoras. Exilado na Itália meridional em virtude das Guerras Médicas, Xenófanes perambulou por toda a Grécia criticando os deuses homéricos, caracterizando-os como imorais e imperfeitos, daí não serem objetos de veneração.
Observando fósseis de criaturas marinhas, concluiu que o mundo secava periodicamente, voltando a um estado de lama e preservando

os seres da terra do mesmo modo que fazia antes da inversão do processo, aproximando-se de Tales de Mileto.

Xenófanes também antecipou Sócrates na questão do conhecimento ao afirmar que as certezas filosóficas não poderiam ser mantidas, pois, mesmo que chegássemos à verdade, não haveria jeito de saber com certeza de que as coisas são como pensamos que são. No entanto, filosofar não é inútil, porque expor os erros em nosso pensamento nos mostra o que não é, mesmo que não nos mostre o que é. Essa ideia será reaproveitada no século XX por Karl Popper.

Zenão de Eleia

Discípulo de Parmênides, Zenão de Eleia (c. 490-430 a.C.) foi considerado por Aristóteles o criador da dialética, entendida como a arte da refutação. Combateu os adversários de seu mestre com uma série de argumentos e aporias, com os quais pretendeu demonstrar que o movimento e a multiplicidade, captados pelos sentidos, são enganosos.

Aporia é o nome que se dá, desde a Grécia Antiga, às situações contraditórias, para as quais a razão não encontra saída.

O raciocínio, afirmava ele, pode demonstrar o absurdo da existência da multiplicidade das coisas, do vazio e do movimento. Se houvesse multiplicidade, argumentava, ela deveria ser em determinado número, finito. Ora, como o vazio, segundo Zenão, não existe, entre essas coisas haveria outras, e assim sucessivamente. Ou seja: a multiplicidade constaria, ao mesmo tempo, de um número finito e infinito de coisas, o que é absurdo.

Outro absurdo é afirmar a existência do vazio – se algo existe, deve estar em algum lugar. Esse lugar, por sua vez, deve ocupar outro lugar, e assim por diante. Conclusão: como um lugar sempre contém outro, nenhum deles pode estar vazio. Assim, o vazio não existe.

Também não existe o movimento. Uma flecha, ao voar para um alvo, ocupa, a cada momento, um espaço igual a si mesma. Considerando que o tempo é formado por momentos indivisíveis, a flecha estaria, portanto, em repouso. Seu movimento seria a soma dos momentos em que ela estaria parada, o que também é absurdo.

Algo semelhante se dá numa suposta corrida entre Aquiles (o mais veloz dos homens, segundo a mitologia grega) e uma tartaruga, o mais lento dos animais. O raciocínio é o seguinte: se um corpo se desloca de um ponto A para um ponto B, então, antes de chegar a B, deverá alcançar um ponto intermediário M e, antes de chegar a M, terá de passar por N, intermediário entre A e M e assim infinitamente. Desse modo, se a tartaruga saísse na frente, Aquiles jamais poderia alcançá-la.

Zenão não negava o movimento percebido pelos sentidos. Negava, isso sim, que os sentidos conduzissem à verdade. Para ele, a experiência sensível, quando analisada pela razão, apresenta-se irracional e contraditória. Por isso, apenas a razão é capaz de levar à verdade.

Filósofos futuros como Kant, Hume e Hegel ofereceram soluções para os paradoxos de Zenão, e nenhum deles foi bem-sucedido. Apenas a matemática moderna com a teoria dos conjuntos, que deixa de lado a definição euclidiana de linha como uma série de pontos, foi encontrada uma resposta racional a Zenão de Eleia.

Empédocles

Médico e místico, Empédocles (c. 483-430 a.C.) nasceu em Agrigento, na Magna Grécia. De seus textos, chegaram até os dias atuais 500 versos, fragmentos de dois poemas. O primeiro deles trata da natureza, e o outro, de purificações.

Empédocles procura resolver o problema colocado por Parmênides acerca da unidade do ser, da crítica ao conhecimento pelos sentidos e da consideração de que a única via para a verdade era a razão. Para isso, recupera o impulso que a observação sensível da natureza dera ao pensamento dos primeiros filósofos.

De acordo com ele, tudo que existe é resultado da mistura e da separação de quatro elementos imutáveis e indestrutíveis: ar, fogo, terra e água. Esses elementos são movidos por forças externas.

A força que os une, fazendo com que componham a unidade a partir da multiplicidade encontrada na natureza, é o Amor. Aquele que os divide, levando-os a formar as muitas e variadas coisas do mundo é o Ódio.

Esse processo é contínuo. Assim que o Ódio provoca a separação, o Amor entra em cena e promove a união. Esse movimento cria e refaz todos os seres e coisas existentes na natureza.

Anaxágoras

Anaxágoras (c. 500-428 a.C.) nasceu na Jônia. Mestre de Péricles, fundou, com o apoio deste, a primeira escola de filosofia de Atenas. Suas conclusões científicas entraram em choque com as concepções religiosas da época e o levaram à prisão, acusado de ateísmo. Foi solto por intervenção de Péricles, mas teve de abandonar Atenas.

Seguindo a trilha de Parmênides e Zenão, Anaxágoras parte da ideia de que não é possível que algo tenha uma origem ou um fim: "Nada nasce nem morre, senão que, a partir daquilo que existe, criam-se combinações e separações".

Consequentemente, no mundo das coisas materiais deve existir uma unidade originária que a tudo contém. Para explicá-la Anaxágoras desenvolve a teoria das sementes (*spermata*), origem de todas as coisas: essas sementes não são criadas e são imutáveis, elas são de todas as formas, de todos os gostos e de todos os tipos.

Anaxágoras também criou o conceito de *nous*, ou inteligência, força que comanda o mundo e foi o responsável pela separação das coisas, antes unidas num todo único.

Atomistas

Leucipo defendia a existência de infinitos elementos, que chamou de átomos. Esses elementos, segundo ele, estavam sempre rodando em espiral, num movimento definido pela razão e pela necessidade da formação dos seres e das coisas – em contínua estruturação e transformação.

A teoria dos átomos levou Leucipo a defender a existência de um espaço vazio, onde essas partículas pudessem se movimentar, chocando-se, desagregando-se, formando, transformando, destruindo e reagrupando tudo.

O vazio, para Leucipo, era o não-ser, ao passo que os átomos formavam o ser. A essa conclusão, afirmou ele, somente era possível chegar pelo uso da razão, responsável por conduzir o homem a certezas.

Tal argumentação também era a de Demócrito, para quem essas partículas indivisíveis (a palavra grego *átomo* significa aquilo que não pode ser cortado nem dividido) constituíam a realidade. Por isso mesmo, eram, obrigatoriamente, eternas, incorruptíveis e incausadas, como o ser de Parmênides.

Apesar da divisibilidade do átomo ser conhecida atualmente, o debate de Demócrito de que a sustentação do Universo é o vazio infinito sustentado pela mera ausência de matéria, fisicamente independentemente da existência de átomos, afirmação relevante para Isaac Newton formular a teoria da Gravitação Universal.

3 – Sofistas

No século V a.C. o movimento cultural grego concentrava-se em Atenas. O eixo da filosofia, até então cosmológico, voltou-se para questões éticas e políticas nas mãos dos sofistas. Para eles, o saber se constrói com base na perspectiva pessoal do sujeito que procura o conhecimento.

Surgimento dos Sofistas

As Guerras Médicas entre gregos e persas tinha chegado ao fim. Atenas torna-se um império marítimo e ganhara uma constituição democrática. O impacto do estabelecimento de leis constituintes foi enorme. Os cidadãos atenienses dividiam-se entre a aprovação da "novidade" e a crítica a ela, acompanhada da defesa das antigas tradições.

Foi em meio a essa efervescência política e cultural que os sofistas se fortaleceram. Eram professores que iam de cidade em cidade, em troca de pagamento, ensinando os alunos a vencer os debates pela força da persuasão. Saía de cena a busca do conhecimento para entrar em cena a arte da linguagem bem-estruturada e do convencimento pelo discurso. O convencimento era fundamental nos rumos de uma cidade que, organizada democraticamente, tinha seus interesses debatidos em praça pública. Os sofistas, mestres da retórica, contribuíram para os estudos de gramática, desenvolvendo teorias do discurso e de conhecimento da língua grega.

Protágoras de Abdera

Protágoras de Abdera (c. 485-410 a.C.) foi compatriota e, talvez, discípulo de Demócrito. Existem testemunhos de sua vida de viajante e de suas estadas em Atenas, onde exerceu grande influência sobre Péricles e outros personagens políticos.

A julgar pela variedade de temas que abordou, Protágoras tinha interesses amplos, em diversos campos. Escreveu, por exemplo, sobre o Estado, as ciências, os conflitos, a ambição, as virtudes, os deuses, a verdade, a arte retórica e as antilogias (paradoxos).

Das obras de Protágoras restam escassos fragmentos. Um deles, citado por Platão no diálogo *Teeteto*, afirma que "o homem é a medida de todas as coisas, das que são enquanto são, e das que não são enquanto não são". Essa defesa da subjetividade não expressa unicamente o relativismo do conhecimento, mas também, e principalmente, a afirmação da perspectiva pessoal como fundamento do saber humano.

A verdade, para Protágoras, nasce de uma correlação entre o sujeito e o objeto apreciado. Ao defender essa tese, ele rejeita a existência de uma "verdade" objetiva, independente, à qual o homem estaria sujeito. Como criação humana, o conceito de "verdade" está sujeito a erros e revisão.

Essa teoria do homem como medida das coisas está em consonância com a corrente sofística, cujas melhores reflexões brotaram dessa "humanização" do saber e da verdade. Entra-se, assim, em um processo dialético, ou seja, em um processo no qual a reflexão e o pensamento crítico criam os valores que tornam possível a convivência humana.

Górgias

Górgias (c. 485-380 a.C.) nasceu em Leontinos, na ilha da Sicília. Exerceu grande influência em Atenas e em outras cidades gregas, por seus conhecimentos e suas qualidades oratórias. Platão comparava Górgias com Nestor, o famoso orador do poema épico *Ilíada*. Influenciou Sócrates, que imitava seu estilo retórico. No final da vida partiu para a Tessália, onde morreu com mais de 100 anos.

O sofista negava todo tipo de verdade objetiva. As operações da mente, dizia, chegam a resultados completamente diferentes daquilo que acontece na realidade. E exemplificava: a mente imagina uma corrida de carruagens no mar, mas isso não significa que uma coisa dessas possa acontecer. Sua conclusão era a de que, se as coisas pensadas ou imaginadas não existem, então a existência é incompreensível. Se as coisas são incompreensíveis, não há como estabelecer "verdades". E é aí que entra a importância da retórica: somente ela pode convencer as pessoas a aderir a uma ideia.

A negação se estendia às normas sociais. Górgias afirmava que essas normas são diferentes em cada povo, em cada época e até mesmo ao longo da vida dos indivíduos.

4 – Sócrates

Com vestes simples e rústicas, Sócrates andava por Atenas fazendo perguntas e exigia definições precisas. Se a resposta viesse na forma de exemplos ou opiniões, o interlocutor voltava a ser questionada, num exercício que levava a compreender o que significava fazer uso da razão.

Biografia

Sócrates (c. 469-399 a.C.) nasceu em Atenas. Seu pai, Sofronisco, era escultor, e sua mãe, Fenarete, parteira. Parece que, na juventude, seguiu a profissão do pai. Pertencia à classe popular e existem testemunhos que falam de sua pobreza.

É difícil descobrir como foi sua educação, mas o ambiente de Atenas e a liberdade de suas praças, nas quais se transmitia um ensino aberto, inspirado no espírito dos sofistas, foram seus professores. Sua geração foi seduzida por grandes homens como Protágoras, Górgias, Hípias e Pródico.

Sócrates viveu em uma época em que a Guerra do Peloponeso (431-403 a.C.) e a ditadura dos 30 Tiranos (404 a.C.) marcaram Atenas com violência e insegurança. É muito possível que, por trás de sua participação na vida pública e seu contato com os sofistas, Sócrates cultivasse o diálogo com um grupo fechado de aristocratas, entre eles Críticas e Cármides, parentes de Platão, que participaram do golpe de Estado dos 30.

Apesar de não ter deixado escrito algum – algo natural, uma vez que ainda predominava o ensino oral –, Sócrates influenciou a cultura ocidental. Sua obra e sua vida despertaram tanto interesse como sua morte. A morte de Sócrates levanta dois aspectos fundamentais: o da relação entre o indivíduo, a sociedade e as leis, e o da relação do indivíduo com sua própria existência e com a justiça.

Em 399 a.C. três cidadãos acusaram Sócrates de 3 delitos: não respeitar os deuses da cidade, introduzir novos deuses e corromper a juventude. À época, tais acusações, frequentes em Atenas, resultavam em processos de impiedade, que implicavam culpa perante os deuses, os mortos, os pais e a pátria. A votação contra Sócrates não foi, a princípio, numerosa. Mesmo assim, condenou-o à morte.

Três diálogos platônicos expuseram os últimos momentos do filósofo: *Apologia de Sócrates*, *Críton* e, principalmente, *Fédon*. Entre os muitos traços que Platão destaca em Sócrates, o mais característico é sua recusa à fuga. Ele prefere permanecer em Atenas, entendendo que é mais importante acatar as leis da cidade do que salvar a própria vida.

Dois outros autores da época escreveram sobre Sócrates. Xenofonte defendeu a memória do amigo em *Memoráveis*. Já Aristófanes, autor de comédias, ridicularizou-o em *As Nuvens*.

Método Socrático

O que diferenciava Sócrates dos sofistas, segundo Platão, era a tentativa de ultrapassar o relativismo e de alcançar certa verdade absoluta, que permitisse a superação do desmoronamento crítico da política, da religião e da linguagem levado a cabo pelos sofistas, por isso muitos o consideram como o "pai" da ética. Sócrates desmontava as opiniões que habitavam a mente de seus interlocutores para conduzi-los à reflexão e à elaboração de ideias com base racional sólida.

Na época de Sócrates a tragédia grega conheceu grande desenvolvimento. E a essência dessa tragédia é uma espécie de teatro filosófico, no qual o mundo se faz presente sob um manto de ambiguidade e controvérsia. Por isso, tudo é discutível. Sob cada "presença" ou "aparência" pode-se encontrar um ser diferente do apresentado.

Essa oposição ser/não-ser, verdadeiro/falso, realidade/aparência, opinião/saber, que constituía o mundo intelectual de Sócrates e dos sofistas, também aparece nas obras de Ésquilo, de Sófocles, de Eurípedes. Esse jogo de equívocos que determina a tragédia e seus personagens (Édito, Jocasta, Agamenon, Electra, Antígona etc.) marca a tensão do conhecimento, a dialética que une e desune as ideias dos personagens dos diálogos platônicos.

É preciso distinguir, porém, o agir do personagem trágico e a novidade da reflexão filosófica. Um exemplo: a tentativa de Édipo, no sentido de fugir do destino, retrata o logos nascente, mas será o filósofo que representará o esforço da razão em compreender o mundo e orientar a ação.

O exame das diversas maneiras como as coisas são representadas levou Sócrates, passo a passo, à busca de algo que pudesse superar a variabilidade sob a qual o mundo dos objetos aparece.

O verdadeiro saber, para ele, era o conceitual, resultado de diálogos nos quais se examinavam as opiniões que, muitas vezes sem crítica, foram se assentando na linguagem.

Procedimento da Pergunta

Sócrates procurava conceitos universais que, segundo ele, poderiam ser descobertos por meio de um procedimento metodológico simples: o ato de perguntar.

A pergunta socrática, "o que é?", configura a base do conhecimento, que persegue o conceito, a forma mental que sintetiza e sistematiza a diversidade e a mutabilidade da experiência sensível.

Nos diálogos com seus contemporâneos, Sócrates utilizava uma forma especial de perguntar, empregando a ironia (do grego *eironeia*, perguntar fingindo ignorar) e a maiêutica (do grego *maieutiké*, a arte do parto) para fazer um exame daquilo que o interlocutor pensava que sabia.

A ironia consistia em, por meio do diálogo, fazer o interlocutor discorrer sobre determinado assunto e dirigi-lo à contradição, levando-o à ignorância que se ocultava nesse suposto saber. Sócrates, "que somente sabe que nada sabe", escondia-se nesse não-saber para deixar o outro a própria perplexidade. Desse modo, o não-saber socrático é um princípio positivo, porque mostra que somente no reconhecimento da própria ignorância se é capaz de chegar ao conhecimento, portanto, para Sócrates, o maior perigo tanto para a sociedade quanto para o indivíduo é a suspensão do pensamento crítico.

A maiêutica, ou arte de dar à luz, completa esse processo irônico ao despertar na mente os conhecimentos nela "adormecidos" à sombra das palavras "não perguntadas", "não colocadas em dúvida". Não se trata de oferecer ao interlocutor um saber diferente, e sim de levá-lo a acessar os saberes que já possui.

Sócrates procurava mostrar para seu interlocutor o quanto "pensamos" que sabemos, quando, na verdade, sabemos muito pouco. Não interessa se falamos bonito, mas se sabemos sobre o que estamos falando. Assim, a questão do conhecimento passava a ser o próprio ser humano.

Ética Socrática

O objetivo de Sócrates, dizem alguns autores, era educar o homem por meio do contínuo exercício da busca do Bem, que na cidade não podia ser outro senão o Bem Coletivo, a Justiça. Esse exercício tinha um nome, *areté*, a excelência humana, a virtude.

A tradição grega ensinara que os heróis eram *aristoi*, os melhores. Entretanto, as excelentes qualidades que possuíam deviam-se a seu nascimento, a dons especiais dos deuses. A *areté*, assim, era herdada.

Com as mudanças políticas, sociais e culturais do século V a.C. na Grécia, e com os valores da democracia, começou-se a levantar uma questão que, para os cidadãos gregos da época, era fundamental: se a virtude poderia ser aprendida como se aprendia a matemática.

Esse questionamento, em consonância com o mundo dos sofistas, que ensinavam com a retórica a persuadir e a convencer os outros, moldou em Sócrates uma nova moral. Esta moral, independente da tradição, se construirá em função de duas qualidades humanas: a solidariedade e, principalmente, a racionalidade.

A inteligência, o bom senso e a harmonia dos desejos são as bases dessa "sabedoria ética" baseada na experiência concreta dos homens. Por isso, uma virtude que tem como fundamento a racionalidade pode, em consequência, ser ensinada.

5 – Platão

O pensamento filosófico platônico é estruturado em três ideias: a importância do conhecimento, a união do saber com a política e a justiça como base da vida individual e coletiva.

Biografia

Platão (c. 428-347 a.C.) nasceu em Atenas logo antes da morte de Péricles, governante símbolo da democracia ateniense. Por isso, vivenciou pouco a fase democrática da cidade. Na juventude, conheceu os desastres da Guerra do Peloponeso. Planejava atuar na vida pública, mas o encontro com Sócrates, aos 20 anos, mudou seus projetos. Marcou-o, em especial, a morte do mestre, levando-o a questionar como a política ateniense podia ser cega a ponto de condenar à morte.

Platão abandonou Atenas quando tinha 28 anos como outros socráticos. Peregrinou pelo Egito, pela Itália meridional e a Sicília, onde tentou implementar sua utopia política. Voltou a Atenas 12 anos depois. Comprou um ginásio em um terreno próximo à cidade, num jardim dedicado ao herói Academo. Ali, no local que depois se chamaria Academia, começou a reunir-se com amigos e discípulos. Durante 40 anos a Academia platônica desempenhou o papel de centro da formação política e intelectual dos jovens gregos.

Depois da morte de Platão, seus seguidores mantiveram-na funcionando. Ela durou 9 séculos, até 529, quando um decreto do imperador Justiniano a obrigou a fechar as portas.

Obras

Platão escreveu 13 cartas e 36 diálogos nos quais inúmeros personagens conversam sobre os mais variados temas. O protagonista da maioria desses diálogos é Sócrates, que impõe certa autoridade entre os interlocutores. Apesar das divagações e incertezas, esses diálogos são um estímulo constante à compreensão do sentido da filosofia na Grécia Antiga.

Nos textos da juventude, como *Apologia de Sócrates* e *Protágoras*, os temas estão ligados a conceitos importantes da cultura grega, como justiça, criação poética, educação, amizade, saber e piedade. Na época da fundação da Academia predominam as preocupações políticas, como *Górgias* e *Mênon*. Logo depois viriam *A República*, *Fédon*, *O Banquete* e *Fedro*, nos quais Platão falaria da cidade ideal e exporia suas teorias das Ideias e do Amor. Em seus últimos anos, o filósofo discutiu sua própria teoria das Ideias e interessou-se por problemas de lógica, medicina e ciências naturais. São dessa fase *Teeteto*, *Político* e *Timeu*.

As Ideias

A realidade concreta que o ser humano percebe no mundo – uma série de cores e formas – é, para Platão, apenas uma cópia imperfeita daquilo que existe no mundo do pensamento, da abstração, o mundo das Ideias. A realidade que se apresenta a nossos sentidos, assim, é apenas "o que aparece", isto é, simples "aparência" de coisas existentes no universo das Ideias. Como aparências, cópias, elas estão sujeitas ao envelhecimento e à destruição. As Ideias, ao contrário, são perfeitas e imutáveis, o fundamento e o modelo do mundo que se apresenta aos olhos (e aos demais sentidos) humanos.
Como esse mundo é mera cópia, tudo que há nele tem seu correspondente verdadeiro, sua essência, na dimensão das Ideias. Assim, por exemplo, o bem e a justiça tem origem no Bem e na Justiça do mundo ideal.

Dois Mundos

Platão defende a tese de que existem dois mundos diferentes: um que muda continuamente e que percebemos pelos sentidos, chamado de Mundo dos Sentidos, e outro que está livre de mudança, o Mundo das Ideias. Esse mundo imutável somente é percebido pelo entendimento com "os olhos da alma". Ou ainda, conforme o próprio Platão afirma, o mundo dos sentidos referia-se ao corpo, portanto passível de perecimento, enquanto o mundo das ideias referia-se à alma imortal.
Para explicar melhor essa tese, Platão criou o Mito da Caverna ou Alegoria da Caverna. Nela, um grupo de homens, acorrentados no fundo de uma caverna a ponto de não poder se mexer nem virar a cabeça, tomam por realidade as sombras que veem projetadas numa parede. Só descobrem o engano quando saem da prisão subterrânea e sobem para o mundo verdadeiro, iluminado pela luz do Sol. Para Platão, o mundo sensível é como o fundo da caverna, onde se vive

na ilusão e na ignorância. Ao acender e ver a luz (a verdade) que torna visíveis as coisas, o homem compreende que ela provém do Sol (o Bem Supremo). Essa compreensão conduz o ser humano, pela razão, ao mundo inteligível, tirando-o da ignorância.

A tese da existência de um Mundo das Ideias diferentes do mundo real levantou um problema que tem ocupados filósofos e matemáticos até os dias atuais: a independência e a objetividade das estruturas formais sobre as quais se constrói boa parte do saber científico.

Uma vez que as experiências dos sentidos são enganosas, e que só a razão leva ao conhecimento do Bem, resta uma questão: como confiar na razão? Não seria ela dada a erros, como os sentidos?

Questão da Alma

Platão situa o conhecimento em uma base de natureza não-corpórea: a alma. Imortal e imutável, a alma dá movimento ao corpo, anima-o, sendo a responsável, assim, pela razão, que conduz à sabedoria, e pelas demais coisas que se passam no corpo, como apetites, paixões e desejos.

Esses atributos tão distintos estão organizados na alma em três partes, cada qual com uma atribuição: concupiscente (parte maior, sede das paixões e dos desejos, como amar e beber); irascível (sede da raiva contra tudo aquilo que ameace a vida, sendo, portanto, responsável pela sobrevivência do homem); inteligível ou racional (sede da razão, capaz de gerar conhecimento.

Ética Platônica

A ética platônica está ligada à ideia de virtude. Para Platão, apenas o homem virtuoso pode praticar o bem. O homem virtuoso, para Platão, é aquele capaz de controlar, por intermédio da razão, as partes da alma responsáveis pela concupiscência e pela raiva.

Platão justifica essa necessidade de predominância da parte racional da alma de duas maneiras. Uma delas relaciona-se o fato de o filósofo entender que o desejo e a cólera, porque despertam os impulsos violentos do corpo, cegam a razão – que então se torna incapaz de conhecer e distinguir a virtude do vício.

A outra diz respeito à noção platônica de justiça, segundo a qual o melhor e o superior devem comandar o pior e o inferior. Como o elemento racional da alma é superior aos demais, é ele que prevalece.

A razão, porém, não age diretamente sobre a concupiscência. Ela age sobre a parte irascível da alma, fazendo com que esta saiba o que é bom ou mau para o corpo. De posse desse conhecimento, a parte irascível conduzirá a concupiscência a selecionar aquilo que for bom para o corpo. A alma colérica, quando conduzida pela razão, tem como virtudes, a honra ou coragem e a prudência.

O homem virtuoso é aquele que consegue harmonizar todas as partes de sua alma. Somente depois que essa harmonia for estabelecida é que a pessoa poderá agir virtuosamente. Isso significa que a vida ética, no sentido verdadeiro do termo, somente tem a possibilidade de existir dentro da comunidade, nas relações estabelecidas entre os cidadãos.

Essa noção conduz à conclusão de que a ética pública é superior à ética particular, de cada um. Entender essa ideia é fundamental para compreender o modo como Platão define a política e o Estado.

Política e Cidadania

Platão propõe a construção de um modelo em que a cidade, assim como o homem, deve ser justa. A política tem como finalidade a justiça porque só assim se chegará ao bem comum. As duas obras mais extensas do filósofo, *A República* e *Leis*, levantam essas questões. O empenho em melhorar os cidadãos que moram em uma cidade justa concretiza-se em uma série de teses, a primeira das quais poderia ser a base de todas elas. Para isso, são necessários alguns requisitos: ter uma ideia clara da justiça; superar a concepção tirânica da política, na qual alguns cidadãos impõem, pela força ou pelo engano; educar os homens, desde meninos, para a cidadania. Uma educação desse tipo levaria os mais inteligentes e generosos ao poder.

Platão define os regimes políticos com base no número das pessoas que detêm o poder. Assim, a monarquia (*monás*) é o governo de um só; na aristocracia o poder está nas mãos de um grupo pequeno, os melhores (*aristói*); na democracia (*demos*), é o povo que governa. Esses regimes, porém, podem deteriorar-se quando não são bem administrados, conduzindo a formas perversas de poder. Nesse caso, a monarquia torna-se tirania, a aristocracia viria a ser oligarquia e a democracia culminaria na anarquia.

O Banquete

Uma das obras fundamentais de Platão é *O Banquete*, cujo tema principal é o amor, além de discutir o sentido da vida e a alma humana. Cada indivíduo do banquete irá manifestar sua opinião sobre o tema.

O primeiro a falar é Fedro, dizendo que o amor é o bem, onde aquele que ama sempre estará ocupado na ideia do bem ("Ninguém há tão ruim que o Amor não torne virtuoso e generoso"). Fedro também afirma que bem e mal fazem parte da humanidade, e que o desumano é aquele que não tem ambas as partes. O oposto do amor seria o ódio e a paixão contém os dois, portanto, para chegar ao verdadeiro bem, necessita-se passar pelas duas etapas e superá-las.

O ex-general Pausânias afirmará que existem dois tipos de amor, o sensitivo (carnal) e o ideal (espiritual), sendo o ideal superior ao sensitivo, pois ele pode durar para sempre. Mesmo assim, o filósofo nota que se um pai amar a filha idealmente e, por sua vez, ela odiá-lo, o pai se verá obrigado a concordar com o ódio da filha. O terceiro a falar, o médico Erixímaco, afirma que a mente humana e o corpo animal devem estar em equilíbrio, concordando com seus antecessores.

O comediógrafo Aristófanes cria uma alegoria dos três gêneros: o homem, a mulher e o andrógeno (homem-mulher). Tanto o homem quanto a mulher possuíam os membros em dobro, porém o andrógeno terá quadruplicado (homem vitruviano), porém apenas um órgão reprodutor masculino ou feminino. Sua alegoria busca mostrar o ser humano perdido no mundo, tentando encontrar a outra metade do seu ser, pois o ser humano é um ser incompleto. Portanto, o homem poderia encontrar sua alma gêmea (heterossexual) ou sua cara-metade (homossexual).

Agaton afirmará que o homem gira em torno dos deuses Eros e Tanatos, respectivamente, a Vida e a Morte. O impulso erótico, vindo de Eros, gera vida, enquanto as angústias da vida e a falta do novo fazem a invocação de Tanatos. Ao tomar consciência da incompletude do ser humanos, o ser deve preencher a outra metade com o amor, porém tenha consciência que o preenchimento não será total, pois o outro também busca a sua metade com características pré-determinadas.

No amor, nunca encontramos a perfeição, mas o seu semelhante. Como a cara-metade é um amor parcial, a busca pela completude passa pelo amor a profissão, amor aos amigos, amor às etapas da vida etc.

Para encerrar, entra o mestre Sócrates, para quem o ser humano é um ser desejante, pois um homem quer o que não tem e fará de tudo para obtê-lo. Ao obter-se tudo, o ser se torna completo, logo só lhe resta a morte.

6 – Aristóteles

Aristóteles destacou-se pela diversidade de interesses intelectuais, que o levaram a descobrir novos domínios, depois denominados de lógica, biologia, política, física, poética e ética. Esse fato dá um caráter peculiar à obra aristotélica, a mais abrangente do Mundo Antigo.

Biografia

Aristóteles (c. 384-323 a.C.) nasceu em Estagira, na península Calcídica, atual Macedônia. Era filho de Nicômaco, um médico a serviço de Amintas III, rei da Macedônia e avô de Alexandre, o Grande. Ficou órfão ainda menino e aos 18 anos foi enviado pelo tutor a Atenas, onde frequentou durante 20 anos a Academia Platônica. Quando, em 347 a.C., morreu Platão, Aristóteles partiu para Assos, uma cidade da Ásia Menor governada por Hérmias, cuja sobrinha, Pítia, casou-se. Viveu ali até 344 a.C. Ao enviuvar, voltou a casar-se, dessa vez com uma escrava, Herpilis, mais jovem do que ele e mãe de Nicômaco – algumas fontes atribuem a maternidade de Nicômaco a primeira esposa –, em homenagem a seu pai. Em Assos, conheceu também Teofrasto, o grande cientista e historiador que, depois, continuaria sua obra.
Em 342 a.C. encarregou-se da educação de Alexandre, o Grande, então adolescente. Junto de Teofrasto voltou a Atenas em 334 a.C., fundando o Liceu e começou a desenvolver um extraordinário trabalho docente e investigativo, diferenciando-se de Platão tanto em método quanto em conteúdo. Depois da morte de Alexandre em 323 a.C., foi acusado de impiedade e fugiu de Atenas. Refugiou-se em Cálcis, na ilha de Eubeia, e lá morreu.

Peripatéticos

O lugar onde Aristóteles ensinava tinha o nome de Liceu, um antigo ginásio dedicado a Apolo Lício, a noroeste de Atenas, em cujo jardim ele costumava passear enquanto filosofava com seus discípulos e amigos. Daí o nome "peripatético" (do grego *peripatein*, passear). Parte dos escritos que chegaram até os dias atuais eram, originalmente, as anotações de Aristóteles para esse ensinamento dialogado.

Lógica

Uma das grandes contribuições de Aristóteles é a lógica, que nasceu com ele, sob o nome de *analitikós* (a palavra "lógica" foi empregada pela primeira vez pelos estoicos) como disciplina independente. A lógica não é ciência – não tem como objetivo o conhecimento empírico ou teórico – e sim um instrumento (*organon*) que ajuda a pensar ser equívocos. Nesse sentido, ela é necessária à correta estruturação das ciências, pois visa a impedir proposições e análises incorretas.

A lógica estabelece normas para o pensar e regras para o emprego da linguagem, com o objetivo de evitar erros no desenvolvimento das ideias. Para pensar corretamente, segundo Aristóteles, deve-se partir dos elementos mais simples – que ele chamou de termos ou categorias – para os compostos, os mais complexos.

Silogismo

O silogismo é uma demonstração ou raciocínio dedutivo formado por três preposições: a premissa maior, a premissa menor e a conclusão. Essas regras estão expostas por Aristóteles nos *Segundos Analíticos*. Utilizarei, como exemplo, três orações para demonstrar a estrutura básica do silogismo. Duas delas são as premissas, afirmações iniciais que levam à formação de um raciocínio. A terceira oração é a conclusão, inferida das premissas. A conclusão é necessária, isto é, não poderia ser nenhuma outra porque, caso fosse, o raciocínio estaria equivocado.

- Premissa 1: "Todos os homens são mortais".
- Premissa 2: "Aristóteles é homem".
- Conclusão: "Logo, Aristóteles é mortal".

Obras

Os textos aristotélicos abrangeram praticamente todas as áreas do conhecimento da época. Segundo ele, o conhecimento humano pode ser dividido em teórico, prático e poético. O conhecimento teórico seria a matemática, física e filosofia; o prático divide-se entre ética e política; e o poético em estética e técnica. Para efeitos didáticos dividiremos suas obras em 5 grandes grupos:

- **Lógica**: *Organon;*

- **Natureza:** *História dos Animais, Das Partes dos Animais, Do Movimento dos Animais, Sobre a Vida e a Morte, Sobre a Geração dos Animais, História dos Animais, Sobre a Alma, Física, Meteorológicos* e *Sobre o Céu;*
- **Comportamento humano:** *Grande Ética, Ética a Eudemo, Ética a Nicômaco, Sobre a Virtude, Política* e *Economia;*
- **Teoria da arte:** *Retórica* e *Poética;*
- **Metafísicos:** *Escritos* (redigidos em diferentes épocas).

Metafísica

A obra *Metafísica*, ou seja, "aquilo que vem depois da física", trata dos princípios da realidade sensível que, como a matéria e a forma, parecem ser estruturas fundamentais da realidade, dos números e da matemática. Existe até mesmo um pequeno vocabulário filosófico e uma breve "história da filosofia", mas o ser, a essência, as formas de ser constituem o argumento central do texto.

Substância e Acidente

A ciência que busca o ser, é, em Aristóteles, um saber sobre a substância (*ousía*). E o que é a substância? Na filosofia aristotélica o termo pode ser entendido de quatro maneiras: aquilo que é a origem de todos os seres e que permite conhecê-los (princípio fundador da realidade e do conhecimento); as causas formal, material, eficiente ou motriz e final de todas as coisas; o substrato, ou sujeito, do qual se diz alguma coisa (qualidades, quantidades, lugares e tempo); a essência daquilo que existe, isto é, sua natureza, sem a qual a coisa não seria o que é.

Os acidentes são predicados que caracterizam as substâncias, indicando como cada uma delas é. Tais características são acidentais porque não afetam a natureza da substância. Um homem, por exemplo, pode ser magro, moreno e jovem, portanto suas características particulares (acidentes) não alteram o fato de ele ser homem.

Aristóteles também fala em "essências" ao referir-se às substâncias. A diferença, em relação aos predicados, é que, sem as essências, as substâncias não seria o que é. Assim, a substância homem possui um

conjunto de atributos que o caracterizam como homem e que o distinguem, por exemplo, de um pássaro.
Na frase: "O homem é racional, mas está gordo" temos a afirmação que contém uma substância (homem), uma essência (racional), pois todo homem é racional, e um acidente (gordo), que não afeta a sua substância.

Teoria das Quatro Causas

Um dos significados do termo substância, em Aristóteles, diz respeito às causas das coisas que existem no mundo. Nesse sentido, substância é aquilo que está na origem de cada ente, como sua causa formal, material, eficiente ou motriz e final.
A causa material trabalha a matéria, ou seja, aquilo do qual alguma coisa é feita.
A causa formal trabalha a forma, que determina a estrutura da matéria.
A causa eficiente ou motriz trabalha aquilo que dá origem ao movimento e que atua de modo causal em relação a ele, sendo o agente que o origina.
A causa final trabalha a finalidade, o objetivo pelo qual algo é feito.
Para explicar a Teoria das 4 Causas, Aristóteles exemplifica através de uma estátua: o mármore seria a causa material; um modelo para o artista realizar seu trabalho de esculpir é a causa formal; o escultor seria a causa eficiente ou motriz; a estátua seria o prêmio de uma competição, isso seria a causa final.

Matéria e Forma

Em sua análise da realidade, Aristóteles descobre que existe algo do qual as coisas são feitas (a matéria) e uma forma que as distingue. Não existe matéria sem forma no mundo, ainda que possa existir superposição de formas em uma matéria.
O mármore, por exemplo, tem a forma característica dessa pedra; já a escultura, embora tenha uma forma diferente daquela que caracteriza o mármore, é tirada dele. Ou seja: tem-se uma forma superposta a outra.

Potência e Ato

Os conceitos de potência e ato representam semelhança com os de substância e acidente, matéria e forma. A forma é semelhante ao ato, a força (*dynamis*) que concretiza as possibilidades da matéria. Aristóteles denomina "potência" a essa força. Essa potencialidade (a forma que a matéria pode tomar), porém, não se dá ao acaso. Assim, uma criança é um ato enquanto criança, mas enquanto potência será um adulto, sem deixar de ser um humano.

O estudo da natureza ofereceu a Aristóteles exemplos de que as coisas contêm, em si, suas próprias realizações. O escultor que trabalha o mármore, por exemplo, esculpe a forma que aquela determinada pedra, potencialmente, já tem. É essa concepção dinâmica que caracteriza o conjunto potência e ato, diferenciando-o de matéria e forma.

Física Aristotélica

Na teoria aristotélica, a física é o saber que explica o movimento. Aristóteles entende o movimento de três maneiras: uma mudança de lugar no espaço; uma mudança qualitativa na qual é a própria matéria, objeto da mudança que se transforma; outro tipo de movimento que não transforma as coisas, mas que as faz aumentar ou diminuir.

Essas três maneiras correspondem respectivamente, em linguagem atual, à mecânica, à química e à biologia.

Ideia do Bem

A *Ética a Nicômaco*, provavelmente dedicada a seu filho, é o mais importante de seus textos sobre o bem e o comportamento dos homens com duas teses fundamentais. A primeira afirmava que todas as coisas tendem ao bem, o que significa, na doutrina aristotélica, que o bem é a finalidade de todas as coisas. A segunda colocava o caminho para o bem por dois meios: pelas atividades práticas, isto é, aquelas que contêm seus próprios fins (ética e política) ou pelas atividades produtivas (artes ou técnicas).

Em relação à ética, o bem leva cada indivíduo a ser capaz de viver com os outros, na pólis. Em outras palavras, a ética, no campo individual, prepara terreno para a política, no campo coletivo. Para Aristóteles, a finalidade da política é a busca do bem de todos os homens.

E qual é o bem de todos os homens? A felicidade, responde Aristóteles. A felicidade, porém, não é um sentimento que aparece, instala-se e vai embora, ao contrário, é "obra de uma vida inteira".

Em grego, felicidade (*Eudaimonia*) quer dizer ter um bom "demon". O termo "demon" não tem nenhum significado negativo, apesar da palavra "demônio" ter origem nesse radical. Demon é uma espécie de divindade, algo que pode influenciar positivamente o destino e a sorte de alguém. Por isso, o advérbio "eu", que significa bem, e que completa o termo *Eudaimonia*, dá-lhe esse caráter de boa sorte.

Virtudes

A virtude (*areté*) é a expressão maior da excelência de uma pessoa, de sua integridade, de sua identidade. A paixão, por outro lado, torna-a confusa, dividida entre desejos contrários, conflitantes, opostos. Alguém sob o domínio da paixão pode inclinar-se ao vício, que é o excesso ou a falta da paixão. A virtude é encontrar, pelo uso da razão, o meio-termo entre esses extremos, que Aristóteles chamou de justo meio.

Para Aristóteles, alguém dominado pelo prazer (paixão) pode ser libertino (prazer em excesso) e até insensível (falta de prazer). O justo meio seria a temperança, à qual se chega pelo uso da razão.

A virtude, assim, está ligada a razão. E, como todo homem é dotado de razão, todo homem pode alcançar a virtude. Basta identificar a paixão que o domina, reconhecer seus extremos e procurar, racionalmente, seu justo meio. É neste momento que surgem os conceitos de cara metade e alma gêmea.

A maior de todas as virtudes é a justiça. Sua força sobre as demais consiste em sua perfeição, porque quem é justo projeta-se mais para o outro do que para si mesmo. Em outras palavras, tudo que protege o conjunto dos indivíduos (a sociedade) é mais importante do que aquilo que protege somente um dos membros dessa sociedade. Por isso, dos males, a injustiça é o maior, pois destrói o tecido social.

Escravidão

Em sua obra *A Política*, lê-se: "As propriedades são uma reunião de instrumento e o escravo é uma propriedade instrumental animada... Se cada instrumento pudesse executar por si próprio à vontade e o pensamento do dono..., os senhores não teriam necessidade de escravo. Todos aqueles que nada têm de melhor para nos oferecer que o uso do ser corpo e dos seus membros são condenados pela Natureza à escravidão. É melhor para eles servir que serem abandonados a si próprios. Numa palavra, é naturalmente escravo quem tem tão pouca alma e tão poucos meios que deve resolver-se a depender de outrem... o uso dos escravos e dos animais é aproximadamente o mesmo...".

Política e Estado

Como Platão, Aristóteles também faz um estudo dos regimes políticos, divididos em monarquia, aristocracia e politeia ou república. Tal qual Platão, Aristóteles considera que cada um deles pode degenerar: a monarquia em tirania; a aristocracia em oligarquia; e a democracia em anarquia.
O melhor dos regimes possíveis consistirá em uma combinação do que há de melhor em cada um deles. O melhor da república é a liberdade e a igualdade (embora o filósofo reconheça que não existe sociedade igualitária); da monarquia a capacidade de criar riquezas; e da aristocracia, sua excelência, capacidade e qualidades intelectuais.
Entre os escritos políticos de Aristóteles, a *Constituição de Atenas*, descoberta no século XIX no Egito, ocupa um lugar especial. Essa obra parte das 158 constituições que Aristóteles reunirá a fim de ter uma base empírica para a reflexão sobre teoria política.

Legado

Aristóteles foi cientista, astrônomo, teórico político, inventor e "pai" da lógica formal. Escreveu sobre biologia, psicologia, ética, física, metafísica e política apresentando conceitos debatidos até a contemporaneidade.
Após sua morte, seus trabalhos foram esquecidos por 200 anos, mas redescobertos em Creta e traduzidos para o latim por Boécio, no século V d.C., espalhando-se pelos países islâmicos, enquanto a Europa cristã o deixava de lado em favor de Platão. Só voltou a ser debatido na Europa Ocidental com a Escolástica e São Tomás de Aquino no século XIII, estando até hoje nos debates acadêmicos.

7 – Filosofia Helenística

A derrota dos gregos para os macedônios e, mais tarde, as conquistas militares de Alexandre, o Grande, provocaram mudanças em todo o mundo grego. A influência cultural da Grécia, porém, espalhou-se por vários territórios. Esse fenômeno de expansão grega ficou conhecido como Período Helenístico.

Contexto

O ano de 338 a.C. assinalou o fim da autonomia das cidades-Estado gregas. O marco foi a Batalha de Queroneia, em que os gregos, derrotados pelos macedônios, passaram a integrar um vasto império. Se por um lado isso alterou por completo o funcionamento político das cidades, por outro acabou propiciando a disseminação da cultura grega. Tanto que, quando o Imperador Alexandre morreu, em 323 a.C., o pensamento helenístico era conhecido do Egito à Espanha.

A política, que Aristóteles chamara de "a mais arquitetônica das ciências", deixou de ser, com a perda da soberania das cidades-Estado, uma atividade de todos os cidadãos. Assim, o modelo grego difundido por territórios conquistados por Alexandre e seus sucessores não foi político, mas cultural. O helenismo significou, assim, imitar, reproduzir uma "ideia daquilo que é grego". Esse fato implicou a perda da cultura "nacional" da Grécia Antiga, modelada na democracia ateniense e na oligarquia espartana.

O conhecimento, antes dedicado à formação do cidadão, para torná-lo capaz de exercer atividades políticas, voltou-se para dois alvos principais. Um deles foi a preocupação com o comportamento humano, levando a ética ao centro das discussões filosóficas debatendo onde residiria a felicidade plena do homem, dentro do ideal de participação nas decisões da pólis, devido à paralisia que se abateu sobre a política. Outro foi a transformação das ciências em saber autônomo, expresso na matemática e na astronomia.

Características do Helenismo

- A filosofia desloca-se do campo político para o comportamento humano. Buscam-se normas de conduta

capazes de promover a paz interior. O bem, antes no mundo das ideias, passa a ter um sentido existencial: o bem é aquilo que é bom para cada um.
- Os diferentes campos do conhecimento especializam-se. As ciências experimentais e a matemática vão adquirindo importância cada vez maior.
- O predomínio da escrita sobre a linguagem falada leva ao interesse pelos estudos filológicos. A comunicação já não se dava mais de maneira direta, nas ágoras das diferentes cidades-Estado. Por isso surge a necessidade da criação de uma linguagem grega (*Koiné*) que, acima das variações dialetais, expressasse características comuns e populares.
- Em alguns dos palácios são instalados bibliotecas e centros de pesquisa, que ampliam e aperfeiçoam a ideia de "comunidade científica" iniciada na Academia Platônica e, especialmente, no Liceu de Aristóteles.
- O trabalho do filósofo torna-se diferente. Abandonando o sonho platônico de um "filósofo-rei", ou seja, de um poder político que expressasse a sabedoria de um pensamento voltado para uma "cidade ideal", os filósofos já não se preocupam tanto em criar concepções globais do mundo.
- Dos que se dedicam à filosofia, a maioria torna-se comentarista ou divulgador de Platão e Aristóteles. As "novas" filosofias ganham, sobretudo, um caráter prático. Trata-se, pois, de salvar o homem e de dar sentido a sua vida individual fora dos muros das cidades destruídas ou em decadência.

Epicurismo

Epicuro (c. 341-270 a.C.), nascido como colono ateniense em Samos, foi um filósofo grego cujo pensamento caracterizou-se pela ideia de que o fim natural do homem é o prazer. A maior parte de sua obra não foi conservada, exceto as cartas e os aforismos, e suas ideias são conhecidas por meio dos textos de Lucrécio e de Diógenes Laércio.
Para ter prazer e ser feliz o homem precisa, em primeiro lugar, dominar a lógica. Somente ele lhe dá os recursos necessários para

fazer a distinção entre verdade e falsidade. Usando a lógica, qualquer pessoa pode obter o conhecimento verdadeiro sobre o que é a realidade e qual seu papel nela.

Aqueles que conhecem a estrutura do real (a física) libertam-se das falsas opiniões, que o levam a temer a morte e os deuses. Libertam-se, igualmente, do desejo incontrolável de experimentar prazeres e do sofrimento causado pela dor, tanto mental quanto físico. A satisfação dos prazeres físicos é natural e necessária, mas, para não causar dor, deve ser controlada. Além disso, o homem precisa entender que há outro tipo de prazer, não apenas natural, mas também ético: aquele ao qual se chega pela ausência de perturbação da mente (*ataraxia*) e de dor (*aponia*). É essa, segundo Epicuro, a verdadeira felicidade.

A teoria do conhecimento desenvolvida por Epicuro ficou conhecida como "canônica" por estabelecer cânones (normas que constituem um método) para reger e orientar as formas de conhecer. Para os epicuristas, o saber tem início na experiência sensível, ou seja, naquilo que os sentidos captam do mundo. Guardadas na memória, as experiências, repetidas muitas vezes, formam as noções gerais, ou conceitos.

Exemplo: quando alguém ouve a palavra "cachorro" sabe exatamente do que se trata porque as experiências sensíveis, armazenadas na memória, indicam-lhe o que é um cachorro. Epicuro dava esse fenômeno o nome de "antecipação" (*prolepsis*): a pessoa que ouvia a palavra "cachorro" anteciparia sua presença porque, embora o animal não estivesse sendo, naquele instante, apreendido pelos sentidos, sua imagem estava guardada na memória.

Uma grande quantidade de antecipações permite a formação de juízos. Para saber se ele é verdadeiro ou falso, os epicuristas utilizavam dois tipos de verificação. O primeiro era o juízo verdadeiro quando correspondia ao que era captado pelos sentidos. O segundo era quando não houvesse possibilidade de observação sensível, era preciso verificar se havia ou não contradição entre o juízo e as experiências guardadas na memória.

Estar no mundo significa saber escolher. O corpo também ajuda a encontrar os desejos adequados. As escolhas têm de colaborar para a autonomia (autarquia) e a autossuficiência do homem. Essa afirmação do próprio eu diante das possibilidades naturais ou antinaturais do mundo são um indício de que se conseguiu um equilíbrio ao qual Epicuro, seguindo Demócrito, chamará de *ataraxia* ou serenidade da alma.

A ética, para Epicuro, deve conciliar-se com uma interpretação do mundo e das forças que o governam. Se o homem se deixar dominar pelo medo diante dessas forças, não alcançará nem autonomia nem paz interior. Por isso, as superstições devem ser descartadas. Os deuses, segundo o filósofo, até podiam existir, mas não se preocupavam com os seres humanos. Viviam em outro mundo, sem ligação alguma com o terrestre e sem aparência antropomórfica.

Essa ideia opõe-se as concepções fatalistas, segundo as quais a vida é predeterminada por forças superiores. Para Epicuro, o homem deve libertar-se dos deuses e da ideia da morte, causa de intranquilidade e infelicidade.

Epicuro, assim como Demócrito, sustenta que os corpos são formados por partes invisíveis chamadas átomos. Os átomos têm três propriedades – extensão, forma e peso – e movimentam-se na vertical, de cima para baixo. Esse movimento é eterno e apresenta, às vezes, um desvio, uma declinação que introduz neles um princípio de liberdade.

Há uma infinidade de átomos, assim como há uma infinidade de mundos, que se formam e desaparecem em função de um turbilhão de átomos. Esses mundos, reais ou possíveis, terão, cada qual, seus seres, produto da evolução.

Cinismo

Contemporâneo de Aristóteles, o estilo e o método filosófico de Diógenes de Sínope (413-323 a.C.) foi inspiração para o cinismo, um pensamento individualista de inspiração socrática que rejeita as complicações e maquinações da vida civil. Platão o chamava de "o Sócrates que enlouqueceu".

Diógenes pregava um estilo de vida simples, renunciado ao que ele chamava de "distrações da vida civil" em favor de si mesmo. Com isso deixaria de lado a metafísica. Para ele, a felicidade só poderia ser atingida caso se vivesse "segundo a natureza". Para isso, o ser deve abandonar qualquer propriedade, posse, laço familiar e valor social que tenha a fim de retirar as perturbações emocionais que, para Diógenes, não passavam de ilusões. Mas isso não era o suficiente. Deve-se atacar a sociedade para libertar outros.

Embora radical para a filosofia ocidental, Diógenes tem sua contrapartida nos ensinamentos orientais do budismo e do taoísmo. Há uma questão pragmática em relação ao cinismo: se todos o praticassem a sociedade entraria em colapso econômico, demonstrando o caráter elitista de Diógenes.

Tal crítica não perturbava os discípulos de Diógenes. O termo "cínico", em grego, vem de *kyon*, que significa "cachorro", outro apelido de Diógenes. Na Roma do século I d.C. voltou a ganhar força, levando ao ascetismo, cujo único valor é o domínio de si mesmo, algo que não poderia ser retirado, não importando o qual maltrapilho ou enriquecido a pessoa fosse, influenciando os estoicos posteriores.

Estoicismo

A doutrina estoica estende-se ao longo de 600 anos, entre os séculos IV a.C. e II d.C. Seu fundador foi Zenão de Cítio (c. 335-263 a.C.), que nasceu na ilha de Chipre. O estoicismo pode ser dividido em três períodos: antigo, médio e romano. No antigo destacaram-se o próprio Zenãto, Cleanto de Assos (c. 331-232 a.C.) e Crisipo de Solis (c. 280-207 a.C.). No médio, Panécio de Rodes (c. 185-109 a.C.) e Posidônio de Apameia (c. 135-51 a.C.). Os nomes mais importantes da época romana foram Sêneca de Córdoba (c. 4-65), Epiteto de Hierápolis (c. 55-135) e Marco Aurélio (c. 121-180).

Ao lado do *Organon*, de Aristóteles, a lógica estoica é uma das contribuições de grande interesse no desenvolvimento da lógica contemporânea. A diferença é que, para Aristóteles, trata-se mais de uma lógica de termos, ao passo que os estoicos desenvolvem uma lógica proposicional, baseada não tanto em nomes, mas no modo de dizê-los nas proposições.

Eles diferenciavam o signo ou significante (*semainon*), a coisa significada (*semainómenon*), e o significado (*lekton*) ou aquilo que se diz. O significante e a coisa são materiais, mas o significado é imaterial, algo entre a realidade das coisas e a realidade das palavras.

A ética estoica estabelece a felicidade ou *Eudaimonia* como princípio fundamental. A expressão maior da virtude é viver conforme a natureza e isso é motivo de felicidade. Essa concordância é racional e coincide com a razão ou *logos* da vida e da natureza, entendida como o universo inteiro, com sua harmonia e plenitude.

Esse ponto marca uma importante diferença entre estoicismo e epicurismo. Enquanto este último afirma o sentido da vida, aceitando exclusivamente as condições do "aqui e agora", o estoicismo defende uma identificação com um *logos* que reside além da natureza humana. A concordância é feita envolvendo o indivíduo em uma harmonia universal.

A felicidade, assim, é estabelecida em níveis mais teóricos do que a concreta projeção nos limites do próprio corpo, como os epicuristas pretendiam. Ser feliz é, pois, ser virtuoso e entender o momento supremo do homem na adequação com o *logos*, a razão universal. Isso proporciona autonomia. Quem a consegue é sábio. O homem independente entende o além das coisas e contrapõe-se ao ignorante.

Uma das ideias centrais do estoicismo é a unidade do real. A natureza e a razão são uma só coisa. O desenvolvimento da vida e da natureza está cheio de racionalidade e coerência, mas somente é real o que tem corpo, mesmo que haja um pneuma ou sopro universal que tudo preenche e que pode identificar-se com a divindade.

Ceticismo

O nome ceticismo deve-se a Pirro de Elis (360-272 a.C.), que utilizava o verbo *sképtomai*, que significa "olhar com receio", "considerar", "espreitar". Assim como Sócrates, Pirro não escreveu nada e seu pensamento nos veios através de Sexto Empírico (c. 100-200 d.C.). O ceticismo conheceu três diferentes períodos no mundo Antigo. O primeiro, anterior à fundação da Academia Platônica, teve como destaque, além de Pirro, Tímon de Fliunte (320-230 a.C.).

A segunda fase desenvolveu-se na própria Academia, após a morte de Platão, com Arcesilau de Pitane (c. 316-241 a.C.) e Carnéades de Cirene (c. 213-129 a.C.). O terceiro período, pós-acadêmico, centrou-se em Enesidemo de Cnossos (c. 80-40 a.C.) e Sexto Empírico (c. 210-160 a.C.). Este último escreveu *Hipotiposes Pirrônicas* e *Contra os Lógicos*, a mais completa fonte para o estudo do ceticismo antigo.

O objetivo do cético é alcançar a tranquilidade da mente (*ataraxia*). Ele se abstém da busca ou da afirmação ou da negação de verdade por dois motivos: por esse procedimento uma fonte de intranquilidade; pela impossibilidade de julgar a verdade ou a falsidade de alguma coisa. Assim, o cético suspende o juízo (*epoqué*): não nega nem afirma nada. Isso ocorre porque, ao comparar fenômenos e conclusões intelectuais, o cético constata a equipolência dos raciocínios. Nenhum deles pode ser considerado menos ou mais confiável do que outros, exemplificado pelo sonho, que dá a nítida impressão da realidade.

Para o cético, não se pode afirmar que existe uma "essência" das coisas. O cético aceita as coisas como elas se apresentam aos sentidos, sem questionar se há algo além disso. Cada pessoa percebe os objetos de um modo próprio, pessoal. Por isso não se pode afirmar "isto é assim"; como cada experiência é única, deve-se dizer "isto me aparece assim" (porque pode não "aparecer" assim a outro).

O cético vive em conformidade com os costumes, as leis, as instituições e seus próprios modos de sentir. Esse é outro caminho que leva à *ataraxia*, além de observar regras que evitem o dogmatismo. Diversos críticos afirmam que o ceticismo é autodestrutivo, pois se a verdade não pode ser contraposta a sua negação, então o próprio ceticismo não seria uma forma de viver. Sexto Empírico afirmava que é exatamente este o motivo para ser cético, já que não se pode julgar o ceticismo, talvez devesse deixar de fazer julgamentos.

Termos Gregos

O conceito de sabedoria emerge, na Grécia Antiga, de uma situação histórica e cultural que obriga à reflexão sobre os conceitos fundamentais configurados nos primeiros passos da filosofia grega. Esses conceitos fundamentais são expressos a seguir.

A palavra Natureza (*physis*) traz, em sua definição, uma das mais importantes intuições da interpretação do mundo: a descoberta de uma realidade que se desenvolvia a partir de si mesma e por si mesma. A mudança das estações, o nascimento ou a queda das folhas, as batidas do coração são, perceberam os primeiros filósofos, independentes da vontade humana. A natureza tem seus próprios ritmos e suas próprias leis.

A natureza opõe-se, de certa maneira, às Leis (*nómos*) que os homens fazem para organizar a vida coletiva. Essas leis dependem das opiniões dos mortais, de suas convenções, e são essenciais à vida humana. A natureza determina a realidade, ao passo que a lei é produto das convenções humanas.

A Técnica (*tecné*) é a arte de modificar ou produzir algo real. Ao mesmo tempo em que há, na natureza, seres independentes dos humanos, existem aqueles que dependem do homem, que são inventados e construídos por ele: barcos, pinturas, prédios, esculturas etc. Esses objetos respondem a necessidades humanas e, por isso, provam a insuficiência da natureza humana. O barco, por exemplo, compensa a limitação do deslocamento humano sobre a água.

A sociedade e a articulação dos diferentes interesses humanos (políticos, ideológicos e culturais) levam à predominância de determinadas técnicas. Assim, um grupo social submetido à ameaça de inimigos privilegia a fabricação de produtos que assegurem sua defesa; a expansão colonial obriga ao desenvolvimento da navegação etc. Essa capacidade técnica é resultado das incertezas humanas e, ao mesmo tempo, uma busca criativa de segurança.

Para os gregos, a Cidade (*pólis*) não é somente o espaço concreto onde se desenvolve a vida dos homens. É também um espaço abstrato: uma espécie de rede na qual se tecem as relações dos seres humanos que convivem nesse espaço físico. A cidade, nesse sentido, é uma empresa coletiva, cujo pressuposto é a necessidade de convivência, de harmonia entre os cidadãos.

A importância da comunicação, provinda do Discurso Racional (*logos*), entre os homens talvez seja o aspecto mais característico desse período. Esse descobrimento surge também da ideia de mobilidade e ambiguidade que irá constituir o fundamento da sociedade democrática. A estrutura da linguagem manifesta essa ambiguidade. Tudo, inclusive os valores, devem ser discutidos e reconstruídos por meio da confrontação de discursos racionais.

Os sofistas descobrem que a vida humana se desenvolve por meio da palavra, do que manifestamos ou ocultamos, da veracidade ou da falsidade daquilo que o homem diz e, finalmente, do fato de o próprio homem ser verdadeiro ou falso. O que se diz põe em jogo a totalidade do ser humano. O discurso, que abre o mundo das relações humanas, pode também fechá-lo, ocultá-lo e deturpá-lo.

A palavra Educação (*paideia*) teria surgido por volta do século V a.C. e significava, no início, a educação dos meninos. Com o tempo, passou a exprimir um conceito mais amplo e intraduzível de formação.

O termo Verdade (*aleteia*) significa não-oculto, aquilo que se desvela. Portanto, a verdade consiste na descoberta da realidade, daquilo que é. Para os sofistas, a verdade toma parte das próprias estruturas da linguagem. Verdade tem a ver com aquilo que se afirma ou se nega e depende, de alguma maneira, da proposição. Consequentemente, a retórica, ou seja, o uso público da linguagem, torna-se uma arte que manifestará a verdade, o modo de alcançá-lo ou, no pior dos casos, as fórmulas de fingi-la.

Platão, por sua vez, critica os sofistas e recusa o mundo sensível das aparências como fonte da verdade, para encontrá-la na intuição das Ideias, das verdades eternas e imutáveis. Aristóteles, ao elaborar a lógica, desenvolve a ideia de verdade como adequação ou correspondência. Durante muito tempo predominou na filosofia essa noção de verdade como representação do real, cujo critério é a evidência. Mas na filosofia contemporânea não mais se busca a realidade que existiria por trás dos conceitos.

Atualidade

Muito daquilo que os homens consideram males do século XXI, como a depressão, a insatisfação ou a insegurança em relação ao futuro, são frutos de uma cultura em que predominam o status social, econômico e profissional. Esse tipo de preocupação não é novo. O ser humano tende a temer o fracasso, a perda de posses ou o desprestígio, e a filosofia, em maior ou menor grau, teve presente essas questões e procurou respondê-las das mais variadas maneiras.
Esse questionamento foi um dos núcleos da filosofia helenística, quando os filósofos eram ouvidos por pessoas que procuravam aliviar seu desassossego. Na época, a filosofia era uma espécie de "medicamento da alma".
A filosofia, durante o helenismo, será concebida como maneira de aprender a viver e a reconhecer a legitimidade de desejos e valores. Essa perspectiva da filosofia como saúde da alma foi recuperada na atualidade por alguns filósofos que acreditam que a psicologia e a psiquiatria delimitaram, no estreito marco da doença mental, muitos problemas que são existenciais e que podem ser solucionados por meio da reflexão sobre os fins, imediatos e últimos, da vida.
O ponto de partida é que todos têm uma filosofia de vida por meio da qual interpreta o mundo, avalia-o e toma decisões. As dificuldades, afirmam esses filósofos, requerem uma abordagem existencial e filosófica, capaz de evitar sofrimentos intelectuais ou emocionais. Não se busca uma simples análise discursiva da realidade, e sim a obtenção de atitudes vitais que levem ao enfrentamento dos problemas.

8 – Filosofia Romana

Ainda na época helenística, Roma começou a surgir como força política e cultural. Foi receptiva com a cultura grega, em especial com a filosofia, que influenciou todos os pensadores romanos.

Contexto

A filosofia romana foi praticamente uma releitura do pensamento grego. Houve uma espécie de "mistura" de várias correntes filosóficas, e em todas elas ganharam destaque as ideias moralizantes. Tito Lucrécio, em *Da Natureza das Coisas* – possivelmente o primeiro texto filosófico em latim – limitou-se a expor o pensamento de Epicuro; Cícero, mais original, mesclou influências da Academia, do Liceu e do Jardim de Epicuro. Um dos nomes mais destacados dessa época é o de Sêneca, estoico para quem a filosofia tinha objetivos práticos. Por isso, utilizava ideias de várias correntes filosóficas para compor uma obra que ensinasse o bem viver. Epiteto, ex-escravo, e Marco Aurélio, imperador, também constituíram o pensamento romano.

Somente no século III, em pleno declínio do Império Romano, é retomada a preocupação inicial da filosofia – à busca por um princípio único para tudo que existe. O responsável por essa retomada, também baseada na filosofia grega, é Plotino, fundador da corrente denominada neoplatonismo.

Principais Filósofos

Tito Lucrécio Caro (c. 96-55 a.C.) foi um poeta latino. Pertencia à classe dos cavaleiros, mas permaneceu afastado da política e, aos 44 anos de idade, suicidou-se. Escreveu um longo poema, *Sobre a Natureza das Coisas*, de caráter filosófico, no qual expunha as doutrinas epicuristas e atomistas.

Lúcio Aneu Sêneca (c. 4 a.C.-65 d.C.), filósofo latino de origem hispânica, educou-se em Roma e em Alexandria. Foi senador durante o reinado de Calígula e ocupou-se da educação de Nero. Envolvido na Conjuração de Piso, cortou as veias, acatando a sentença do imperador. Seu pensamento, ligado à tradição estoica, exerceu notável influência em autores posteriores, onde fazer a coisa certa é a única virtude que existe. De sua obra conservada destacam-se os tratados filosóficos e 9 tragédias, entre as quais sobressaem *Medeia, Fedra, Édipo, Agamenon, As Troianas, Hércules Louco, As Fenícias* e *Tiestes*.

Marco Aurélio (121-180), filho adotivo do imperador Pio, tornou-se imperador de Roma. Conhecido por obra única, *Meditações* ou *Escritos para Si Mesmo*, escrito durante a guerra contra a Pártia. Adepto do estoicismo, Marco Aurélio preocupou-se com os problemas sociais das camadas mais pobres, escravos e prisioneiros. Por outro lado, perseguia os cristãos devido a ameaça ao culto aos imperadores. Para o imperador todos os seres com alma lutam pela autopreservação, aquilo que está adequado a sua natureza existencial. A partir da razão o ser escolheria aquilo que está consonante com a verdadeira natureza e não apenas com o extinto animal.

Plotino (205-270) nasceu em Licópolis, no Egito. Foi discípulo de Amônios, que o fez estudar Platão. Depois da morte de Plotino, Porfírio (233-305), seu discípulo e biógrafo, reuni-lhe os escritos em grupos de 9 e em 6 seções, e os chamou de *Enéadas*.

Marco Túlio Cícero

Marco Túlio Cícero (106-43 a.C.) foi um político, advogado e orador romano de origem humilde que ganhou proeminência na aristocracia romana. Em sua juventude, viajou e estudou na Grécia, mantendo interesse em filosofia na vida pública. Manteve amizade com filósofos das mais diversas correntes, mas foi somente com a aposentadoria, isolado politicamente, que devotou total de seu tempo ao pensamento filosófico. Escreveu as *Catilinárias*, peça na qual denunciou a conspiração de Lúcio Sérgio Catilina contra a República. Opôs-se à Júlio César e a Marco Antônio, a quem combateu com as *Filípicas*.

Suas principais obras são *Sobre o Ceticismo Acadêmico*, sobre a impossibilidade da precisão do conhecimento; *Sobre a Finalidade Moral* e *Sobre os Deveres* onde discute as atitudes humanas e as regras morais de uma conduta correta; *Discussões Tusculanas*, onde aborda o problema da felicidade, da dor, das emoções humanas e da morte; e *Sobre a Natureza dos Deuses* e *Sobre a Profecia*, ambas tratando de teologia.

Produzida em grande parte nos últimos dois anos de sua vida, a filosofia dele é uma mistura de ceticismo na teoria do conhecimento e

estoicismo na ética, além de forte crítico do epicurismo. Cícero se apegou que o latim esclarecia os problemas da filosofia grega a tal ponto que boa parte do vocabulário inventado por ele é responsável pelo latim ser a língua primária da filosofia até o Renascimento.
Termos como *a priori* (previamente à experiência), *a posteriori* (derivado da experiência), *a fortiori* (com muito mais razão), *reductio ad absurdum* (redução ao absurdo), *ceteris paribus* (todo o resto permanece constante) são termos popularizados por Cícero.

Neoplatonismo

Plotino ocupou-se de levar o pensamento de Platão a seu desenvolvimento mais "ideal". Esse acentuado "idealismo" fez com que sua filosofia tivesse ressonâncias religiosas.
Sua obra é inovadora. Ele rejeita o dualismo platônico e utiliza elementos de Parmênides, de Aristóteles e dos estoicos não para repeti-los ou misturá-los, mas para criar uma filosofia própria. Numa época em que imperavam o dogmatismo moralizante e o ceticismo, Plotino recoloca o pensamento filosófico em seu curso originário, combinando o místico com o prático, abrindo as portas para a filosofia cristã medieval.

Conceito de Uno

A ideia de unidade, já encontrada em Parmênides, é retomada e recriada por Plotino na figura do Uno, ser do qual todas as coisas emanam. A unidade, desse modo, é a responsável pela diversidade do mundo. Todos os seres procedem do Uno, primeiro ponto de uma cadeia hierárquica que termina na matéria. O mundo, assim, é emanado de uma transcendência absoluta e indizível, da qual só se pode pensar por aproximações e negações (pode saber-se o que o Uno não é, nunca o que ele é).
Por isso mesmo, o Uno não pode ser determinado, uma vez que determinar é fixar limites. Segue-se daí que, não tendo nada que o limite, o Uno é ilimitado, infinito. Nessa ideia reside a originalidade de Plotino: enquanto a tradição filosófica pensava o infinito como imperfeito – e, assim o ser perfeito tinha como característica necessária a finitude –, ele inverte o argumento e considera que a perfeição só poder ser ilimitada.
O Uno, além de infinito, é imóvel. Por isso, não "age" para criar o mundo. Ele contempla, e dessa contemplação (*theoría*) emana a Inteligência (*nous*), que, por sua vez, emana a Alma do Mundo. Para

compreender melhor como isso se dá, recorre-se ao exemplo de Plotino: o Uno é a luz – que se propaga sem jamais se esgotar – da qual emanam o Sol (a Inteligência) e a Lua (a Alma do Mundo). A natureza, o mundo sensível, é uma emanação da Alma.

A essas emanações o filósofo dá o nome de hipóstases. Cada hipóstase ilumina a inferior, o que significa que todas têm um grau de perfeição. Apenas a matéria é imperfeita, o que significa que todas têm um grau de perfeição. Apenas a matéria é imperfeita, pois, inerte, não tem a capacidade de contemplar. É na matéria, portanto, que se esgota o que Plotino chama de "processão", a série de emanações iniciadas no Uno.

O papel do homem é dissolver-se na perfeição do Uno, e a filosofia é o caminho que o leva a isso através do Intelecto.

9 – Filosofia Cristã Medieval

As tensões que caracterizaram o encontro entre filosofia e cristianismo tiveram início no Império Romano, estenderam-se ao longo da Idade Média e alcançaram o século XVII. O foco foi a interpretação filosófica do dogma cristão.

Expansão do Cristianismo

Iniciado com as pregações de Jesus de Nazaré na Judeia, à época parte do Império Romano, o cristianismo conheceu um notável avanço no século I. O trabalho dos apóstolos, em especial o de Paulo, fez com que a mensagem cristã ganhasse adeptos em todas as regiões e estratos sociais do império.

No século II foram redigidas as primeiras defesas da nova religião por parte dos apologistas cristãos, gregos e latinos, com o intuito de obter o reconhecimento jurídico dos imperadores romanos. Para isso, os padres apologistas procuravam fazer aproximações entre o cristianismo e a filosofia. Ao mesmo tempo, proliferaram as seitas gnósticas, com seus variados sistemas doutrinais e sua afirmação de salvação por um conhecimento (gnose) superior dos mistérios divinos.

Nos séculos II e III, a incorporação ao cristianismo de intelectuais como Clemente de Alexandria e Orígenes promoveu a inserção de componentes platônicos na religião cristã. Começava, assim, um processo de construção ou interpretação filosófica do dogma cristão que, entre múltiplas discussões, culminou nos séculos IV-V com a formulação de dois dogmas fundamentais: o **Trinitário** (Concílios de Niceia, em 325, e de Constantinopla, em 381), pelo qual, em Deus, existe uma única substância em três pessoas diferentes; o **Cristológico** (Concílios de Éfeso, em 431, e da Calcedônia, em 451), segundo o qual, em Cristo, unem-se duas naturezas, a humana e a divina.

O Édito de Milão, promulgado por Constantino em 313, acabou com as perseguições – até então frequentes – ao cristianismo e concedeu à religião cristã o mesmo direito que todas as demais tinham de "render culto a Deus livremente".

A partir desse momento, a religião e a Igreja Cristã (do grego *ekklesía*, ou seja, assembleia) receberam especial atenção e proteção da instituição imperial, pela rentabilidade política possibilitada pela sólida implantação social e pela riqueza da nova religião. Nesse novo marco, os cristãos, partindo da firme convicção de constituírem a única religião verdadeira, desenvolveram uma atitude de intolerância, reclamando a proibição do paganismo e perseguindo-o, ao mesmo tempo em que baniam autores e filósofos pagãos de suas escolas.

Juliano, conhecido como Apóstata pelos cristãos, tentou revitalizar o paganismo durante seu breve governo como imperador (361-363). Procurou dotá-lo de uma organização estatal e reprimiu a intolerância cristã, proclamando a tolerância universal (estendida aos cristãos). Essa tentativa, porém, não sobreviveu ao imperador.

Em 385, o imperador Teodósio impôs o Credo Niceno a todo o império, decretando penas civis para os hereges. Nos anos seguintes houve diferentes medidas políticas contra os cultos e as cerimônias pagãs. O cristianismo venceu, dando início a uma nova época para o pensamento.

Santo Agostinho

Agostinho de Hipona (354-430), africano da província imperial da Numídia, recebeu uma educação pagã. Sua mãe era cristã e seu pai, um pagão que não colocava obstáculos a essa crença. A leitura de uma obra de Cícero, *Hortensius*, levou-o à filosofia. Diante da sabedoria filosófica, as Escrituras cristãs lhe pareceram não somente "indignas de serem comparadas com a prosa perfeita de Cícero, mas também rudes e primitivas em sua concepção antropomórfica e pessoal de Deus".

Em 373 entrou em contato com o maniqueísmo (doutrina que afirmava ser o mundo dirigido por dois princípios absolutos: o bem e o mal), ao qual permaneceu vinculado durante dez anos. Converteu-se ao cristianismo em 386, depois do que considerou um chamado divino, tornando-se bispo de Hipona em 395 até sua morte. Ser cristão não significou a renúncia à cultura antiga, mas o levou a considerá-la válida apenas nos pontos em que coincide com a verdade cristã, podendo, portanto, integrar-se a ela, ajudando uma melhor compreensão das Escrituras e procurando um entendimento racional da fé, embora o pensamento racional greco-romano deveria ser servo da fé cristã.

Agostinho apresenta essa coincidência, igualmente, como um empréstimo tomado pelos filósofos pagãos da sabedoria do Antigo Testamento, em ocasião de suas viagens ao Egito.

Consequentemente, integrará na sabedoria cristã os elementos da cultura antiga compatíveis com as Escrituras.

Criação

Para Agostinho, a livre criação divina é instantânea e total. O relato bíblico dos seis dias é uma alegoria; tudo é criado por Deus de maneira direta. Está ausente a ideia de uma criação mediata, isto é, de componentes da criação devidos a causas intermediárias ou secundárias (ao contrário do que afirmava o aristotelismo árabe e latino).

Segundo Agostinho, a criação estende-se no tempo, conservada por Deus, e os seres individuais vão aparecendo sucessivamente quando suas razões seminais ou germes (cópias das ideias), inseridos por Deus na matéria, atingem, com o passar do tempo, seu momento de maturação e nascimento, de acordo com a ordem disposta pela providência divina.

Portanto, para Agostinho, Deus criou o mundo do nada. Se o modelo (as ideias do Verbo) é imanente a Deus, a matéria com a qual o mundo foi criado não preexiste ao nascimento dele.

A matéria também é criação de Deus. Agostinho se contrapõe à tradição platônica ao defender que a produção do mundo não é um processo necessário e inevitável. Para ele, todas as coisas, ao contrário dessa tradição, foram criadas por uma decisão livre e voluntária, um ato espontâneo da livre vontade e do amor divino.

Agostinho faz uma reflexão do neoplatonismo, com o qual concorda também na visão de Deus como Inteligência que contém, em si, as ideias exemplares, os arquétipos do mundo visível.

Essas ideias ou verdades no Verbo são as essências das coisas, isto é, as verdades necessárias, coeternas a Deus, imutáveis. Elas não existem fora de Deus; ao contrário, existem em Deus, com quem são consubstanciais.

Entretanto, seu lugar de existência não impede que, por si mesmas, sejam verdades necessárias e imutáveis. Isso implica, por seu caráter de modelo ou arquétipo da criação do mundo, que este não pôde ser essencialmente diferente do que é.

Essa concepção perdurou até o século XVII, quando foi enfrentada pelo racionalismo de René Descartes.

Tempo Criado

A criação não é eterna. É verdade que Agostinho reconhece a existência fora do tempo dos anjos, mas a criação visível não é eterna: foi criada com o tempo, daí sua famosa frase: "sem dúvida, o mundo não foi feito no tempo, mas com o tempo".

O tempo é criatura, nasce como parte da criação e, por isso – uma vez que a eternidade de Deus é alheia ao tempo –, carece de sentido a pergunta "o que Deus fazia antes de criar o mundo?". Se Deus criou o mundo do nada, antes de Ele ter criado o mundo, as ideias já existiam dentro de Sua cabeça. Assim, no lugar do mundo das ideias platônico, a teoria da iluminação de Santo Agostinho coloca o mundo das ideias divinas. Daí a necessidade de "compreender para crer, crer para compreender".

Problemática do Mal

A criação, para Agostinho, é boa por receber aquilo que é próprio do Criador, que é Deus. Por que existe, então, o mal? O que seria o mal? Agostinho responde que o mal físico provém da matéria da qual é constituída a criatura, limitada por ser finita. Desse modo, o mal não provém de Deus e não é outra coisa senão o não-ser, o limite da criatura. O mal é, por conseguinte, a privação de ser – o não-ser – e, verdadeiramente, não existe.

Já o mal moral, isto é, o mal causado pelo homem em seu comportamento injusto diante dos semelhantes e de outras criaturas – não é senão consequência da falha de Adão, pela qual o pecado entrou no mundo e a natureza humana perdeu seu estado originário. Assim, em última instância, o mal moral remonta à liberdade de escolha do homem, no livre-arbítrio que Deus lhe deu e que lhe permite "ser capaz de pecar e de não pecar". O mal moral é consequência do mau uso, por parte do homem, de um bem, de uma participação no ser de Deus. Deus sabia de antemão que o homem pecaria, como sabia que desse mal poderia extrair um grande bem.

A Cidade de Deus

Agostinho expôs suas ideias sobre a história em *A Cidade de Deus*, redigida entre 413-426, depois da enorme comoção que se seguiu ao saque de Roma pelos visigodos em 410. À época, os círculos pagãos responsabilizaram os cristãos pela ineficácia política e militar de sua doutrina. A tomada da cidade levaria também ao questionamento da crença de que o Império Romano perduraria até o fim dos tempos. A redação de *A Cidade de Deus* deveu-se, entre outros motivos, à tentativa de livrar a religião cristã dessa acusação e à determinação da relação entre a cidade de Deus e o Império Romano. Esse império, como produto do amor-próprio, do orgulho, da ambição e da concupiscência humanos, era parte, segundo Agostinho, da cidade terrena.

A confusão entre a cidade de Deus e a dos homens no mundo fez com que os santos morassem na cidade terrena (o Império), constituindo uma igreja invisível que não podia ser confundida com a igreja exterior e visível. Colaboravam com a manutenção do Império, mas não faziam parte dele porque seu amor não estava dirigido a ele, mas a Deus. Eram peregrinos na Terra, encaminhados a um fim transcendente e uma recompensa eterna.

Por outro lado, a linhagem de Caim – que pôs seu amor em si mesmo e na cidade terrena, em valores mundanos – recebeu seu galardão sob a forma da dominação temporal, que premia as virtudes cívicas (a virtus romana, que, para Agostinho, não é, na verdade, virtude). Como massa damnata (termo criado por Agostinho que significa "massa coordenada"), privada da graça de Deus e por isso incapaz de amá-lo, essa linhagem está destinada à condenação eterna depois do fim do mundo.

Segundo Agostinho, a história é universal porque afeta todo o gênero humano. Trata-se, sobretudo, de uma história da redenção, de uma teologia da história, porque seu verdadeiro sujeito é Deus. E Deus realiza a salvação dos santos por meio do exercício de sua providência, desenvolvida em sucessivos acontecimentos históricos que marcam o avanço em direção à meta final. Esses acontecimentos são o pacto de Deus com seu povo, a entrega da Lei, o envio dos profetas, a encarnação do Verbo como momento central e o sacrifício redentor de Jesus Cristo, ao ser crucificado.

Apoiado no relato bíblico da criação, Agostinho distribui a história "cidade de Deus" em seis idades. O momento contemporâneo seria a sexta idade do mundo, que durará até a segunda vinda de Cristo, o Juízo e a conseguinte separação definitiva das duas cidades, para cada uma se dirigir a seu destino eterno.

Assim, a sucessão do tempo é linear, progressiva e escatológica, ou seja, tende a um fim último, e "os círculos quebram-se", ou seja, é abandonada a concepção cíclica do tempo e da história, própria do pensamento grego. Na Baixa Idade Média e no Renascimento essa concepção cíclica voltará, estreitamente relacionada com a cosmologia, o governo do mundo sublunar pelo movimento circular dos céus e uma concepção naturalista do homem.

Legado de Santo Agostinho

A concepção linear e progressiva do tempo e da história, como processo dirigido a um fim e a uma meta, marcará o pensamento ocidental. A doutrina das duas cidades será evocada no século XII com a chamada "luta das duas espadas" (a espiritual e a material), que representava a luta entre Igreja e Império Romano. Martinho Lutero também a relembrará na teoria dos "dois reinos", que serve de fundamento para sua doutrina política. É preciso lembrar, porém, que o "agostinismo político" se fez à revelia de Agostinho, que pregava a superioridade do poder espiritual sobre o material e a interferência da Igreja na política terrena.

Mesmo sendo apenas uma expressão da teologia cristã, a concepção agostiniana da história terminará por se secularizar no século XVII. Um século depois se cristalizará a concepção da história como um processo imanente ao mundo. Nessa concepção, o homem abandona a guia da Providência, tem uma visão otimista de sua natureza e de sua capacidade natural, longe do mistério insondável da eterna predestinação dos escolhidos. Nasce, assim, a história sob o ponto de vista humano – o homem constrói a si mesmo, pela emancipação da razão e da formação de uma ordem política, social e econômica autônoma, livre e justa.

Boécio

Boécio nasceu em Roma (c. 480-524). Foi, com Agostinho, um dos destaques do pensamento daquela época. A obra *A Consolação da Filosofia*, redigida pouco tempo antes da execução do autor por ordem do rei Teodorico, acusado de conspiração política, transmitiu importantes elementos da filosofia platônica à cultura medieval por ser um dos livros mais lido da época, além da noção de uma contemplação orientada a Deus.

Em *Consolação*, Boécio alterna o diálogo entre o autor e a Filosofia entre prosa e verso, onde o autor é a prosa e o interlocutor o verso. Nela, Boécio afirma que deus e bondade são sinônimos, e que o homem que alcançar esta bondade será elevado a Deus, daí a figura de Jesus Cristo. Em contrapartida há uma visão aristotélica sobre o mal, onde os homens maus são vistos sempre como fracos que nunca alcançam o próprio objetivo, enquanto quem deseja o bem será um homem virtuoso.

Também foi Boécio que problematizou o paradoxo do livre-arbítrio humano, onde se Deus tem conhecimento prévio de tudo que

acontecerá, como o homem pode ter livre-arbítrio se alguém já sabe o que ocorrerá?
Boécio também se dedicou à lógica. Sua tradução dos textos de Aristóteles sobre lógica, e da introdução de Porfírio às *Categorias*, permitiu o conhecimento da lógica na Alta Idade Média.

Mudanças Culturais

No século XII, o feudalismo entrou em crise – e com ele os monastérios, estreitamente ligados ao mundo feudal. Neles desenvolvera-se, até aquele momento, a pesquisa e a transmissão da cultura.
As cidades aparecem como foco da atividade econômica e centro de novidades, levando à emergência de novos setores sociais. A cultura instala-se nos núcleos urbanos recém-criados com uma nova orientação: surgem as escolas catedráticas e inúmeras escolas urbanas, consideradas as precursoras da universidade.
Nesse contexto de transformação cultural, denominada de Renascimento do Século XII, a filosofia experimenta uma grande mutação, observada em três campos: filosofia natural, teologia e dialética.

Três Campos Filosóficos do Século XII

No campo da filosofia natural assiste-se a uma mudança conceitual no século XII. Abandona-se a concepção da Alta Idade Média da natureza como símbolo, na qual as coisas não são seres naturais, mas a realidade moral, espiritual ou escatológica que representam.
A leitura do *Timeu* platônico, na tradução parcial e comentada de Calcídio (filósofo do século IV), e as primeiras traduções de textos científicos gregos e árabes permitem a recuperação da concepção física da natureza, entendida como série de causas. É na escola de Chartres que esse "redescobrimento" da física tem seu maior desenvolvimento, antes que a recuperação do corpus aristotélico e do conjunto do pensamento greco-árabe leve esse processo à eclosão. Surgem novos problemas doutrinais e lançam-se condenações contra os dissidentes.
Guilherme de Conches (1070-1154) e Teodorico de Chartres (1100-1150) são as duas figuras mais importantes desse movimento. Ambos propõem a leitura conjunta do *Timeu* e do Gênesis bíblico, como formulações da mesma doutrina de estrutura física na criação divina.

Na teologia, durante o século XII, realiza-se um esforço para compilar o amplo trabalho desenvolvido nos séculos anteriores. Esse esforço leva à elaboração de obras que procuram sistematizar os diferentes pensamentos dos intelectuais do passado sobre a questão da fé. Exemplos disso são as obras *Sim e Não*, de Pedro Abelardo (1079-1142), e os *Livros das Sentenças*, de Pedro Lombardo (c. 1090-1160), quatro volumes dedicados, respectivamente, ao Deus trino, à criação, à encarnação e aos sacramentos.

No século XII, no campo da dialética, aprofunda-se o estudo dos textos lógicos de Aristóteles, recuperados e traduzidos por Boécio: *Primeiros Analíticos*, *Tópicos* e *Refutações Sofísticas*, que constituem a "lógica nova".

Anselmo

Filósofo e teólogo beneditino, Anselmo (1033-1109) foi arcebispo de Canterbury e um dos principais impulsionadores do pensamento escolástico. Em suas obras discorre sobre o papel de auxílio mútuo entre fé e razão: a fé fornece um conjunto de verdades, enquanto à razão cabe defendê-las contra os infiéis e convertê-los. Por isso são importantes os argumentos racionais que explicam a Revelação. Para conseguir uma base racional da fé, desenvolveu argumentos que procuram provar a existência e natureza de Deus.

A dialetização da teologia encontra um desenvolvimento rigoroso na obra de Anselmo, na mais estrita fidelidade ao programa agostiniano da racionalização da fé e da sabedoria centrada nas Escrituras, base da filosofia escolástica.

Formulando o programa agostiniano como a fé em busca da compreensão intelectual, Anselmo aplica a dialética à teologia, evitando os excessos daqueles que subordinavam a fé à razão e davam espaço para a reação conservadora antidialética. Ele tentará racionalizar ao máximo o conteúdo da teologia, apresentando-a por meio de uma argumentação lógica rigorosa cujo objetivo é descobrir a razão inerente à fé.

Anselmo desenvolve a teologia dialética em suas obras *Monológio* e *Proslógio*. Na segunda, expõe seu famoso argumento ontológico, que procura demonstrar a existência de Deus mediante uma prova racional a ser admitida, inclusive, pelo não-crente. Nesse argumento, Anselmo passa do plano lógico (a definição de um Deus perfeito) para o plano ontológico, ou seja, para o reconhecimento da existência efetiva de Deus, onde seria uma contradição considerar

Deus o maior e, por outro, que não exista, pois se ele não existe, não seria tão grande quanto se pensa.

10 – Filosofia Árabe Medieval

O mundo muçulmano foi responsável por um grande avanço em todas as áreas do conhecimento. No campo da filosofia, os pensadores árabes foram influenciados pela obra de Aristóteles, e seu legado também se tornou fundamental para o desenvolvimento da ciência no Ocidente.

Principais Filósofos

Considerado o primeiro filósofo árabe, **Al-Kindi** (Ablul Iussuf Yakub ibn Ishaq, 801-872), foi também o primeiro a afirmar que os planetas giram em torno do Sol de oeste para leste. Desenvolveu um vocabulário árabe para a filosofia e escreveu sobre metafísica, lógica e ética. Como todo intelectual muçulmano, dedicou-se a vários campos do conhecimento como astronomia, química, física e medicina.
Al-Farabi (Abu Nasr Muhammad ibn al-Farakh, 870-950) foi filósofo, lógico, enciclopedista, físico, matemático, meteorologista, tradutor, musicólogo e estudioso da política. Escreveu 117 obras, inventou instrumentos musicais e provou a existência do vácuo. Seu livro *Fusus al-Hikam* foi referência para a filosofia europeia por vários séculos.
Avicena (Abu Ali al-Husayn ibn Sina, 980-1037) possuía uma filosofia aristotélica com derivações neoplatônicas, influenciou o pensamento escolástico cristão. Foi matemático, astrônomo, físico, geólogo, zoólogo e musicólogo. Como médico, sua contribuição foi valiosa: descreveu a anatomia do olho humano e o funcionamento do coração; pesquisou diversas doenças, como o diabetes, o sarampo e a varíola; elaborou técnicas de diagnóstico; propôs a hipótese de que algumas doenças eram provocadas por corpúsculos presentes no ar e na água. Escreveu o *Cânon de Medicina*, livro obrigatório nas escolas europeias de medicina até o século XVI.
Nascido em Córdoba, **Averróis** (Abul Walid Muhammad ibn Rusd, 1126-1198) foi um filósofo e médico hispano-muçulmano, seguidor e comentarista da filosofia aristotélica. Averróis procurou harmonizá-la com a revelação islâmica. Sua interpretação de Aristóteles está centrada principalmente nos aspectos materialistas e racionalistas, o que provocou acusações de heterodoxia religiosa e um breve

desterro em Lucena (1194). Sua influência foi importante para o Renascimento.

Ciência Árabe

O interesse dos árabes pelo conhecimento, fundamentado no Corão – segundo o qual a busca do saber é obrigação de todo muçulmano, incluindo as mulheres –, levou-os a investigar praticamente todas as áreas do conhecimento. Sua contribuição à ciência abarcou astronomia, física, química, biologia, medicina, história, geologia e geografia. Na matemática, foram os responsáveis pelo desenvolvimento da álgebra, da trigonometria e da noção do algoritmo. Os algarismos e o número zero também são invenções árabes.

No campo da filosofia, os pensadores islâmicos foram influenciados pela obra de Aristóteles, que compilaram e traduziram. Ao corpus aristotélico, porém, acabaram acrescentando textos de outros autores, como Plotino. O resultado foi um "aristotelismo neoplatônico" com base no qual se produziu um pensamento original.

Pensamento Islâmico

Al-Kindi e Al-Farabi procuraram responder à questão de como o intelecto humano pode apreender a essência das coisas. O primeiro, apoiado em Plotino, afirmou que a inteligência conhece a essência e a transmite ao intelecto. Farabi segue na mesma linha, criando uma hierarquia de inteligências. A última delas dá forma às coisas e as torna inteligíveis ao intelecto humano. A essência das coisas, porém, não faz obrigatoriamente com que elas existam. Sua existência – a passagem da potência ao ato – depende de uma causa identificada como Deus.

Avicena retoma a argumentação de Farabi, com algumas diferenças. Para Avicena, há seres em que a essência implica a existência – isso significa que eles têm necessariamente de estar no mundo. Por outro lado, há também o ser possível (aquele que existe necessariamente porque uma causa o levou a existir) e o ser puramente possível (que ainda não existe, mas pode vir a existir, desde que sua existência seja causada).

A filosofia e a ciência árabe entraram no Ocidente pela cidade de Córdoba, importante centro cultural da Espanha muçulmana. Ali, onde um califado independente se instalara no século VIII, nasceu Averróis, filósofo, médico e juiz. Seu esforço foi no sentido de liberar

a obra aristotélica da interpretação neoplatônica, o que lhe valeu o título de "O Comentador".
Restituindo o verdadeiro sentido da filosofia de Aristóteles, Averróis restabeleceu importantes doutrinas do pensador grego, que conflitaram com a fé religiosa da época: eternidade do mundo, negação da providência divina e mortalidade da alma.
Como seus antecessores islâmicos, Averróis também pensou a questão da existência da natureza. Em contraposição à Avicena, para quem uma inteligência superior e externa à natureza cria as coisas, Averróis propôs a tese da geração unívoca: a matéria recebe sua forma por meio de outra, preexistente (o ser humano engendra o ser humano). Desse modo, não é preciso recorrer, como Avicena, a algo exterior à natureza para explicar sua existência.
Sobre a questão de como o intelecto humano apreende a realidade, Averróis não aceita a tese de um intelecto ativo (em que a inteligência é idêntica às coisas inteligíveis que ela pensa). Ele cria a figura do intelecto passivo: o intelecto humano, passivo, recebe a emanação provinda de um intelecto eterno. Isso, entretanto, se dá enquanto o homem vive; ao morrer, seu intelecto passivo desaparece. O eterno, evidentemente, continua existindo.

Religião, Teologia e Filosofia

Averróis concebia a religião, a teologia e a filosofia como três níveis sucessivos e hierarquizados no acesso ao que considerava verdade única, segundo a diferente capacidade dos sujeitos humanos. A religião era o inferior, acessível ao vulgo, e por isso utilizava uma linguagem mítica e poética para expressar a divindade, o mundo e as obrigações humanas com Deus.
Já a teologia constituía o nível intermediário, próprio daqueles cuja inteligência, embora superior ao vulgo, não alcançava o nível da filosofia. Servia-se do raciocínio provável ou dialético, dando ao mito religioso uma estrutura argumentativa, mas não científica. Finalmente, a filosofia era o nível supremo, no qual a minoria das inteligências capazes atingia o conhecimento científico da divindade e sua relação com o mundo e o homem, sob a forma do silogismo demonstrativo científico.

Influência na Europa

As conquistas árabes na Europa, durante a Idade Média, abarcaram um amplo território. Da Índia à Espanha, descendo para a Itália e as ilhas gregas, eles levaram a esses territórios sua cultura e os ensinamentos do Alcorão. Levaram, também, a tradução para o árabe de obras de Platão, Aristóteles e Plutarco, com comentários de Alexandre e Porfírio, para ficar nos mais conhecidos.

Nesse cenário construído pelos árabes, principalmente na Espanha e no Marrocos, deu-se o desenvolvimento da filosofia judaica. Uma das principais fontes do neoplatonismo do século XIII, por exemplo, foi *Fons Vitae*, de Avicebron (1020-1070), nascido em Málaga. De Córdoba, o rabino Moisés Maimônides (1135-1204) utilizou a filosofia para a compreensão mais ampla da Lei Judaica.

Tanto a filosofia árabe como a judaica marcaram de maneira decisiva o pensamento medieval europeu. Tiveram um caráter ao mesmo tempo racionalista e religioso, uma vez que procuraram demonstrar filosoficamente a existência das respectivas entidades divinas e a revelação contida nos livros sagrados de ambas. Influenciaram a tal ponto o pensamento cristão que produziram mudanças em sua orientação.

11 – Filosofia das Universidades

A expansão das universidades constituiu um fenômeno peculiar no espaço cristão europeu. No campo da filosofia, ganhou importância o pensamento de Aristóteles, em obras traduzidas no mundo islâmico.

Primeiras Universidades

A universidade nasceu das escolas urbanas do século XII. Tratava-se, no início, de uma associação de mestres e/ou estudantes cujos propósitos eram regulamentar o ensino, determinando os estudos necessários para que os alunos pudessem exercer o magistério; controlar a qualidade da educação oferecida, mediante a determinação de textos e programas; outorgar títulos reconhecidos que capacitassem para o exercício da profissão de mestre.

A universidade medieval europeia era um lugar de produção de saber e de inovação teórica e conceitual com base na pesquisa e na discussão intelectual.

Dominicanos e franciscanos, as novas ordens religiosas mendicantes, montaram suas próprias cátedras de teologia. Esse caráter expansivo e dinâmico explica por que o saber científico e filosófico recebido no mundo árabe, inicialmente superior ao europeu, ganhou fôlego e se desenvolveu.

Era comum que as universidades medievais estivessem divididas em quatro faculdades: artes ou filosofia, teologia, direito e medicina.

A faculdade de filosofia tinha um caráter preparatório em relação às outras três, consideradas superiores. Nela, os alunos eram instruídos nas artes liberais, nas artes do discurso (gramática, retórica e lógica ou dialética) ou na filosofia natural e moral.

A faculdade superior mais destacada de cada universidade determinava o conteúdo e a orientação das demais: direito em Bolonha, medicina em Pádua e Montpellier e teologia em Paris.

Influência Aristotélica

A assimilação a Aristóteles – ou, mais propriamente, às obras atribuídas a ele, provenientes do mundo islâmico – produziu-se no âmbito universitário. As dificuldades dessa assimilação ficam evidentes quando se lembram as reiteradas proibições que se sucedem ao longo do século XIII.

No campo teológico, lógico e ontológico, nos quais a reflexão é realizada em grande parte sobre pautas aristotélicas, as questões centrais são o poder de Deus, sua relação com a criação e os universais. A influência que essas questões terão sobre a filosofia posterior será enorme.

Querela dos Universais

A questão dos universais apareceu pela primeira vez na Antiguidade, na crítica aristotélica à doutrina das Ideias e na concepção platônica do "universal". Segundo Platão, os geômetras não se referem, em seus raciocínios, ao quadrado e à diagonal de uma figura individual desenhada num plano, mas ao quadrado em si, acessível unicamente pelo pensamento. Aristóteles, entretanto, afirmava que os entes matemáticos não existem em si; são abstratos, resultado da abstração realizada pelo entendimento com base nas coisas individuais.

O problema tratava, por um lado, do estatuto ontológico do universal, ou seja, do tipo e do conjunto de entidades assumidas como existentes fora da mente, na natureza. Por outro lado, queria-se saber como se forma ou se dá na mente a noção do universal, e se ele pode ser objeto de conhecimento.

Na Idade Média, a questão dos universais continuou, alimentada pela posição de Aristóteles. A maioria dos pensadores medievais considerava pertinente a crítica aristotélica a Platão. Não se admitia a existência separada do universal, segundo a Ideia platônica. Assim, a postura aristotélica ficava situada entre o conceitualismo (o universal existe apenas na mente) e o realismo da imanência do universal como essência das coisas individuais.

Na frase "o nome da rosa", o "nome" rosa sobrevive mesmo depois da morte da "flor" rosa. Esse tipo de preocupação colocou para os universalistas que os termos (palavras) designam ideias gerais, enquanto para os nominalistas eram apenas palavras, ou seja, não tinham existência real, eram apenas abstrações de coisas individuais.

Já a corrente realista afirma que a existência efetiva das palavras era incontestável, pois Deus indicaria um ser perfeito; entretanto, se Deus não existisse de fato, seria preciso admitir a existência de algo ainda maior que representasse a perfeição, e assim sucessivamente.

O meio-termo foi encontrado pelo padre Pedro Abelardo (1079-1142), que defendia que as palavras só existiam no intelecto humano, porém mantinham relação no sentido de dar-lhes significados. Portanto, seria enquanto significado que as palavras subsistiriam às coisas.

No século XIII, porém, a nova cultura filosófico-científica alterou radicalmente a formulação do problema. A lógica nova e, em geral, todo o corpus aristotélico recuperado até então permitiram isso. Com base na teoria da abstração intelectual, apresentada na obra de Aristóteles *Sobre a Alma*, desenvolveu-se a questão epistemológica da formação do universal na mente.

12 – Tomás de Aquino

Tomás de Aquino foi aluno de Alberto Magno, grande conhecedor da filosofia aristotélica. Inovador, Aquino pensou as questões propostas por Aristóteles e Agostinho de um ponto de vista próprio, que marcou profundamente a história da filosofia.

Escolástica

A escolástica é a filosofia cristã que predominou na Baixa Idade Média. O termo deve-se ao fato de ela ter surgido nas escolas fundadas no século IX e que vieram a se tornar as universidades, onde lecionavam inicialmente religiosos beneditinos e depois dominicanos e franciscanos.

A escolástica representa o esforço de conciliar a fé e razão, embora sempre se admitisse ser a filosofia uma *ancilla theologiae* (serva da teologia). O método escolástico baseava-se no princípio de autoridade, pelo respeito à tradição religiosa, ao adaptar a filosofia pagã às exigências da Bíblia. No início do período medieval a influência principal foi o platonismo, revisitado por Agostinho e pelos padres da Igreja, mas a partir do século XII e durante o século XIII predominaram as traduções das obras de Aristóteles.

A reorientação das discussões teológico-filosóficas marcou o auge da filosofia escolástica, com Alberto Magno e Tomás de Aquino. O método escolástico iniciava-se pela *lectio* (leitura), em que apenas o mestre tinha a palavra. Em seguida, vinha a *disputatio* (discussão). Com o tempo, essa atividade se desdobrou, com as *summas* e as *questiones*. A escolástica continuou nas universidades até o século XVII, mas no XIV sofreu o confronto doutrinal com os religiosos e com a visão de mundo renascentista.

Contribuições

Teólogo e filósofo italiano, com origem nobre, Tomás de Aquino (1225-1274) nasceu em Aquino, cidade no norte da Sícilia e ingressou na ordem dos Dominicanos em 1244. Mudou-se para Paris em 1245, onde completou sua formação teológica sob a orientação de Alberto Magno.

Ensinou em Paris, Agnani, Orvieto, Roma, Paris novamente e Nápoles. Foi canonizado em 1323 pelo papa João XII. No século XIX sua obra, em especial a *Suma Teológica* (1265-1273), tornou-se a doutrina oficial do catolicismo.

Cristianização de Aristóteles

Aluno aplicado, Tomás de Aquino aproveitou ao máximo as aulas do mestre dominicano Alberto Magno, considerado um dos mais importantes estudiosos da obra de Aristóteles, que, por sua vez, estudava com os manuscritos do árabe Averróis. Por isso mesmo, foi com rigor que ele produziu uma síntese do aristotelismo e da fé cristã. Mais do que isso, Aquino "cristianizou" Aristóteles ao dar uma interpretação religiosa ao pensamento pagão do filósofo grego.

A distinção aristotélica entre essência e existência foi seu ponto de partida. Em Aristóteles, essa distinção é conceitual; Tomás a transformou em ontológica. Para ele, a essência das coisas não implica a existência delas. Isso significa que elas não podem existir por si mesmas; precisam ser criadas por uma instância superior, que, segundo o filósofo, é Deus.

Somente em Deus, afirma, há identidade entre essência e existência. Desse modo, Ele é o próprio existir, e é pleno: nada Lhe falta e nada Lhe pode ser atribuído. É imóvel, eterno, a perfeição pura. Deus existe por si; as coisas existem por meio Dele.

Modos de Conhecer

Como Aristóteles, Tomás de Aquino afirma que o conhecimento racional provém dos sentidos. O intelecto utiliza as sensações para abstrair as formas das coisas. Para explicar essa operação, Aquino, como os árabes, propõe dois tipos de intelecto: passivo e ativo. O primeiro recebe dos sentidos a imagem das formas, como potência. O segundo promove a passagem da potência ao ato, sendo, assim, aquele que conhece efetivamente as formas.

Cada homem tem seus intelectos passivo e ativo. Eles compõem a alma individual, que por sua vez constitui a forma do corpo de cada ser. Sem essa noção, Aquino não teria como demonstrar a imortalidade da alma, por um lado, e, por outro, não poderia responsabilizar os homens por seus atos, entre os quais se encontra o pecado.

Cinco Vias

Segundo Tomás de Aquino, tanto a razão como a fé conduzem à mesma verdade. Sua tarefa foi unir ambas em um único sistema, em que há predominância da fé – a filosofia submete-se a ela. Para ele, a razão pode provar através da lógica a existência de Deus por meio de cinco vias, todas baseadas nos fenômenos do mundo sensível.

A Primeira Via é a constatação de que as coisas estão em movimento (mudança). Nenhuma criatura, porém, pode mover-se por si; precisa de uma força externa que promova o deslocamento. Essa força também necessita de outra, exterior, que a coloque em movimento, e assim sucessivamente. Não se pode, entretanto, aceitar que a série de motores seja infinita; se fosse, jamais se chegaria à causa do movimento, o que tornaria impossível explicá-lo. Desse modo, a solução proposta por Tomás de Aquino foi a de aceitar que a série é finita e que seu primeiro termo é Deus.

A Segunda Via constata que todas as coisas ou são causas ou são efeitos. Não se pode conceber algo que seja, a um só tempo, causa e efeito, pois se estaria afirmando que esse algo é anterior (causa) e posterior (efeito) simultaneamente, o que é absurdo. Aqui, como na Primeira Via, é preciso aceitar uma causa não causada para que a sucessão não se perca no infinito e, em consequência disso, não se possa explicar a causalidade. A causa não causada, para Tomás de Aquino, é Deus.

A Terceira Via parte do princípio de que tudo está em transformação: coisas são geradas e perecem constantemente. Isso significa que a existência não lhes é necessária, mas contingente. Assim, sua existência depende de uma causa que tenha uma existência que tenha sempre existido: Deus. As três primeiras Vias formam o Argumento Cosmológico de Aquino.

A Quarta Via ou Argumento Ontológico Platônico refere-se à percepção de que há seres menos ou mais perfeitos do que outros. Mas apenas se pode saber o que é mais perfeito se houver uma referência que possibilite medir os graus de perfeição. Essa referência, no topo da hierarquia das coisas relativas, é a perfeição pura, Deus.

A Quinta Via retoma essa hierarquia, afirmando-a como uma ordem em que cada coisa tem uma finalidade. Cada corpo, diz Aquino, apoiado em Aristóteles, busca seu lugar natural, mesmo que não perceba essa busca. Assim, deve haver uma inteligência superior que leve os seres a agir, para que todos cumpram sua finalidade. Essa inteligência organizadora é Deus.

13 – Filosofia Inglesa Medieval

A distância geográfica e cultural entre o continente europeu e as ilhas britânicas deu aos ingleses Dun Scot e Guilherme de Ockham autonomia suficiente para desenvolver uma filosofia original e inovadora, que abalaria a escolástica medieval.

Núcleo de Oxford

Como na Europa continental, o tema predominante dos pensadores ingleses girava em torno da criação do mundo e dos universais, mas a rejeição às ideias continentais era patente. No século XII, na Universidade de Oxford, Robert Grosseteste e Roger Bacon já consideravam o pensamento escolástico (e suas abstrações) incapaz de explicar a realidade. Assim, Grosseteste propôs usar a linguagem matemática para compreender os fenômenos naturais, enquanto Bacon afirmava a primazia da experiência em tudo, até na religião. As pesquisas científicas de ambos possibilitaram a confecção dos óculos e foram importantes no desenvolvimento do telescópio e do microscópio.

No século XIV foi a vez de Duns Scot integrar-se ao coro de vozes discordantes estabelecidos em Oxford. Ao contrário de Tomás de Aquino, que conciliou fé e razão, Scot sustentou a separação radical das duas áreas. Seu discípulo Guilherme de Ockham foi ainda mais longe, contestando inclusive a autoridade do papa para imiscuir-se nas questões terrenas.

Pensadores de Oxford

O inglês Robert Grosseteste (1175-1253) foi um dos fundadores da Universidade de Oxford. Comentador de Aristóteles e leitor dos trabalhos em ciências naturais dos árabes, dedicou-se a experiências práticas.

Roger Bacon (1214-1292) foi discípulo de Grosseteste, franciscano como o mestre, foi químico, físico, matemático, filósofo, teólogo e astrônomo. Também leitor dos árabes, pioneiro na busca do conhecimento pela prática experimental e defensor da ciência, foi perseguido e obrigado a cumprir 14 anos de prisão, acusado de bruxaria.

John Duns Scotus

Mais interessado em religião do que em filosofia, o escocês e franciscano John Duns Scot (1265-1308) afirmou que os dogmas religiosos não podem ser explicados racionalmente, uma vez que são questões pertinentes apenas à fé e à revelação. Essa separação viria, mais tarde, a ter consequências importantes, liberando a filosofia da submissão à teologia.

Elaborou o conceito de estidade (do latim *haecceitas*, "este ente aqui"), segundo o qual as essências não são somente universais, mas também individuais, através do conhecimento a priori, da experiência e das ações tomadas. Com isso, abriu a possibilidade de a filosofia abandonar a dedicação exclusiva ao transcendental e voltar-se também ao momento presente, investigando racionalmente os seres individuais ao afirmar que jamais haverá duas coisas exatamente iguais. Essa concepção, ao propor a investigação racional dos fenômenos da natureza, contrapõe-se às ideias da escolástica e dá início à sua dissolução.

Guilherme de Ockham

Franciscano, formado em Oxford, Guilherme de Ockham (1285-1349), em 1324, foi a Avignon, na França, para defender-se da acusação de heresia feita pelo papa João XXII. Acabou confinado no convento franciscano da cidade francesa até 1326, quando fugiu e retornou à Inglaterra. O fato determinou uma mudança radical em sua obra, levando-o a redigir textos polêmicos de caráter político-religioso. Dois temas destacam-se em sua produção: a defesa da pobreza evangélica diante do papa, que a condenava, e a refutação das pretensões de poder temporal por parte da Igreja – o que, para Ockham, contrariava as Escrituras e o exemplo deixado por Jesus. Essa postura contestatória tinha um fundamento filosófico: a doutrina ocamiana dos universais.

Ockham não foi o único a posicionar-se contra o poder papal. No continente europeu, Marsílio de Pádua (1250-1343) e Dante Alighieri (1265-1321) também o criticaram. Marsílio, reitor da Universidade de Paris, sustentou a supremacia do Estado sobre qualquer instituição, inclusive a Igreja, em *Defensor Pacis*. Dante, em *Da Monarquia*, defendeu o poder espiritual do papa, mas reservou o poder político ao imperador. Em sua prática política, opôs-se ao expansionismo do papa Bonifácio VIII. Obrigado ao exílio por isso, nunca mais pôde voltar a Florença, onde nasceu.

Guilherme de Ockham tomou como base a figura da estidade, proposta por seu mestre Duns Scot, e levou-a ao limite, retirando dos universais a realidade ontológica que os pensadores religiosos lhe davam. Na contramão da filosofia da época, afirmou que os universais não tinham realidade objetiva, sendo apenas figuras criadas pelo intelecto. Eram simples *nomina* (palavras) e, como tais, designavam somente conjuntos de características, semelhantes e dessemelhantes, que o intelecto humano percebia nas coisas.

Ao sustentar a existência objetiva apenas dos seres individuais, Ockham estabeleceu o conhecimento empírico como condição fundamental para a ciência. O conhecimento conceitual, para ele, capta somente as características gerais das coisas – aquilo que é comum a elas –, impedindo apreender traços particulares (Navalha de Occam: *Entia non sunt multiplicanda praeter necessitatem* – as entidades não devem ser multiplicadas além da necessidade), ou seja, a simplicidade é sempre preferível. Para ele, o conhecimento científico baseado no empirismo, nas coisas da natureza, nada tinha a ver com a teologia. Trata-se de campos paralelos, autônomos. Deus é objeto da teologia, não da filosofia, e o conhecimento racional não se aplica às coisas da religião.

Ideias tão opostas à cultura filosófica medieval surpreenderam, num primeiro momento, e valeram a Ockham críticas e perseguições. Mas seriam fundamentais para encerrar a fase medievalista da filosofia, abrindo caminho para as novidades que o Renascimento produziria.

14 – Humanismo

O Humanismo surgiu na Itália e estendeu-se pela Europa durante os séculos XIV e XV. O movimento destaca o interesse pela cultura e pelo pensamento clássico. Mais tarde, no século XVI, teria lugar outra corrente, a Reforma Protestante, que ocorreu no âmbito da Igreja.

Contexto

Nos séculos XIV e XV a cultura e a sociedade europeia experimentaram transformações decisivas. O desenvolvimento do Humanismo, cujo programa tinha sido esboçado por Petrarca (1304-1374) no século XIV, modificou radicalmente as condições da cultura. Numa rebelião sem precedentes contra a cultura das universidades – que continuaram cultivando sua tradição escolástica –, restauraram-se as línguas clássicas (latim e grego); recuperou-se grande parte do legado literário, filosófico e científico da Antiguidade e desenvolveram-se novas orientações filosóficas. A política voltou a ser debatida na filosofia, pois o poder medieval não era debatido profundamente devido a origem previamente de Deus.

O componente central desse movimento intelectual, que teve seu eixo na crítica filológica e histórica, foi a reforma da teologia e da religião cristã, já levantada pelo Humanismo no século XV, mas formulada de maneira mais precisa nos primeiros anos do século XVI, nas obras de Erasmo e de Lutero. Esse fato acabará fragmentando a cristandade ocidental no longo período das guerras civis e internacionais de religião que acompanham o processo de consolidação dos Estados Modernos.

Literatura

O Humanismo tem um caráter multidisciplinar e discute-se se pertence à filosofia. Alguns especialistas colocam-no no terreno da literatura, enquanto outros veem nele a "filosofia do Renascimento", em contraposição à escolástica medieval. Talvez se faça mais justiça à época constatando haver características de ambas, literatura e filosofia, no Humanismo.

Insatisfeito com o clima intelectual, político e religioso de sua época, Petrarca voltou os olhos para a Roma Antiga, que considerava um modelo de perfeição. Empreendeu uma batalha cultural para restaurar os valores antigos e deixou como legado a seus herdeiros intelectuais, os humanistas, a crítica à escolástica (foi um dos primeiros a chamar a Idade Média de Idade das Trevas) e um projeto: o renascimento da Antiguidade. O Humanismo levou adiante esse projeto.

A tradução e a compilação dos manuscritos clássicos foram de grande importância na implantação e na difusão do Humanismo. Para isso foi básica a contribuição de estudiosos como Nicolau de Cusa, Lorenzo Valla, Marsílio Ficino e Pietro Pomponazzi.

Nicolau de Cusa

Teólogo e filósofo alemão, Nicolau de Cusa (1401-1464) recorreu à matemática para explicar a relação entre Deus e o mundo. Ao formular o problema do conhecimento, sustentou posições de tolerância incompatíveis com o pensamento medieval. Para ele, o universo é a explicação, ou desenvolvimento, de uma multiplicidade implícita na unidade absoluta de Deus – da mesma maneira que, na matemática, a unidade é a complicação (implicação) de todos os números e os números são a explicação da unidade. Deus contém em si todo o universo. Isso explica a unidade absoluta numa unidade múltipla.

Cusa sustentou que o universo não era finito nem infinito (e por isso ficava indefinido no espaço e no tempo): trata-se de uma estrutura homogênea, que ele apresentou de modo diferente do cosmo tradicional, finito e hierarquizado dos antigos. Essa concepção, no entanto, não vem de uma crítica à cosmologia e à astronomia tradicionais, mas de premissas metafísicas. Por mais de um século, ninguém assumiu postura semelhante, pois não condizia com a ciência da época. Diferente será o caso de Giordano Bruno, que desenvolverá essa cosmologia com base na ideia copernicana de uma Terra móvel, longe do centro de um universo necessariamente infinito e homogêneo.

Lorenzo Valla

Considerado uma das figuras mais brilhantes do século XV, Lorenzo Valla (1407-1457) destacou-se pela aplicação da filologia aos textos antigos. Traduziu numerosos trabalhos gregos e latinos. Opôs-se ao aristotelismo e à pretensão de integrar a tradição escolástica ao movimento humanista. Afirmava a afinidade entre epicurismo e cristianismo. Entre suas obras destacam-se *Do Prazer*, *Discussões Dialéticas* e *Elegâncias da Língua Latina*.

Marsílio Ficino

Marsílio Ficino (1433-1499) consagrou sua vida à restauração da teologia dos antigos, que de acordo com estimativas da época, ia da Pérsia de Zoroastro e do Egito de Hermes Trimegistos até a Grécia de Orfeu e Pitágoras, para culminar em Platão e na tradição platônica, com Plotino e o neoplatonismo. Ele realizou essa restauração ao traduzir para o latim o corpus hermético, as obras de Platão e de Plotino.

Pietro Pomponazzi

Pietro Pomponazzi (1462-1525) era leigo e professor de filosofia nas universidades italianas de Pádua e Bolonha, nas quais o aristotelismo vinculava-se mais aos estudos de medicina do que à teologia. Sua característica foi a rigorosa separação da filosofia e fé, de inspiração averroísta. A maior parte de sua produção filosófica, associada à docência universitária (exposição e questões em torno das obras de Aristóteles), permanece praticamente inédita. Escreveu *Tratado Sobre a Imortalidade da Alma* (1516) e dois outros tratados publicados postumamente: *Sobre as Causas dos Efeitos Naturais Prodigiosos* e *Sobre o Destino*.

15 – Reforma Protestante

A Reforma Protestante alterou o modo de vida da Europa Ocidental e fez a Igreja Católica perder sua hegemonia com as novas Igrejas ligadas ao protestantismo.

Contexto

Os projetos de reforma da teologia nos autores humanistas evidenciavam a ampla consciência da crise que a disciplina atravessava. A essa consciência unia-se a necessidade de reforma na própria Igreja. É verdade que a instituição pontifical recuperara seu poder, na segunda metade do século XV, depois que uma deliberação conciliar afirmara a superioridade do concílio sobre o papa. Também é verdade que uma sucessão de papas politicamente hábeis tinha conseguido restabelecer o poder temporal sobre os Estados Pontifícios.

A recuperação do poder papal alcançara seu ponto mais alto com Júlio II (1503-1513). Porém, os interesses políticos e bélicos desse pontificado – que subordinou abertamente o magistério espiritual da Igreja aos interesses mundanos –, ao lado do escândalo da luxuosa corte renascentista romana e da situação que imperava nas ordens religiosas, provocaram um clima de protestos. Clamava-se pela reforma da Igreja e da própria religião cristã, a fim de recuperar a pureza perdida.

A própria instituição eclesiástica tentou iniciar uma reforma, com a convocação, pelo papa Leão X, do Concílio Lateranense V (1513). A iniciativa fracassou, mas isso não calou as vozes que exigiam mudanças. Uma dessas vozes era a de Erasmo de Roterdã, que ocupava a vanguarda das reivindicações. A outra era a de Martinho Lutero, que provocou a efetivação da reforma em 1517.

O movimento foi conturbado, e levou a radicalizações e confrontos que desembocaram na fratura irreversível da cristandade ocidental. Mais do que isso, os conflitos provocaram enfrentamentos armados que, além do fanatismo religioso, seriam expressão de dois aspectos fundamentais da história europeia: as lutas internas dos países na construção do capitalismo e a luta entre os novos Estados Nacionais pela hegemonia na Europa.

Erasmo de Roterdã

Desidério Erasmo (1466-1536), de Roterdã, filho ilegítimo de um padre, ordenou-se também como padre pela ordem de Santo Agostinho em 1492. Mas nunca gostou da vida monástica. Tampouco aceitava as rígidas imposições da Igreja, abandonando-a perto dos trinta anos. De formação humanista, ele apreciava a liberdade, as relações sociais, as conversas inteligentes, a diversão. Numa viagem à Inglaterra, conheceu, em Oxford, professores e estudantes que partilhavam suas ideias.

Com um deles, Thomas Morus (1478-1535), concebeu um plano ambicioso: fazer novas traduções dos textos originais da Bíblia, para restaurar uma teologia desfigurada pelas interpretações medievais, em geral muito místicas ou muito racionais. Foi assim que se originou sua tradução do Novo Testamento. Publicada em 1516, com comentários críticos, a edição tornou-se referência em hermenêutica bíblica.

Antes disso, em obras como o *Manual do Cristão Militante* (1503) e *Elogio da Loucura* (1509), ele fizera, respectivamente, uma nova proposta de vivência cristã e uma crítica ácida a costumes e instituições – em especial os eclesiásticos. Erasmo atacava o luxo que cercava o papado e o cardinalato, em Roma, e sonhava com a volta aos preceitos originais do cristianismo, insistindo que a verdadeira religião era uma loucura pela sua simplicidade, sem sofisticações e doutrinas dogmáticas, onde a razão é serva da fé (preceito retirado de Santo Agostinho). Ele escreveu: "É a Loucura que forma as cidades; graças a ela é que subsistem os governos, a religião, os conselhos, os tribunais; é ainda lícito assegurar que a existência humana não é, afinal, mais do que uma espécie de divertimento da Loucura".

Conheceu Martinho Lutero, agostiniano como ele, mas de quem discordava profundamente. A Reforma Luterana, e o modo como foi conduzida, não levariam, para Erasmo, os homens a tornar-se livres. Opondo-se à violência protestante, Erasmo ficou ao lado dos católicos, preferindo atacar com palavras em vez de ações. Quando seu amigo More foi executado por ordem de Henrique VIII da Inglaterra ao se opor a supremacia do rei como chefe da igreja anglicana, Erasmo teria dito: "More não deveria ter se intrometido nesse negócio perigoso, deveria ter deixado a causa política com os políticos".

Martinho Lutero

Nascido na região do Sacro Império Romano-Germânico em 1483, Martinho Lutero entrou para a Universidade de Erfurt em 1501, estudando entre os humanistas para formar um grupo progressista. Ordenado padre em 1507, tornou-se professor da Universidade de Wittenberg, onde começou a desenvolver uma série de doutrinas que redundariam, mais tarde, na sua pregação reformista.

Em 1510, ele visitou Roma, tomando contato com a corrupção na corte pontifícia: venda de indulgências, prazeres mundanos, jogos e bebedeiras, ambição pelo poder. A lista das críticas aos hábitos dos que ocupavam altos postos eclesiásticos era grande, e passava também por profundas divergências teológicas. Em 1517, o papa Leão X, interessado em finalizar a construção da Basílica de São Pedro e necessitado de dinheiro, encarregou o monge Tetzel de promover uma campanha de incentivo à venda de indulgências. Em 31 de outubro do mesmo ano, à porta da Igreja de Wittenberg, Lutero preferiu utilizar argumentos e linguagem que pudessem ser entendidos pela população da cidade ao afixar suas 95 teses. Por um lado, porque precisava da adesão dos fiéis; por outro, porque a função do sacerdote é transformar cada pessoa numa espécie de "padre de si mesmo", eliminando a intermediação eclesiástica entre o homem e Deus.

O objetivo de Lutero não era se separar da Igreja Católica. Almejava ajudar a promover a reforma teológica exigida por amplos setores da própria Igreja e nunca consumada. Mas as teses tiveram repercussão muito maior do que a esperada e ele se viu obrigado a agir de maneira extrema. Queimou a bula papal que o ameaçava de excomunhão – o que de fato ocorreria em 1521.

Devido a popularidade de Lutero, o imperador Carlos V achou prudente convocar a Dieta Imperial, a assembleia dos príncipes do Sacro-Império, para julgar a heresia do padre. Contaminados pelas ideias de luteranas, principalmente porque elas favoreciam a secularização dos bens da Igreja, isto é, os príncipes estavam interessados nas terras católicas, Lutero não seria condenado pela Dieta e se refugiou no castelo de Frederico de Saxe, da Saxônia.

Erasmo e Lutero

Embora pertencentes à mesma ordem religiosa, Erasmo e Lutero sempre estiveram em campos opostos filosoficamente e teologicamente. A formação humanista e erudita de Erasmo contrastava com o agostinianismo radical de Lutero. Erasmo acreditava na razão e considerava-a capaz de fazer a distinção entre o bem e o mal, além de ver no livre-arbítrio a possibilidade de o homem viver plenamente a religião, escolhendo a vida ética. Já Lutero admitia a miserabilidade e a degradação da condição humana, condenada ao pecado, do qual só se libertariam os escolhidos por Deus entre aqueles que tivessem fé.

Novas Igrejas

O rompimento de Martinho Lutero com Roma tornou-se inevitável, como também foram inevitáveis os acontecimentos que se seguiram à divulgação das 95 teses contra a doutrina católica, em que ele desafiava os ensinamentos da Igreja sobre o poder e a eficácia das indulgências. O descontentamento das várias camadas sociais do império precipitou os fatos, criando enfrentamentos traduzidos, muitas vezes, em lutas armadas. Lutero as condenou, mas não conseguiu impedir que as insurreições aumentassem, surgindo em todo canto europeu.

Eclodiam também as guerras camponesas, em 1525, acrescentando, aos protestos contra a Igreja, o fim da opressão dos senhores da terra e da servidão. Lutero colocou-se ao lado dos nobres, contra os camponeses. Grande parte delas acabou morta.

O movimento se espalhou pela Europa. Na Alemanha, os protestantes liderados por Lutero criaram sua própria Igreja. Para a Suíça dirigiu-se João Calvino (1509-1564), fundador do calvinismo e responsável por transformar Genebra num centro de pregadores, local para onde fugiu e se exilou depois de ser perseguido na França católica. A base de seu pensamento foi o princípio da predestinação, exposto em sua obra *Instituição da Religião Cristã* (1536), ponto onde discordava de Lutero, onde a fé não dependeria dos homens, mas sim de Deus, que a concede aos seus eleitos. As teses de Calvino encontraram terreno fértil para sua propagação no quais a burguesia era forte, pois o sinal da salvação humana seria sua riqueza, fosse de nascimento ou acumulada ao longo da vida.

No plano moral, o calvinismo caracterizou-se pelo radicalismo, condenado jogos, danças, bebidas e outros divertimentos, exaltando o trabalho e a necessidade de poupar – acumular para buscar a salvação. Genebra tornou-se um Estado teocrático submisso pela Igreja Calvinista, dirigida pela Congregação e pelo Consistório, órgão composto de seis pastores e doze leigos, chamados presbíteros.

O calvinismo espalhou pela Europa: na França, seus seguidores ficaram conhecidos como huguenotes; na Inglaterra, como puritanos; na Escócia, presbiterianos.
Na Inglaterra o rompimento com o catolicismo romano seria realizado pelo Estado, por razões políticas e econômicas. Contudo, as ideias reformistas já eram defendidas pelos humanistas, como vistos no livro *Utopia*, de Thomas Morus, que defendia a formação de uma igreja nacional. O rei Henrique VIII era contra a Reforma, mas quando o papa Clemente VII se recusa a anular seu casamento com Catarina de Aragão, ele rompe com a Igreja Católica e organiza a Anglicana, a partir do Ato de Supremacia, aprovado pelo parlamento em 1534. Esse ato confirmava o rei como chefe supremo da Igreja, consequentemente a tomada das posses e terras eclesiásticas.
A Igreja Anglicana tomou forma no reinado de sua filha, Elizabeth I, ao combinar ideias católicas luteranas e calvinistas na organização do anglicanismo. Entre os principais pontos estão a: extinção do culto aos santos; a Bíblia como única fonte de fé; a salvação humana pela predestinação; manutenção do batismo e da eucaristia – Cristo estará presente em forma de espírito; culto em inglês; e hierarquia idêntica à do catolicismo, com exceção do papa que é substituído pelo rei.

Contrarreforma

A reação de Roma não tardaria. O papado reconheceu, em 1540, a legitimidade da Companhia de Jesus, fundada em 1534 por Inácio de Loyola, na Espanha. Inspirados numa organização militar, os jesuítas consideravam-se soldados de Cristo, tendo como missão combater o avanço do protestantismo e levar a fé cristã para as novas áreas, principalmente a América.
O papa Paulo III convocou o Concílio de Trento (1545-1563), que, após 18 anos de trabalho, condenou os reformistas, reafirmou os sacramentos e os dogmas (salvação pela fé e obras, presença de Cristo na Eucaristia, culto à Virgem Maria e aos santos e os Sete Sacramentos), criou seminários para formar sacerdotes e manteve a autoridade papal. Além disso, instituiu a Sagrada Congregação do Índice – que elaborava a lista de livros condenados pela Igreja – e a Congregação do Santo Ofício, que centralizou as atividades da Inquisição, para reprimir protestantes, humanistas, filósofos e cientistas, levando muitos deles à morte na fogueira.
Essas iniciativas coibiram a liberdade de pensamento e as teorias baseadas em observações da natureza, impedindo a divulgação de novas ideias e descobertas. Isso perdurou até o século XVIII, quando

os intelectuais do Iluminismo decidiram enfrentar esse círculo e romper com ele.

Tommaso Campanella

Campanella nasceu Giandomenico, mas mudou seu nome para Tommaso quando entrou num convento da ordem dominicana, aos quinze anos. Nascido na Calábria em 1568, na juventude estudou o aristotelismo e o tomismo. Depois leu também os filósofos antigos, os de sua época e os orientais.
Em Nápoles, frequentou a casa de Giambattista della Porta, perito nas artes mágicas. Em 1591 ficou preso vários meses por heresia e por praticar a magia; ao sair da prisão, foi a Pádua e ali conheceu Galileu Galilei, sobre quem, mais tarde, escreveria uma *Apologia*. Sofreu mais três processos e, em 1599, conspirou, com a ajuda dos turcos, para promover uma insurreição contra os espanhóis, mas foi descoberto e condenado à prisão perpétua em Nápoles. Permaneceu na prisão por 27 anos e conseguiu salvar sua vida simulando sofrer de loucura, inclusive nas várias vezes em que foi torturado. Com o passar do tempo, a prisão converteu-se, para ele, em algo meramente formal, pois lhe era permitido escrever e receber correspondência e visitas.
Foi libertado em 1626, mas o núncio apostólico ordenou que voltasse à prisão, dessa vez em Roma. Foi novamente acusado de conspiração contra os espanhóis, mas contou com a proteção do papa Urbano VIII e fugiu para Paris sob o amparo do embaixador francês. Viveu na França seus momentos de glória, reverenciado por sábios e nobres. Foi protegido pelo rei Luís XIII e pelo poderoso cardeal Richelieu. Morreu em 1639, tentando utilizar as artes mágicas para salvar sua vida.
A obra que mais fama deu a Campanella foi *A Cidade do Sol* (1623), que se inclui no grupo das utopias renascentistas como *Utopia*, de Thomas Morus, ou *Nova Atlântida*, de Francis Bacon. O livro de Campanella contém reflexões sobre suas crenças mágico-astrológicas e suas aspirações à renovação. Na obra há um diálogo entre o grande mestre da ordem dos hospitalários e o almirante genovês que descobriu a cidade do Sol em Trapobana, na Ásia. Durante a conversa, eles apresentam uma visão utópica do Estado, na mesma linha da pólis platônica.
A cidade, erguida sobre uma colina, divide-se em sete imensos círculos, que recebem o nome dos sete planetas conhecidos na época. Esses círculos são muralhas, nas quais estão representados as

imagens e os símbolos de todos os acontecimentos do mundo. Na parte externa do último círculo aparecem os inventores das ciências, das leis e das armas e, num lugar destacado, Jesus Cristo e os Doze Apóstolos. No cume existe um templo redondo, sem muralhas, sustentado por colunas. Acima da cúpula há outra, em cujo teto estão representadas as principais estrelas do firmamento, com seus nomes e a influência que exercem sobre as coisas terrenas.

O governante da cidade – um príncipe sacerdote chamado Hoh, o Metafísico –, ocupa-se de todos os assuntos, temporais e espirituais. É assistido por três príncipes: Pon, Sin e Mor, que significam Poder, Sabedoria e Amor. O Poder tem a seu cargo tudo que se relacione à guerra e à paz; a Sabedoria encarrega-se das artes liberais e das escolas; o Amor dedica-se ao matrimônio e à procriação. Os habitantes da cidade rezam a Jesus, louvam Ptolomeu e admiram Copérnico. A sociedade é igualitária para os homens: pratica a comunidade de bens e de mulheres, eliminando o dinheiro e a família, fontes de egoísmo que, uma vez eliminadas, conduzem ao desaparecimento dos crimes e da violência.

16 – Revolução Científica

A Revolução Científica caracterizou-se pela coexistência entre estruturas e valores novos e tradicionais. A filosofia assimilou a busca de explicações sobre o mundo na observação da natureza, além de debruçar-se sobre as transformações sociais e políticas da época.

Transição Vagarosa

A passagem da Idade Média para a Época Moderna foi lenta e desigual. Os métodos e conduta de estudo estavam sob o controle da Igreja Católica, onde predominava a visão teocêntrica do mundo que não dava importância aos experimentos mais avançados, além do que colocava a razão em segundo plano, apenas como instrumento da fé. Estruturas de base feudal, predominantes do campo, conviviam com a nova proposta de vida oferecida pelas cidades, que se consolidavam como espaços privilegiados para o comércio, a política e a cultura, principalmente com a propagação do Humanismo. As longas viagens marítimas e a chegada dos europeus ao continente americano provocaram reações contraditórias, típicas do período de transição entre os séculos XV e XVI. Miséria e doenças grassavam entre a maioria da população, submetida à violência e desprovida de recursos mínimos para prover a subsistência, enquanto a riqueza das cortes e da nascente burguesia proporcionava, nos castelos e nas cidades, um estilo de vida marcado pela pompa.

No imaginário popular persistia o temor da punição dos pecados e do ataque de figuras ameaçadoras, como supostos habitantes monstruosos dos mundos marinho e rural. No imaginário dos intelectuais crescia a necessidade de explicar o mundo por meio de observações diretas da natureza, o que levou a um afastamento crescente do ideário teológico medieval. Manteve-se, porém, a ligação com princípios religiosos, pois esses intelectuais não estavam preocupados em negar a existência de Deus, mas, sim, em demonstrar a capacidade do ser humano de conhecer as coisas por meio da razão. A ruptura com esses princípios somente se daria com Espinosa, no século XVII.

Mesmo assim, as descobertas realizadas em vários campos – científico, tecnológico e territorial – obrigaram o homem europeu a uma mudança radical de referências. Isso o levou, como assinala o filósofo Alexandre Koyré (1892-1964), à perda do "mundo no qual vivia e sobre o qual pensava", o que exigiu dele o esforço de compreender, aceitar e explicar as "novidades" sobre uma natureza que já não lhe era mais familiar. Esse processo não se desenvolveria sem muita dificuldade, polêmica, acusações e condenações à morte.

Sociedade e Política

As mudanças nos campos social e político ocorrida durante o Renascimento e a Revolução Científica também exigiram da filosofia uma nova maneira de pensar. Foi o caso da formação dos novos Estados nacionais (França, Espanha, Inglaterra), assentados sobre um extenso território e marcadas pela concentração de poder em um soberano.

Nesse cenário, surgiram Nicolau Maquiavel (1469-1527) e Thomas Morus (1478-1535), ambos críticos da sociedade europeia. Mas, enquanto o primeiro procurava compreender de maneira realista os meandros do poder, o segundo escrevia sobre uma civilização ideal que jamais poderia existir de verdade.

Já o dogmatismo filosófico, abalado em suas bases com o declínio da escolástica e do modelo cosmológico aristotélico-ptolomaico, tornou-se alvo de Montaigne (1533-1592). Seus ensaios, apoiados na erudição e em reflexões sobre acontecimentos da época, fazem a crítica do dogma e a defesa de um ceticismo de novo tipo.

As bases de uma nova ciência e um profundo questionamento sobre a possibilidade humana de conhecimento seriam lançados por Galileu (1564-1642), Bacon (1561-1626) e Descartes (1596-1649). Os homens dessa fase também assistiram a um momento fundamental do pensamento científico, com as pesquisas e os achados de Newton (1642-1727), e à polêmica travada entre ele e Leibniz (1646-1716), filósofo de múltiplos interesses.

A ruptura com o pensamento antigo e medieval, e com seus resquícios na modernidade, viria com Espinosa (1632-1677). Com sua noção de substância, ele demonstrou a inteligibilidade do mundo, e, com sua *Ética*, mostrou como praticar o que ele mesmo chamou de "verdadeira filosofia" – aquela que não se desvia do caminho racional para procurar, fora dele, explicações difíceis como a origem de tudo. Com isso Espinosa antecipou em três centenas de anos as linhas mestras que a ciência e o pensamento filosófico de vanguarda seguiriam no século XX.

Heliocentrismo

Ao longo dos séculos, foram muito poucos os estudiosos que concluíram que a Terra não era o centro do universo. O primeiro deles foi o astrônomo grego Aristarco de Samos (c. 310-230 a.C.), autor da primeira teoria heliocêntrica de quem se tem notícia. Cerca de 1700 anos depois, no século XV, o filósofo Nicolau de Cusa rejeitaria a ideia de uma Terra imóvel, ao redor da qual os demais astros se moveriam. Um século mais tarde, o astrônomo polonês Nicolau Copérnico (1473-1543) formularia a tese heliocêntrica, que daria início à moderna concepção do cosmo.

Leitor dos antigos, conhecedor dos pitagóricos, de Platão e do heliocentrismo de Aristarco, Copérnico resgatou a sabedoria grega pré-aristotélica para elaborar seu sistema. Utilizando as técnicas matemáticas criadas por Ptolomeu e Pitágoras, propôs-se a formular uma explicação do deslocamento planetário que respeitasse rigorosamente o princípio da uniformidade do movimento circular em relação ao centro, algo que Ptolomeu não fez, e oferecesse modelos geométricos capazes de reproduzir as reais posições dos planetas.

A novidade do heliocentrismo não negou, porém, a tradição filosófica que pressupunha uma hierarquia na composição do universo. A diferença foi colocar no centro dele não um astro considerado imperfeito, a Terra, e sim aquele que, na avaliação de Copérnico, era o mais perfeito: o Sol.

A rigor, em seu sistema os planetas não se moviam em torno o Sol, mas de um ponto próximo a ele. Esse, porém, é apenas um detalhe num modelo que tirou da Terra o status de centro do universo e a colocou como mais um astro em meio aos outros, sem nada, astronomicamente falando, que a tornasse especial. As implicações desse modelo, contrário ao que se acreditava na Igreja Católica à época, provavelmente foram responsáveis por sua divulgação tardia. Elaborada em 1515, a teoria heliocêntrica, com o nome de *Sobre as Revoluções das Órbitas Celestes*, foi publicada quase trinta anos depois, em 1543, ano da morte de Copérnico com dedicatória ao papa.

Geo-Heliocentrismo

De família nobre, criado por um tio rico e financiado pelo rei da Dinamarca, Tycho Brahe (1546-1601) teve condições financeiras de levar adiante seu projeto de analisar o céu com equipamentos que ele próprio criava. Fez numerosas anotações sobre os movimentos dos corpos celestes, descobriu uma supernova e contradisse o modelo aristotélico ao provar que um cometa, observado em 1577, estava mais distante da Terra do que a Lua.

Suas observações levaram-no a formular, em 1588, um sistema no qual a Terra ficava no centro do cosmo, com a Lua e o Sol girando ao seu redor. Esse modelo tinha, a seu favor, o fato de liberar-se das dificuldades teológicas e físicas do sistema copernicano, conservando seus méritos matemáticos, além de eliminar a noção de esferas celestes.

Tycho mudou-se para Praga em 1599 e lá pretendia compilar seus mais de 38 anos de observações regulares e sistemáticas com a ajuda de um assistente, Johannes Kepler. Mas morreu antes disso. Kepler, com base nos dados obtidos por Tycho, e com sua singular capacidade matemática, dá sequência à revolução astronômica iniciada por Copérnico.

Johannes Kepler

Johannes Kepler (1571-1630) deu impulso à astronomia, e ao modelo de mundo filosófico, com sua habilidade matemática e com base em suas crenças pessoais. Estudioso da astrologia, Kepler pretendia reestruturá-la sobre novas bases, partindo do modelo heliocêntrico e da reflexão matemática. Foi o primeiro a atribuir ao Sol uma força motriz. Concluiu que, além de iluminar, a estrela exercia uma função dinâmica, ou seja, uma ação mecânica sobre os planetas. A força motriz, afirmou, difunde-se, através dos raios solares, em todo o sistema planetário, enfraquecendo em razão da distância. Os raios, assim, arrastam consigo os planetas, que de outra maneira permaneceriam fixos e imóveis.

Como pitagórico, ele acreditava na concepção de Filolau de Crotona, filósofo grego para quem havia um fogo no centro do mundo. Ao ler sobre o heliocentrismo de Copérnico, Kepler juntou as duas ideias: o Sol seria o fogo central do universo. Além disso, a capacidade de lidar com a matemática levou-o a analisar os dados coletados por Tycho, em especial sobre Marte, e a concluir que as órbitas dos planetas não eram circulares, como se acreditava até então, e sim elípticas. Elaborou três leis, baseado em suas pesquisas:

- **Lei das Órbitas Elípticas** (1609): a órbita dos planetas é elíptica. Por isso, a distância entre cada planeta e o Sol varia ao longo da órbita;

- **Lei das Áreas** (1609): a linha reta que une a Terra ao Sol varre áreas iguais em tempos iguais. Como as órbitas são elípticas, ocorre o seguinte fenômeno: a linha fica longa e a Terra move-se devagar quando se encontra distante do Sol; quando próxima da estrela, o planeta move-se depressa e a linha fica curta;
- **Lei Harmônica** (1618): os planetas que têm órbitas maiores giram mais devagar em torno do Sol. Isso significa que a força entre o planeta e o Sol torna-se mais fraca quando os dois corpos se distanciam. Em linguagem técnica: o quadrado do período orbital dos planetas é diretamente proporcional ao cubo de sua distância média em relação ao Sol.

Precursor das Elipses

O astrônomo indiano Aryabhata, o Velho (476-550), foi o primeiro a afirmar, baseado em suas observações, que as órbitas dos planetas eram elípticas. A afirmação consta de seu tratado *Aryabhatiya*, escrito em versos. Ele também defendeu que a Terra e a Lua brilhavam porque refletiam a luz do Sol e que o ano era composto de 365 dias, 6 horas, 12 minutos e 30 segundos – um erro mínimo em relação ao que se sabe hoje. Kepler chegaria à mesma conclusão mais de um milênio depois.

Medicina

Na anatomia foi redescoberto um texto do médico romano Galeno por Vesálio, um estudioso de Flandres, o estimulando a dissecar corpos humanos, o que o faria publicar seu grande atlas de anatomia *De Humani Corporis Fabrica* (1543). Avanços posteriores na medicina mostrariam a primeira descrição apurada da circulação sanguínea por William Harvey, em 1628, médico pessoal do rei Carlos I, da Inglaterra. Sua teoria seria confirmada em 1661 por observação direta com o recém-inventado microscópio.

O médico suíço Philippus Aureolus Theophrastus Bombastus von Hohenheim, conhecido como Paracelso (1493-1541), estudou o campo farmacêutico e descobriu diversos fundamentos físico-químicos nos processos vitais. Enquanto Ambroise Paré (1510-1590), um cirurgião francês, que foi pioneiro a fazer uso de pinças e fios para ligar os vasos sanguíneos nas amputações dos membros, tal como se pratica ainda hoje, substituindo a cauterização. O médico espanhol Miguel Servet (1511-1553) descobriu a circulação do sangue pulmonar.

Logaritmos

Desde o século X, já existiam métodos para a simplificação de operações de multiplicação e divisão com números com vírgula. Esse método era realizado por meio de relações trigonométricas de transformação de produto em soma (conhecidas como fórmulas de *prosthaphaeresis*). No entanto, a simplificação provocada por esse método era relativamente pequena.

No século XVI, as questões relativas à navegação e à astronomia estavam no centro das atenções, e efetuar multiplicações ou divisões entre números grandes ou com muitas casas decimais tomava muito tempo, o qual era muito escasso para cálculos durante uma navegação oceânica. Durante este século, muitos matemáticos se preocuparam com o desenvolvimento de técnicas de computação. E foi em meio a tudo isso que os logaritmos, como instrumento de cálculo, surgiram para realizar simplificações, transformando multiplicações e divisões em operações mais simples de soma e subtração.

O matemático escocês John Napier (1550-1617) foi um dos pioneiros no estudo dos logaritmos. Napier publicou, em 1614, seu *Mirifici Logarithmorum Canonis Descriptio* (*Uma Descrição da Maravilhosa Regra dos Logaritmos*), que continha uma descrição dos logaritmos, um conjunto de tabelas e as regras para seu uso. Napier teria dito que começara a trabalhar sua invenção dos logaritmos vintes anos antes da publicação, portanto a origem remonta a 1594, aproximadamente.

Apesar de a invenção dos logaritmos ser atribuída a Napier, sua teoria não é obra de um só homem. Coube a Henry Briggs (1561-1630), um grande admirador de Napier, a responsabilidade de tornar o sistema de logaritmos aceito no mundo científico da época. Briggs chegou a discutir com Napier a ideia dos logaritmos decimais, também chamados logaritmos comuns ou logaritmos de Briggs, como forma de facilitar o trabalho, pois Napier utilizava logaritmos de base **e** (número de Euler), um número irracional conhecido como constante natural ou constante de Neper, e os logaritmos na base e são chamados de logaritmos neperianos.

Uma primeira tabela dos logaritmos comuns de um a mil foi publicada por Briggs no ano da morte de Napier, em 1617, com precisão de quatorze casas decimais. Contemporâneo de Napier, Jobst Bürgi (1552-1632) também chegou a conclusões muito parecidas às de Napier, mas seus resultados só foram publicados em 1620. Ainda hoje, os logaritmos naturais ou neperianos são largamente utilizados nas ciências naturais, por estarem ligados a fenômenos da natureza. Porém, a praticidade de operação dos logaritmos decimais garantiu seu sucesso durante muito tempo, até no século XX.

Até a década de setenta, era comum estudantes e profissionais usarem tábuas logarítmicas ou réguas de cálculo logarítmicas. Atualmente, com a popularização das calculadoras científicas e dos computadores, esses instrumentos, como ferramentas de cálculo, caíram em desuso.

17 – Giordano Bruno

Influenciado por fontes tão distintas como os materialistas gregos, o culto egípcio a Thot, a cabala e o hermetismo, Bruno renegou a ortodoxia católica e defendeu a tese de um mundo imanente, múltiplo, em constante transformação.

Contribuições

Nascido em Nola, cidadezinha próxima a Nápoles, Bruno (1548-1600) recebeu o nome Filipe, que mudou para Giordano quando se tornou clérigo do convento de São Domingos, em 1565. Ficou ali durante dez anos, estudando as filosofias grega e medieval e a cabala judaica. Mas sua maior influência foi a antiga religião egípcia que cultuava o deus Thot, inventor da escrita e patrono das ciências e das artes, segundo a qual o centro do universo era o Sol.
Matemático, inventor, criador da mnemônica, doutor em teologia, abandonando o hábito pouco depois, Bruno teria formulado o princípio da inércia dezenove anos antes de Galileu, segundo alguns estudiosos. Intelectualmente inquieto, adepto da liberdade de pensamento, ele elaborou uma cosmologia em que o universo, infinito, ilimitado e composto de infinitos mundos, está em permanente movimento e transformação. A matéria seria animada por um princípio anímico que é parte dela, é material, e não espiritual. Mais: a matéria traria, em si, a divindade. Bruno não aceitava a tese de um Deus transcendente, criador do mundo. Para ele, Deus não era um ser separado do mundo; era o próprio mundo, a natureza.
Essas ideias, que influenciaram a filosofia posterior – nas figuras de Espinosa, Leibniz e Diderot –, causaram-lhe problemas numa época em que predominava a tradição aristotélico-tomista. Acusado de heresia, perseguido pela Inquisição, ele correu a Europa até ser contratado como professor de mnemônica por um nobre chamado Giovanni Mocenigo. Mudou-se para a casa do aluno, em Veneza, e foi denunciado por ele ao tribunal do Santo Ofício. Preso durante sete anos e torturado, Bruno foi condenado à morte na fogueira. Morreu queimado no Campo de Fiori, em Roma, a 17 de fevereiro de 1600.

Inumeráveis Mundos

Giordano Bruno, ao contrário de Copérnico, Tycho e Kepler, não era astrônomo e sim filósofo – um dos poucos copernicanos realistas da metade do século XVI. Sua adoção da cosmologia copernicana está marcada por um desenvolvimento radical – o da infinitude e da homogeneidade do universo –, estreitamente ligado a posições teológicas também radicais, que culminam em uma polêmica com o cristianismo e na rejeição do mistério cristão.

Bruno apresenta essa concepção em seis diálogos filosóficos, escritos em língua italiana e publicados entre 1584 e 1585. Mais tarde, no poema filosófico *De Immenso et Innumerabilibus* (*Do Imenso e dos Inumeráveis*, publicado em 1591 e escrito em latim), ele finalizaria sua reflexão, ao mesmo tempo cosmológica, teológico-religiosa e antropológica.

Os seis diálogos formam uma obra unitária, na qual Bruno opõe-se tacitamente à concepção da relação de Deus com o universo formulada por Nicolau de Cusa na *Douta Ignorância*. Opõe-se também às concepções cristãs que vaticinavam a abertura do tempo escatológico a partir de 1584, em conexão com as novidades celestes.

Bruno interpretava as novidades celestes como fatos naturais, que demonstravam a falsidade da cosmologia aristotélica e negavam a distinção da potência divina que havia por trás da conservação dessa cosmologia e de sua união com a escatologia cristã. Propôs uma cosmologia que, além de enterrar o aristotelismo, eliminou a visão escatológico-cristã do universo. O universo, para ele, era um acontecimento necessário, obrigatoriamente infinito no espaço e no tempo (isto é, eterno), homogêneo e idêntico. Mais: advogava a existência de inumeráveis mundos iguais a este.

Sua filosofia não se limitava a estabelecer uma mediação entre Deus e o homem que não passava por Cristo. Bruno também defendia que a suposta mediação de Cristo era uma impostura, que a religião católica era falsa e socialmente nociva, sendo urgente sua reforma no plano civil e político, nos quais as religiões operavam como instrumento de moralização.

18 – Galileu Galilei

O sistema filosófico aristotélico-tomista e o modelo ptolomaico receberam o golpe fatal com as descobertas de Galileu Galilei. Munido de um telescópio, ele colocou por terras as teorias especulativas e deu início efetivo à ciência moderna.

Contribuições

Nascido em Pisa, Galileu Galilei (1564-1642) é considerado o criador do método experimental na ciência, por combinar o pensamento indutivo com a dedução matemática. Com a seus trabalhos tem início a ciência moderna.

Estudou o isocronismo do pêndulo e o aplicou na medição do tempo; formulou os princípios da dinâmica e estabeleceu o princípio da inércia e o da composição dos movimentos; idealizou a balança hidrostática; construiu seu próprio telescópio e foi o primeiro a observar as manchas solares, o relevo lunar, as estrelas que formam a Via Láctea, as fases de Vênus e Mercúrio e os satélites maiores de Júpiter. Defendeu e confirmou a teoria heliocêntrica elaborada por Copérnico, embora a condenação pela Igreja o obrigasse a abjurá-la publicamente em 1633, permanecendo em prisão domiciliar. De seus textos, destacam-se *Diálogo sobre os Dois Máximos Sistemas do Mundo: Ptolomaico e Copernicano* (1632) e *Discursos e Demonstrações Matemáticas sobre Duas Novas Ciências Relacionadas com a Mecânica* (1638).

Astronomia

No começo de 1609 chegou até Galileu um instrumento vindo da Holanda, composto de lentes que, colocadas entre o olho e um objeto, aumentavam o tamanho desse objeto: era o telescópio inventado por Hans Lippershey (1570-1619). Teria sido apenas mais um fato biográfico, mas Galileu enxergou no instrumento um modo de analisar o céu.

Aperfeiçoando o equipamento, passou a ser considerado o primeiro a usar o telescópio para pesquisas astronômicas. Com isso, mudou duas histórias a um só tempo: a da ciência e da filosofia. Na ciência, ele inaugurou a fase instrumental, aquela em que, auxiliado por instrumentos, o homem é capaz de realizar novas experiências. Na filosofia, o uso do telescópio levou à mudança definitiva da maneira de compreender o mundo, com o abandono dos modelos cosmológicos tradicionais.

O telescópio, mesmo rudimentar, mostrou a Galileu uma realidade celeste muito diferente daquela observada nos dois mil anos anteriores. Onde quer que ele dirigisse o aparelho, via o céu povoado de inúmeras estrelas, nunca imaginadas. A Via Láctea, que para Aristóteles era um fenômeno sublunar, aparecia como um acúmulo de estrelas. Aplicado em direção à Lua, o telescópio mostrava que seu relevo não era liso e polido, mas rugoso e dominado por um jogo oscilante de luz e sombras que Galileu interpretou como efeito da ação dos raios solares sobre as montanhas lunares. A Lua revelava-se como um corpo semelhante à Terra, sem nenhum interesse metafísico.

Galileu declarou-se adepto da cosmologia copernicana em uma carta a Kepler, em 1597. Entretanto, não tornou pública sua adesão até obter a confirmação, por meio de observações feitas com um telescópio, da tese do heliocentrismo. O sinal mais forte veio com a descoberta das quatro luas de Júpiter, que, em sua avaliação, atestavam que a Lua e a Terra giravam ao redor do Sol. Em 1610, Galileu publicou seus achados num livreto de 24 páginas intitulado *Mensageiro das Estrelas*, que causou enorme impacto e o tornou famoso em toda a Europa.

Nos anos seguintes, ele fez novas descobertas: as fases de Vênus (previstas nos sistemas copernicanas e de Tycho Brahe, elas comprovavam que os planetas refletiam a luz solar), as manchas solares, a acidentada superfície da Lua, a composição estelar da Via Láctea, a aparência das estrelas, a descoberta dos satélites naturais de Júpiter e uma "protuberância" na linha do Equador de Saturno (na verdade, eram os anéis do planeta que Galileu não conseguiu ver).

O Ensaiador

Na obra *O Ensaiador* (1623), Galileu já tinha formulado a concepção da natureza inaugurada por sua nova física. Para ele, a realidade, ou natureza, seria geométrica. Consistiria em corpúsculos (átomos) dotados de uma determinada extensão e figura, em movimento ou repouso. As qualidades sensíveis, como odores, cores, sabores e sons, não seriam objetivas, uma vez que, como tais, não corresponderiam a nada da realidade. Ao contrário, seriam secundárias, ou seja, não passariam de efeitos produzidos nos sentidos humanos pelas partículas extensas em movimento. Como essa realidade ou natureza é universal, concluía-se pela inexistência do dualismo aristotélico. O caráter quantitativo e geométrico da realidade, segundo Galileu, levava a uma consequência inaceitável para a época: a de que o instrumento conceitual apropriado para a compreensão da natureza e do movimento era a matemática.

Repouso e Movimento

Na primeira década do século XVII, Galileu encontrou as leis matemáticas que regem o movimento de queda dos corpos e o movimento dos projéteis. Elas, porém, seriam publicadas somente em 1638, na Holanda (*Discursos e Demonstrações Matemáticas Sobre Duas Novas Ciências Relacionadas com a Mecânica*). As leis descobertas por Galileu mostravam que a física matemática poderia oferecer uma explicação completa desses movimentos, onde a física aristotélica fracassava completamente, além de provar que a natureza terrestre não estava menos submetida à precisão matemática do que os céus.

Em resumo, ficou evidente a homogeneidade da natureza, submetida a uma única realidade matemática de validade universal. O matematicismo de Galileu uniu-se ao desenvolvimento kepleriano da astronomia física em uma única teoria matemática, que proporcionava uma explicação completa da realidade.

Da nova concepção do movimento concluía-se que a distinção entre o movimento natural e violento, assim como sua explicação no sentido de uma causa final – uma noção aristotélica ainda em vigor na época –, carecia de sentido. O estado de movimento ou repouso dos corpos era independente e alheio a uma suposta "natureza" deles e ao lugar que eles ocupariam, naturalmente, no mundo.

Ficava definitivamente abandonada a implicação entre a composição do corpo, o lugar que ele ocupava e seu comportamento. Repouso e movimento eram equivalentes: o repouso perdia sua superioridade ontológica. Ambos passaram a ser, inclusive, estados inerciais, permanentes, da matéria, e somente se modificariam se uma causa externa viesse a atuar sobre o corpo, alterando seu estado.

Assim, com Galileu, o século XVII assiste ao desenvolvimento do mecanicismo e da física mecanicista, com um prestígio crescente em função das aplicações práticas que possibilitavam.

Inquisição

A difusão dos textos de Galileu, um laico que pretendia dizer para os teólogos e doutores da Igreja como as Escrituras deveriam ser interpretadas – e o fazia na contramão da exegese patrística ou tradicional –, levou a Inquisição, em 1616, a condenar a tese do movimento da Terra. Ela foi considerada uma "doutrina falsa e contrária às Escrituras".

Com a chegada de Urbano VIII, que era amigo de Galileu e interessado na ciência, ao pontificado, Galileu obtém permissão para publicar uma obra em defesa do copernicanismo assumido como hipótese. Entretanto, o *Diálogo Sobre os Dois Máximos Sistemas do Mundo: Ptolomaico e Copernicano* (1632), faz, de fato, uma defesa da realidade do movimento da Terra e uma crítica demolidora ao dualismo cosmológico e à teoria aristotélica. O sistema geo-heliocêntrico de Tycho Brahe, que nos últimos anos fora adotado pelos jesuítas, foi descartado como fisicamente irrelevante.

A obra foi denunciada de imediato ao papa, que foi convencido de que era ridicularizado, no livro, na figura de Simplício, o porta-voz do aristotelismo. O *Diálogo* foi proibido e abriu-se processo inquisitorial contra Galileu. Esse processo terminou em 1633, com sua condenação e a abjuração forçada do movimento da Terra.

19 – Nicolau Maquiavel

Maquiavel inaugura uma nova fase da filosofia política. Distante de conceitos tradicionais como o governo ideal, a ele interessa uma descrição realista da origem do Estado e a independência da política em relação à moral.

Contribuições

O florentino Nicolau Maquiavel (1469-1527) foi secretário da República de Florença entre 1498 e 1512 e desempenhou diversas missões diplomáticas em diferentes cortes italianas e europeias. Em 1512, foi encarcerado pelos Medici. Considerado um dos criadores da ciência política, analisa em suas obras, principalmente em *O Príncipe* (1513) e em *Comentários Sobre a Primeira Década de Tito Lívio* (1513-1519), a essência do poder político, sustentando que a sociedade não pode existir sem ordem – algo que o príncipe deve garantir mediante sua ação política.

Maquiavel é o precursor da teoria política moderna. Sua obra *O Príncipe* é vista com esmero por cientistas políticos e outros profissionais da Ciências Humanas.

Novo Estado

Maquiavel queria saber como o Estado se mantém e se conserva, seja monarquia ou república, e como deve comportar-se em relação aos outros Estados e aos seus próprios súditos ou cidadãos, com vistas a esse fim. O objetivo dessa indagação não é meramente teórico: Maquiavel procura, em primeiro lugar, explicar os motivos da derrocada político-militar florentina e italiana, motivo de sua desgraça pessoal e da submissão italiana aos "bárbaros".

Em segundo lugar, procura oferecer a única via que considera possível para a regeneração política de Florença e da Itália, então fragmentada em repúblicas independentes e em conflito. Essa regeneração deveria ser alcançada mediante a virtù – ou seja, a força – e a inteligência de uma personalidade excepcional, capaz de impor à corrompida política italiana uma nova ordem.

A redenção da Itália, caso fosse possível nas dificílimas condições daquela época, não seria, pois, fruto de uma intervenção da providência divina nem do favor celeste, mas uma iniciativa humana poderosa e astuta. Maquiavel denominou-se *príncipe nuovo*, capaz de submeter as forças adversárias pela aplicação das máximas da ciência política, adquiridas "mediante uma vasta experiência nas coisas modernas e uma contínua leitura das antigas", trecho do próprio *O Príncipe*.

Atenção à Realidade

O saber político de Maquiavel baseia-se na atenção à realidade, sem ilusões ou autoenganos. Ele se baseia nas coisas como são e no homem como este é, não nas coisas como deveriam ser e no homem como este deveria ser e atuar. Assim, Maquiavel abandona uma concepção normativa da política, habitual nos tratados anteriores e baseada na norma moral da razão ou no preceito da religião, para construir uma política positiva, empírica.

Assim como o homem tem uma natureza fixa e permanente, a legalidade política também é constante e o saber político pode ter valor universal. É por esse motivo que a história antiga e a realidade contemporânea podem extrair, da experiência, normas de comportamento político. Segundo Maquiavel, o homem é mau; suas paixões, em especial a ambição, levam-no, inevitavelmente, ao enfrentamento recíproco como condição natural. A maldade humana, sempre disposta a manifestar-se na ocasião oportuna, é o princípio do cálculo político.

Desse modo, a teoria e a práxis política exigem outro tipo de avaliação moral, desligada do código moral pessoal e cristão, que rege a vida particular, para se orientar tendo em vista os resultados da ação para a coletividade. No caso da Itália fragmentada, a necessidade primária estava na conquista e na conservação do Estado. Por isso, o governante "deve ter disposição para mover-se de acordo com os ventos e as variações do destino e para não se distanciar do bem, caso seja possível, ou saber entrar no mal, quando necessário", trecho retirado do *O Príncipe*. No entanto, em um segundo momento, com o Estado já consolidado e fortalecido, o governante deveria favorecer os ideais republicanos, defendidos por Maquiavel na obra *Discursos*. Maquiavel concluirá que há três bens políticos primários: segurança nacional, independência internacional e leis fortes.

Maquiavelismo

O termo maquiavelismo atribuído à política de Maquiavel, é depreciativo porque está centrado em uma crítica apressada, baseada na expressão "os fins justificam os meios". No entanto, a ética de resultados proposta por Maquiavel acena para a construção de uma república com vistas à liberdade e ao bem comum.

Razão do Estado

A saúde da pátria é o fim e o bem supremo do indivíduo. O príncipe deve trabalhar exclusivamente para a conservação de seu Estado, e o objetivo de uma república livre não pode ser diferente: seus cidadãos e seu governo devem aspirar, acima de tudo, à conservação do Estado. Isso porque, nas condições em que Maquiavel vê as relações humanas, o Estado é a única garantia de paz e ordem entre os indivíduos, a salvaguarda da própria integridade diante das agressões interna e externa.

Apesar da dedicatória do *O Príncipe* ser para um tirano, Maquiavel discorda das tiranias, pois elas seriam instáveis, cruéis e inconstantes do que os governos sustentados pela satisfação popular e esta é a principal preocupação de Maquiavel. Dizer Estado é dizer segurança e autonomia, pois só assim ele pode cumprir sua finalidade de garantir a convivência. E isso faz dele a suprema construção da humanidade.

20 – Morus e Montaigne

Pensadores de sólida formação humanística e dedicados à vida pública, Morus e Montaigne condenaram a sociedade europeia do século XVI. O primeiro sonhava com uma organização social baseada na razão; o segundo questionava a razão que criara o dogmatismo filosófico.

Thomas Morus

Thomas Morus (1478-1535) estudou em Oxford e em Londres. Participou da vida pública de seu país, da qual foi um dos principais representantes, até entrar em desavença com o rei Henrique VIII, em 1509, em cujo reinado fez fortuna e ocupou importantes cargos políticos e diplomáticos. Apesar disso, opôs-se firmemente à Reforma Anglicana e não aprovou o divórcio do rei. Considerado inimigo da pátria, foi encarcerado e executado em 1535. A Igreja Católica canonizou-o em 1935.

Utopia

Utopia foi publicada em 1516 e alcançou êxito imediato. A narrativa é focada nos relatos do viajante Raphael Hythloday as ilhas dos Mares Sul, onde tudo é organizado da melhor maneira possível. No primeiro livro dessa obra, Morus critica a sociedade europeia da época, em especial a inglesa, denunciando a depauperação de amplas camadas da população, originado no processo de acumulação de capital, na sede pelo poder e no expansionismo estatal que multiplicava as guerras.

No segundo livro, ele oferece uma alternativa radical para esse cenário. Apoiado nos relatos das viagens transoceânicas e dos grupos humanos encontrados pelos europeus nas Américas, descreve uma sociedade organizada de acordo com a razão – que, no livro, vive em uma ilha do Novo Mundo. É interessante notar que o nome da obra, *Utopia*, aponta para a impossibilidade da existência real dessa sociedade.

Morus acreditava na bondade humana, que considerava natural. Por isso, teoricamente, os homens poderiam formar sociedades justas e igualitárias. Por outro lado, julgava que as paixões tornavam as pessoas surdas à voz da razão, fato que as impediria de agir racionalmente. Essa ambiguidade é muito forte na obra. O principal argumento de Morus era uma manifestação do programa e das exigências do humanismo cristão. Para a realização empírica do ideal racional de justiça e fraternidade, a sociedade de *Utopia* é fechada, rigorosamente regulamentada. Para Morus, a comunicação com o exterior, a improvisação e a espontaneidade poderiam gerar uma dinâmica de transformação que levaria à injustiça, a um distanciamento da razão. Bertrand Russell resumiria que "a vida na Utopia de More seria intolerantemente sem graça. A diversidade é essencial à felicidade e não existe na Utopia".

A descrição da sociedade de *Utopia* revela tanto a influência dos modelos clássicos, especialmente da *República* de Platão ou da primitiva Igreja Apostólica, como as aspirações do humanismo cristão de Erasmo de Roterdã, de quem Morus era amigo. Assim, a sociedade utópica é fundamentalmente igualitária, não existindo nela a propriedade privada nem o dinheiro, e caracteriza-se por uma vida simples e sem luxos. O trabalho é obrigatório nas atividades produtivas, que constituem a estrutura econômica da sociedade. Isso permite que, com uma moderna jornada de trabalho de seis horas, todos os cidadãos vivam num ambiente de bem-estar, satisfazendo necessidades naturais e racionais, quase sem desigualdade entre os sexos. No âmbito da política, os cargos são eletivos e a educação é universal. Curiosamente, não elimina a escravidão, onde quem infringe as leis utópicas deixaria sua condição de cidadão e passaria a "servidão", realizando as tarefas desagradáveis, tais como matar o gado.

Michel de Montaigne

Na segunda metade do século XVI, Michel de Montaigne (1533-1592) testemunhou as guerras religiosas na França, e de uma trágica ruptura do tecido social francês, vivida em sua própria família, com vários de seus irmãos convertidos ao calvinismo. Ele se volta para a experiência nas Américas, para as informações sobre a diversidade de cultura, costumes e valores que, nessa época, espalham-se pela Europa. Percebe a crise do paradigma aristotélico-escolástico, cada vez mais atacado e por mais frentes.

Montaigne também é autor de uma obra profundamente original, que dá início a um novo gênero literário-filosófico: os *Ensaios*, publicados em 1580, com uma segunda edição ampliada em 1588 e uma terceira póstuma, recolhendo novas adições, em 1595. Nela,

Montaigne "ensaia a si mesmo": faz do próprio eu seu objeto, realizando uma análise livre e crítica da sociedade e da cultura da época.

Os *Ensaios* refletem a ampla erudição do autor, leitor da literatura antiga resgatada pelo Humanismo. Montaigne é filho desse humanismo, cujas carências e limitações aponta em seus textos.

Do Humanismo, Montaigne recebe o ceticismo, aquela orientação filosófica desenvolvida na época helenística e renovada no Renascimento, graças à recuperação das obras de Diógenes Laércio e de Sexto Empírico nos séculos XV e XVI.

Montaigne usa o ceticismo como crítica da razão dogmática, ou seja, da pretensão humana de alcançar um conhecimento definitivo da realidade e de estabelecer sistemas de valores absolutos e necessários – com a consequente intolerância diante de opiniões ou códigos de valores diferentes.

A constatação cética do limite cognitivo humano, do limite da razão, permitiu-lhe, também, usar o ceticismo para formular uma apologética da religião que, como fé suprarracional, procedente de Deus, libera-se dos ataques da filosofia dogmática, criticada pelo ceticismo. Ao mesmo tempo, Montaigne rejeita, por impossível, a teologia racional e, por absurda, a discussão racional das verdades da fé.

O ceticismo apoia, também, a adesão não-dogmática à tradição religiosa, rejeitando as inovações que, como a Reforma Protestante, não podiam demonstrar, de modo conclusivo, sua verdade diante da tradição que combatiam. Ao contrário, somente produziriam uma subversão civil e a destruição da autoridade estabelecida. Montaigne utiliza como prova o exemplo das guerras religiosas na França.

Étienne de La Boétie

Filho de uma família de magistrados, Étienne de La Boétie (1530-1563) seguiu a tradição familiar e estudou direito na Universidade de Orleans. Aos 23 anos, foi nomeado conselheiro do Parlamento de Bordeaux, uma posição de prestígio para alguém tão jovem. Ficou famoso por sua amizade com Montaigne, que descreveu La Boétie como um amigo íntimo e uma das mentes mais brilhantes de sua época. Faleceu aos 32 anos, devido a uma doença desconhecida.

La Boétie é famoso por sua obra *Discurso sobre a Servidão Voluntária* (1548), escrita quando tinha 18 anos. Este texto é uma crítica à tirania e uma análise perspicaz da obediência humana. Nele, La Boétie explora a questão do porquê as pessoas obedecem aos tiranos. Ele argumenta que o poder de um tirano não reside apenas em sua força, mas na submissão voluntária das pessoas. Ele afirma que, se os cidadãos decidissem não mais servir, o tirano cairia imediatamente, pois seu poder depende da cooperação e da aceitação do povo.

La Boétie sugere que a obediência à tirania não é natural, mas resultado de uma manipulação social e psicológica. Ele destaca que, desde cedo, as pessoas são condicionadas a aceitar a autoridade como algo inevitável e legítimo. No entanto, ele acredita que a liberdade é um direito natural e que a tirania é uma aberração dessa condição natural.

21 – Francis Bacon

O Século XVII assiste ao desenvolvimento do mecanicismo. Francis Bacon contrapunha o constante aperfeiçoamento das artes mecânicas ao estancamento do saber especulativo ou filosófico tradicional, ensinando que se deve descobrir os fenômenos da natureza pela observação e reproduzi-los pela experiência.

Contribuições

Com sua obra filosófica, o inglês Francis Bacon (1561-1626) procurou construir uma nova lógica, indutiva, que substituísse a antiga lógica dedutiva. Sustentou que a verdade não surge do raciocínio silogístico, mas por meio do experimento e da experiência guiada pelo raciocínio indutivo.
Seus trabalhos exerceram grande influência no desenvolvimento da ciência, muitas vezes sendo chamado de "pai da ciência moderna". Entre suas obras, destacam-se o *Novem Organum Scientiarum* (1620), em alusão ao *Organum* de Aristóteles, *Dignidade e Progresso das Ciências* (1623) e, de aparição póstuma, *Nova Atlântida* (1627).

Nova Concepção de Ciência

Advogado, político e homem de Estado, Francis Bacon seguiu carreira política, chegou ao Parlamento e foi nomeado chanceler da Inglaterra no reinado de Jaime I, até ser considerado culpado de corrupção. Entretanto, desde muito jovem mostrara interesse pela filosofia e pela ciência, expressando profundo desgosto pelo saber herdado da tradição.
A obra filosófica de Bacon consiste, fundamentalmente, na crítica ao saber tradicional e na formulação de uma nova concepção da ciência, sendo a ele atribuída a frase "conhecimento é poder". Ele se dedicou a isso a partir de 1603 em uma série de textos, boa parte da qual nunca foi concluída e permaneceu inédita até a publicação póstuma.
Em *O Progresso do Saber*, por exemplo, Bacon apresenta uma classificação das ciências, insistindo de maneira especial nas lacunas que, de acordo com a concepção utilitária do saber, deveriam ser objeto de atenção imediata. Sua classificação é baseada em três

princípios: memória, fantasia e razão. A primeira seria a história humana e natural, registros do fato; a segunda seria a arte, elaboração imaginativa dos fatos; e a razão, o conhecimento racional do homem e de Deus. Traduzida ao latim em 1623, em versão ampliada, sob o título *De Dignitate et Argumentis Scientiarum*, a obra, anos mais tarde, daria a Diderot e D'Alembert a base da classificação das ciências para a *Enciclopédia*, a grande obra do Iluminismo.

A concepção baconiana da ciência, orientada para a aplicação tecnológica, ganhou o reconhecimento de uma Europa estreitamente ligada ao desenvolvimento do capitalismo ao abandonar o ideal contemplativo do saber, associado à tradição aristotélica e platônica.

Obra Coletiva

A imagem baconiana da ciência era a de uma obra coletiva, baseada na colaboração entre os pesquisadores, e institucional, potencializada e organizada pelo Estado, que nela deveria empregar recursos humanos e econômicos. Aí residia boa parte das esperanças de Bacon no advento do "reino do homem": se o fracasso da ciência tradicional se devia, também, ao caráter individual da pesquisa e ao não envolvimento do Estado, tudo seria diferente se a necessária base experimental e o novo método fossem unidos à organização coletiva e estatal da obra científica, presidida pelo correto fim utilitário-operacional do saber.

Instauratio Magna

A obra mais importante de Francis Bacon foi publicada em 1620 com o título de *Instauratio Magna* ("grande restauração"). Nela foi apresentado um programa, ao mesmo tempo crítico e construtivo, para um projeto de pesquisa científica, cujo objetivo era a restauração do saber.

Esse programa colocaria um fim aos longos séculos de "extravio" da humanidade, durante os quais os homens substituíram a imagem fiel da criação pelos produtos teatrais de sua imaginação, esquecendo-se, além disso, da verdadeira finalidade do conhecimento. Nessa obra, Bacon aportava também o método com o qual produzir essa ciência, considerada por ele uma verdadeira "interpretação da natureza".

Crítica do Saber Tradicional

Francis Bacon desautoriza totalmente o saber tradicional, abrangendo não só a tradição aristotélico-escolástico, ainda dominante nas universidades europeias, e o platonismo como também as novas alternativas formuladas no Renascimento: a filosofia química dos seguidores de Paracelso e as correntes empiristas.

Criticava, nas primeiras obras, seu caráter abstrato, desligado da realidade empírica, sua esterilidade operativa, seu estancamento e sua decadência ao longo dos séculos. Nas últimas obras, as críticas voltavam-se à insuficiente base empírica, à apressada busca de resultados práticos.

Os modernos poderiam ser superiores se tomassem a decisão de destituir os ídolos, ou seja, as falsas noções procedentes de nossa constituição individual, da estrutura da linguagem ou das falsas filosofias. Esses ídolos ou fantasmas da mente impediriam o conhecimento da realidade.

Ídolos

Bacon visava eliminar os ídolos que poderiam conduzir o intelecto humano ao erro. Assim como Aristóteles, catalogou esses ídolos em quatro tipos:

- **Ídolos da tribo**: fundada na própria natureza humana e se refere às imperfeiçoes do intelecto, causadoras da ingenuidade humana de acreditar em coisas que lhe são convenientes;
- **Ídolos da caverna**: a predisposição do intelecto em tomar seu mundo particular como verdadeira realidade, aludindo ao Mito da Caverna de Platão;
- **Ídolos do foro**: demonstra problemas de comunicação entre os homens, pois as palavras nem sempre são tomadas pelo sentido com que são faladas;
- **Ídolos do teatro**: aponta as doutrinas filosóficas como invencionices especulativas.

Para superar esses ídolos, Bacon propõe seu Método Experimental.

Método Experimental

No papel de porta-voz das representações e exigências da nova sociedade burguesa capitalista, Bacon concebia a ciência como um conhecimento experimental da natureza, construtivamente orientado pela aplicação técnica, com o objetivo de melhorar a condição humana. Ele, porém, não estava interessado somente na aplicação do conhecimento e no domínio sobre a natureza que a ciência proporcionava ao homem. Em sua avaliação, na ausência de um critério especulativo de verdade, a capacidade de operar e transformar a natureza era o efetivo critério de verdade: a intervenção ativa sobre a natureza tornava evidente que as teorias científicas correspondiam à realidade, ou seja, eram verdadeiras.

Com essa concepção da ciência, Bacon retomava, profundamente modificado, o sonho da magia e da alquimia de dominar a natureza pelo conhecimento e pela manipulação de suas forças latentes. Ele reconhecia, entretanto, que não seria possível vencer a natureza, portanto teria que obedecê-la, ou seja, seguir o seu curso.

Por isso, a interpretação da natureza capaz de oferecer ao homem o conhecimento e o domínio deviam ser realizados com base em uma história natural e experimental, de uma compilação extensa e exaustiva dos fenômenos do universo, atendendo tanto à natureza em seu livre curso como à natureza submetida às artes mecânicas. Era neste ponto que sua filosofia falhava, ao reconhecer as artes mecânicas, ele deixava de lado a criatividade e o aspecto imaginativo do conhecimento científico.

22 – René Descartes

O objetivo do filósofo francês era construir uma ciência universal com caráter de verdade necessária. Para isso, ele criou um método, baseado em procedimentos matemáticos e geométricos, até hoje utilizado no mundo todo.

Contribuições

René Descartes (1596-1650) inaugurou o racionalismo e a filosofia moderna. Nascido em La Haye, na França, e educado pelos jesuítas, estudou jurisprudência, ingressou no exército inclusive lutando na Guerra dos Trintas Anos e retirou-se para viver nos Países Baixos, onde permaneceu de 1628 a 1649. Foi convidado pela rainha Cristina, da Suécia, para viver em sua corte, onde morreu vítima de pneumonia.

Sua obra abrange campos tão variados como matemática, filosofia, física e medicina. Em matemática, criou a álgebra dos polinômios e, em colaboração com Pierre Fermat (1601-1665), a fusão da álgebra com a geometria: a geometria analítica. Em óptica, enunciou as leis geométricas da reflexão e da refração. Porém, sua maior contribuição foi no campo da filosofia. Utilizando-se do método de análise matemática, procurou construir um sistema que impossibilitasse o erro, adotando a dúvida como método.

Rejeitou, assim, tudo aquilo que pudesse ser considerado duvidoso para, no fim, advertir que a única verdade irrefutável era o próprio ato de duvidar. A máxima "cogito, ergo sum" (penso, logo existo) foi o axioma sobre o qual fundamentou sua filosofia. O método de Descartes, denominado cartesiano, influenciou o desenvolvimento do pensamento humano. Suas principais obras são *Regras para a Direção do Espírito* (publicada postumamente em 1701), *Discurso do Método* (1637), *Meditações sobre a Filosofia Primeira* (1641), *Princípios da Filosofia* (1644), *Paixões da Alma* (1649) e *O Mundo ou Tratado de Luz* (1664).

Descartes formulou um sistema que, segundo ele, alcançaria o que a tradição perseguira inutilmente: um saber universal articulado, e com o grau de verdade que a ciência deveria possuir.

Ele confiava que sua construção filosófico-científica, apresentada na obra *Princípios da Filosofia*, seria adotada pelas instituições mais

avançadas. Por esse motivo, esforçou-se por manter boas relações com a ordem dos jesuítas, em cuja escola de La Flèche estudara.
Por outro lado, distante do heterodoxo desenvolvimento da cosmologia copernicana realizado por Giordano Bruno, Descartes construía a nova filosofia como um saber em paz com a religião cristã e a Igreja Católica. Alegava que seu sistema realizava a apologética definitiva da religião, ao demonstrar a existência de Deus e a imortalidade da alma por meio de argumentos conclusivos e transparentes. O plano não deu certo: a Igreja percebeu que o Deus de Descartes era diferente. Era um Deus intelectual, e não transcendente.

Física

René Descartes deduz sua física a partir de ideias "claras e distintas" sobre a matéria, que possui uma extensão geométrica e é dividida em partículas que, ao chocar-se e combinar-se, formam os diversos corpos. Os corpos, portanto, contêm o movimento da matéria original, que os rege e conserva-se sempre constantemente.

Leis Básicas da Natureza

Descartes relaciona estas três leis, sua necessidade e sua imutabilidade, com a imutabilidade de Deus. Portanto, as leis que governam o movimento da matéria (a única mudança que nela existe) são universais, e a homogeneidade do universo é, como em Galileu Galilei e Giordano Bruno absoluta.
Primeira Lei: "Toda alteração do estado de movimento de um corpo pressupõe uma causa".
Segunda Lei: "Todo corpo que se move tende a continuar seu movimento em linha reta".
Terceira Lei: "Quando um corpo móvel encontra outro, imóvel e dito mais forte do que ele, nada perde de sua quantidade de movimento, mas apenas muda de direção; caso encontre um corpo do tipo mais fraco, perde tanto movimento quanto imprime ao outro".

Animal Máquina

O modelo mecanicista cartesiano diz respeito à matéria, mas não à mente. Portanto, todos os corpos e organismos, por mais complexos que sejam, estão em interação recíproca, de acordo com as leis do movimento. Isso significa que a biologia não é, para Descartes, mais

do que um braço da física – que, com o esquema mecanicista, é capaz de explicar a estrutura e o funcionamento de todos os organismos (o corpo humano incluído) como máquinas comparáveis aos artefatos construídos pelo homem, embora mais complexas.
Não existe nos animais e no corpo humano, assim como no restante da natureza, nenhum princípio interno ativo. Todas as suas ações provêm do choque das partículas nos diferentes órgãos. A liberdade não existe na natureza, uma vez que tudo é presidido pela necessidade mecânica das leis do movimento. A liberdade só aparece no domínio da mente, na substância pensante.

Da Ontologia à Epistemologia

Com Descartes a investigação filosófica substitui a busca pela explicação do mundo, "do que existe" (visão realista, em que estava assentado todo o pensamento filosófico antigo e medieval), pelo conhecimento do sujeito, "o eu". A pergunta já não é "o que existe?", mas sim "como conhecemos o que existe?", "podemos chegar a conhecê-lo?". É a passagem da ontologia para a epistemologia.
Segundo Descartes, se quando sonhamos temos a sensação de que estamos vivendo um mundo real, o que nos garante que o mundo não seja também um sonho? Será que existe um "gênio maligno" que nos engana o tempo todo? Essa dúvida tinha como finalidade mostrar que para se ter o verdadeiro conhecimento é necessário que sejam eliminadas todas as dúvidas possíveis a respeito daquilo que se pretende conhecer. A dúvida serve como método para o sujeito que pretende conhecer determinado objeto (dúvida metódica).

Busca do Conhecimento Seguro

O objetivo de Descartes era conseguir um conhecimento seguro e estável, além de qualquer dúvida racional. A revitalização renascentista do ceticismo, que tinha alcançado uma enorme expressão com a obra de Michel de Montaigne, questionava a possibilidade de o homem ter, por meio da razão, um conhecimento certo da verdadeira realidade do mundo exterior.
Descartes negou o ceticismo combatendo-o em seu próprio campo. Diante da crítica cética à possibilidade humana de conhecer a realidade, e da concepção cartesiana do saber como uma estrutura unitária, desenvolvida dedutivamente a partir de algumas primeiras verdades necessárias e evidentes, a primeira questão era encontrar um princípio seguro e imune a toda dúvida – uma primeira verdade

da qual fosse impossível duvidar, pela clareza e distinção, pela evidência com que ela se impunha na reflexão.

Essa primeira verdade foi, ao mesmo tempo, a refutação da crítica cética à capacidade humana de alcançar a verdade e o ponto de partida da construção ordenada e metódica do saber, de acordo com regras simples que Descartes derivou da prática dos geômetras. Tratava-se de encontrar um conhecimento seguro e certo da realidade, um saber ordenadamente adquirido e construído somente pela razão.

Engano dos Sentidos

Na busca de uma primeira verdade indubitável, Descartes descobre que os sentidos enganam e que, portanto, não se pode confiar neles como fontes de conhecimento seguro e objetivo. A própria realidade exterior, com objetos sensíveis e corpóreos, pode ser colocada em dúvida, pela frequência com que alucinações são aceitas como reais e pelo fato de as representações de cada um em sonhos, em que nada é real, não serem distinguíveis das representações do mundo exterior no estado de vigília.

Descartes assume, portanto, a crítica cética da sensação, e questiona o mundo de objetos corpóreos e as ciências que o estudam, como a física, a astronomia ou a medicina. O tamanho da Lua e do Sol é maior do que aparenta ser, assim como o homem sofre alucinações. Apenas a matemática parece escapar dessas incertezas, uma vez que não estuda objetos sensíveis nem se utiliza dos sentidos.

Deus Enganador

Descartes conclui que também se pode duvidar da verdade da matemática, aludindo às divagações da Baixa Idade Média sobre o poder absoluto de Deus e sua capacidade de suscitar, no homem, um conhecimento intuitivo que não corresponda à realidade. Cita que "poderia acontecer de Deus querer que eu me engane todas as vezes que somo dois mais três", ou seja, que a onipotência divina poderia fazer com que os homens se enganassem sempre que afirmassem aquilo que estimam evidente. Talvez aquilo que se manifesta como evidente para a razão não tivesse realidade objetiva.

E, se não aceitassem a imagem desse "Deus Enganador", caberia pensar na existência de "um gênio maligno, não menos astuto e enganador do que poderoso, o qual usou toda a sua indústria para enganar-me".

Penso, Logo Existo

Descartes leva até o limite o questionamento cético da capacidade humana de conhecer com certeza. Mas encontra, no contexto da dúvida universal, uma verdade evidente e clara que escapa da dúvida: a verdade necessária da própria existência do sujeito que duvida e que é vítima do engano. Se de fato podemos duvidar de tudo, isso já é um fato em si e, se podemos duvidar, isso implica no porquê nos permitimos duvidar? Se pensarmos é porque existimos daí a máxima verdade para Descartes: "Penso, logo existo", a verdade "certa e segura" da qual não se pode duvidar. "Penso, logo existo" é, portanto, a primeira verdade.

Um ser pensante tem uma compreensão do real, uma ideia semelhante a Platão, que considerava mais seguro conhecermos através da razão do que com os sentidos. Contudo, a diferença fundamental entre os dois reside no método.

Quando se pensa, a evidência da existência pessoal é a primeira verdade e o modelo de certeza para a afirmação das verdades que virão depois: "Julguei que poderia admitir, como regra geral, que as coisas que concebemos como muito claras e distintas são todas verdadeiras".

Descartes construiu sua filosofia como uma sequência de intuições evidentes a partir do "Penso, logo existo", entendido como a apreensão intuitiva e imediata de uma verdade, mas reconhece que não há maneira clara de distinguir entre realidade e sonho.

Sei que sou, mas não sei o que sou

A resposta é que sou um sujeito, uma coisa ou substância que pensa. Desse modo, afirma-se a existência de uma substância cujo atributo é o pensamento. O pensamento é a atividade que define ou indica a essência do sujeito. Ela é puro pensamento, não só por ser concebida clara e distintamente como coisa pensante – sem os atributos da substância corpórea, dos quais não precisa para a sua subsistência –, mas também porque o âmbito da corporeidade está nos parênteses abertos pela dúvida: "O pensamento é um atributo que me pertence, sendo o único que não pode ser separado de mim".

Nesse ponto encontra-se a raiz da distinção ontológica cartesiana entre o pensamento e a matéria. Essa distinção permite pensar no mundo exterior ao sujeito como pura matéria ou extensão espacial geometricamente configurada, dotada de uma quantidade de movimento; matéria inerte sem princípios ativos internos, fundamento da física mecanicista.

Definição de Substância

Em *Princípios da Filosofia*, Descartes define a substância como "uma coisa que existe de maneira tal que não tem necessidade de outra coisa, a não ser de si mesma, para existir".

Como ele mesmo afirma, a definição somente é aplicável, com propriedade, a Deus, pois somente Ele é independente e existe por si mesmo; só Ele é causa sui (causa da própria existência), pois "não há nenhuma coisa criada que possa existir num único momento sem ser mantida e conservada por Seu poder".

A extensão do termo "substância" às criaturas (que são substâncias pensantes e substâncias extensas) supõe um uso "não-unívoco" da palavra – o que implica que as criaturas necessitam da ação de Deus para existir.

Descartes encontra ideias, ou pensamentos, nele mesmo como sujeito pensante. Em geral, as ideias podem ser inatas, adventícias (vindas de fora) ou factícias (forjadas pelo próprio sujeito). Entre elas, figura a ideia de Deus como "substância infinita, eterna, imutável, independente, onisciente, onipotente", criador de todas as coisas.

Na filosofia de Descartes, Deus é um ente necessário porque a existência do mundo (efeito) não se explica sem a existência anterior de uma entidade criadora (causa). O fato de se estar pensando já demonstra a existência necessária de Deus: o homem, sujeito finito, não poderia ter produzido a ideia de um ser infinito; ao contrário, o infinito é a condição da existência do sujeito finito e limitado. Dessas premissas, Descartes conclui que Deus existe necessariamente como autor da ideia de si mesmo, impressa na substância das criaturas.

O ser humano, sujeito finito, não poderia ter criado a si mesmo com a ideia de um ser perfeito. Se assim fosse, ele ter-se-ia dotado das perfeições da ideia, isto é, ter-se-ia feito Deus. Em última instância, a existência humana deve-se a um ser que possui tanta perfeição como a ideia que se tem Dele: um ser infinito e onipotente, causa de si mesmo e de tudo que existe. Segundo Descartes, Deus "colocou essa ideia em mim para que ela seja como o carimbo do artífice". É a concepção de Deus como ser absoluto, infinito e necessário, não dependente de nada e, portanto, potência total que causa e produz a si mesmo e a todo o resto, imprimindo na criatura inteligente a ideia inata de si mesmo como sinal de soberania absoluta.

Para Descartes, somente Deus é necessário e "autocriado"; tudo que não é Deus é totalmente dependente Dele, que lhe dá o ser e o conserva. Assim, as verdades eternas também são criaturas: que dois mais dois são quatro não vale por si mesmo, senão porque Deus assim o estabeleceu.

Descartes também afirma que a realidade do mundo exterior ao sujeito que pensa, da natureza, concebida de maneira clara e distinta. A realidade não só é possível como também é independente do sujeito pensante, ou seja, é uma res extensa heterogênea, separada do pensamento.

Alma

A concepção das substâncias pensante e extensa como independentes e heterogêneas criou um problema para Descartes: o de explicar sua interação. Como compreender o homem como sujeito composto por uma alma puramente espiritual e por um corpo extenso, que funciona mecanicamente? Como a substância não-extensa pode atuar sobre a substância corpórea? Como o corpo pode afetar uma substância espiritual?

A solução encontrada por Descartes foi afirmar que a concepção clara e distinta do pensamento e da extensão como substâncias separadas requer apenas o exercício do pensamento, sem a interferência dos sentidos; a união de ambos no homem seria uma noção primitiva, que se dá aos sentidos e na vida. Logo, não requer nem demonstração nem experimento.

Mesmo assim, ele tentou encontrar uma explicação teórica para a interação das substâncias pensante e extensa. Tal interação se dá na glândula pineal, situada no cérebro. É através dessa glândula, segundo Descartes, que a alma recebe informações e é afetada pelos movimentos corporais que os espíritos ou corpúsculos de matéria sutil do sistema nervoso levam até ali. Por meio dessa glândula, a alma move esses espíritos e atua sobre o corpo.

Blaise Pascal

Blaise Pascal (1623-1662), filósofo, físico e matemático francês, criticou Descartes por diversos motivos. Gênio precoce – aos 16 anos escreveu *Ensaios sobre as Cônicas*, em que enunciou seu célebre teorema (em um hexágono inscrito em uma circunferência, as retas que estiverem em lados opostos interceptam-se em pontos colineares), aos 19 inventou a primeira calculadora mecânica e aos

23 estudou a pressão atmosférica –, acostumado a pesquisas científicas, criticou, no método cartesiano, sua pretensão de tornar-se universal. Argumentava, com base na própria vivência, que alguns conhecimentos só podiam ser obtidos com base em experimentos, não em deduções.

Até porque tais deduções organizam-se numa cadeia de razões construídas sobre ideias claras e distintas que, se para Descartes devem ser aceitas como evidências fora de quaisquer dúvidas, para Pascal são questionáveis por assentar-se em bases indemonstráveis.

A razão, para ele, é frágil e, como tal, não serve como fundamento para a certeza.

Na verdade, a busca da certeza é vã. A única certeza é a evidência da falsidade, obtida não pela razão, mas por experimentos científicos. E, quando os experimentos confirmam hipóteses, o resultado não pode ser tomado como certeza ou verdade universal – trata-se, antes, de considerá-lo mais provável do que outros, que levam a conclusões absurdas.

Essas críticas à razão têm como fundamento filosófico a limitação da condição humana. Incapaz de ver-se como é, e de aceitar-se assim, o homem, presunçoso, persegue certezas e acredita que a razão pode conduzir ao conhecimento de tudo.

Por isso mesmo, julga possível demonstrar a existência de Deus, essa entidade incompreensível para a razão humana. Para Pascal, religioso ao extremo, a força não está na razão e sim na fé. Segundo ele, é preciso crer, não compreender.

A crítica mais severa que Pascal fez a Descartes diz respeito ao uso que este último fez de Deus, invocando-o como avalista de uma concepção de mundo que o pensamento não conseguia sustentar.

Giambattista Vico

Com formação humanista, formado em direito, interessado em história, filosofia e filologia, Giambattista Vico (1668-1744) foi professor de retórica da Universidade de Nápoles e severo crítico do método cartesiano. Para ele, a epistemologia de Descartes, fundada na matemática e nas "ideias claras e distintas", rejeitava todas as formas de conhecimento que, por sua própria natureza, não se submetiam à quantificação nem à dúvida cartesiana. Como demonstrar a "verdade matemática" de produção humana como a retórica, a poesia e a história?

A demonstração de verdades, argumentava Vico, cabia à matemática, não à filosofia. Descartes cometera um erro ao matematizá-la, e era inaceitável que esse procedimento predominasse tanto no pensamento filosófico como nos estudos escolares, afastando-os das humanidades. Nas escolas, em especial, o método cartesiano causava prejuízos sérios. Por um lado, sufocava aquilo que o jovem tem de mais característico: a imaginação e a memória. Por outro lado, podia criar nos estudantes uma deficiência ética, ao levá-los a buscar verdades matemáticas em vez da prudência, que caracteriza a vida em comum.

O conhecimento a que Descartes e os racionalistas aspiravam, infalível e universal, era uma quimera. Para Vico, o conhecimento humano tem limitações, uma vez que não é capaz de ultrapassar aquilo que é dado pela experiência. O homem é um ser finito e não criou a natureza; por isso, é incapaz de entendê-la. Pode, no máximo, pensar nela. Os fundamentos do conhecimento, assim, não estariam apenas na razão, mas também, e principalmente, na experiência, que é a sua base.

Ao excluir, do conhecimento, a experiência e o senso comum, os racionalistas se apoiavam em alicerces irreais. O senso comum, como produto das necessidades e do momento histórico de uma comunidade humana, escapa à lógica matemática cartesiana. É outro o tipo de filosofia capaz de absorver, como questão, ideias e costumes dos grupos sociais. E para absorvê-los é preciso que o filósofo se aproxime deles.

Vico elaborou uma epistemologia oposta ao projeto racionalista: a Ciência Nova. O princípio dessa Nova Ciência é o de que o verdadeiro e o feito (o fato) são idênticos. Assim, a história, como as demais produções humanas, são verdadeiras, compõem o conhecimento e auxiliam a compreender aquilo que é objeto da ciência natural.

Como, para Vico, a razão humana, finita e limitada, é incapaz de entender o funcionamento da natureza, há limites a esse conhecimento. O contrário acontece com a história, que, por ser criada pelo homem, pode ser conhecida por ele de maneira completa e indubitável. O historiador, porém, não pode examinar o passado com os olhos do presente; caso se deixe dominar por seus valores atuais, o pesquisador não terá condições de compreender o que se passou e por quê.

A chave para a compreensão do passado está na linguagem, constituída por mitos, fábulas, tradições e expressões do espírito humano. A filosofia, assim, não pode prescindir da filologia. O estudo etimológico esclarece as condições em que os homens construíram sua história passada.

O pensamento de Vico, contraposição à filosofia racionalista e aos princípios do Iluminismo, permaneceu quase em ostracismo até o século XVIII. O reconhecimento da importância de suas ideias iniciou-se no século XIX – Karl Marx (1818-1883), por exemplo, viu nele o precursor de pesquisas históricas – e culminou no XX, com Robin George Collingwood (1889-1943) e Benedeto Croce (1866-1952).

Antoine Arnauld

Filho mais novo de um advogado que gerou vinte filhos, Antoine Arnauld (1612-1694) foi um teólogo e filósofo. Colaborou com Pierre Nicole (1625-1695) no famoso *A Lógica ou a Arte de Pensar*. É também lembrado como autor de réplicas as obras de Descartes.

Assim como Descartes, foi um racionalista. Em sua obra com Nicole apontava que a lógica apontava para o pensamento claro, escrevendo que "nada pode ser mais estimado que a aptidão para discernir o verdadeiro do falso. (...) Quem escolhe bem te uma mente saudável, quem escolhe mal tem uma mente defeituosa. A capacidade para discernir a verdade é a mais importante medida das mentes".

A Lógica ou a Arte de Pensar possui quatro partes, correspondentes as operações da mente: concepção, julgamento, raciocínio e ordenação. Conceber e julgar provém da linguagem; o raciocínio é uma função superior, requerida quando o julgamento não fique claro. Por fim, a ordenação é a atividade mental que reflete o método das ciências indutivas.

Para Arnauld, a fala é parte do mundo material, portanto restrita as suas leis, enquanto o pensamento, que pertence à mente, não é reprimido, retomando Platão.

Nicolas Malebranche

Filósofo e teólogo francês nascido em Paris, Nicolas Malebranche (1638-1715) foi o principal divulgador do pensamento cartesiano ao apresentar por meio de sua teoria do ocasionalismo uma solução ao problema mente-corpo de Descartes na obra *Da Procura da Verdade* (1675).

Para Descartes mente e corpo são distintos e diferentes, porém foram evidenciadas a problemática que ao afetar o corpo, a mente também pode ser afetada. Segundo Malebranche, as mentes individuais são apenas limitações da mente universal, que é Deus. Em consequência, o único poder causal é Deus, portanto sempre que achamos estar fazendo algo, Deus é quem realmente o está fazendo para nós.

Outras obras famosas de Malebranche foram *Meditações Metafísicas e Cristãs* (1684) e *Tratado do Amor de Deus* (1687).

Influência Posterior de Descartes

O *Discurso do Método*, de Descartes, foi publicado, em Leiden, nos Países Baixos, em 1637, com a *Dióptrica*, os *Meteoros* e a *Geometria*, formando com eles um único volume. Surpreendentemente, esses textos foram escritos em francês, considerado língua vulgar numa época em que a língua culta, oficial, era o latim.

Descartes inaugurou a modernidade com uma intenção clara: abandonar o pensamento medieval centrado em Deus, que concebia o homem e o mundo como manifestação da grandeza do criador. O projeto cartesiano levou o homem a centrar-se em si. Por isso ele procura uma verdade que possa ser alcançada por meio da razão e que fique fora do alcance de toda dúvida. Trata-se de uma contraposição à filosofia escolástica, que não buscava "a" verdade, uma vez que ela já se manifestara como criação divina.

Com Descartes, a filosofia deixa de ter como base a figura de Deus. O pensar, agora, parte do ser humano. Antes, Deus era o ponto de partida para a reflexão filosófica. Com Descartes, passa a ser o ponto de chegada. Isso quer dizer que o fundamento filosófico não é mais a teologia, mas a razão humana.

Mais tarde, no século XVIII, o filósofo inglês David Hume fará uma crítica demolidora à metafísica, ao afirmar que a ideia de substância pensante não corresponde a nenhuma impressão sensível (critério de certeza para os empiristas, como Hume). Se a mente fosse uma substância, teria de permanecer invariável durante toda a vida – e é claramente perceptível que isso não acontece.

O método cartesiano será retomado no século XX pela fenomenologia de Edmund Husserl, que afirmará, nas *Meditações Cartesianas*: "Todo aquele que quiser ser um filósofo de verdade tem de voltar-se para si mesmo uma vez na vida, e demolir no seu interior todas as ciências que considerava válidas até então".

Também no século XX, José Ortega y Gasset recuperará essa doutrina, partindo da razão vital e histórica. Em um de seus cursos universitários, em Buenos Aires de 1940, ele afirmou: "O *Discurso* é o livro que inicia a sinfonia do pensamento moderno. Se a filosofia fosse o que deveria ser, deveria, por si mesma, ter reparado em que as teses filosóficas sobre o método carecem de sentido se não forem tomadas como emergentes, efetivamente, das experiências vitais de Descartes" (texto adaptado).

23 – Thomas Hobbes

Defensor do Estado absolutista, Thomas Hobbes vai buscar, na natureza humana, as condições que legitimam o poder total do soberano. Esse poder se impõe pela força e pelo medo, únicos instrumentos capazes de garantir a paz.

Contribuições

Nascido na Inglaterra, de família pobre, Thomas Hobbes (1588-1679) estudou em Oxford, viajou pela Europa e foi secretário de Francis Bacon durante cinco anos. Também manteve contato com Galileu Galilei. Interessado na política e nas questões sociais, defendeu a soberania do Estado sobre as questões religiosas, pois, do contrário, o poder da Igreja conflitaria com o poder civil, além disso, explorou os campos do conhecimento geométrico, balístico e óptico. Hobbes viveu em um período conturbado pelas críticas ao absolutismo real, que se baseava no direito divino dos reis, passando dez anos de exílio voluntário na França. Sua doutrina de soberania é coerente com o desejo da burguesia de laicização do pensamento e de buscar por um critério não-religioso para a legitimação do poder. Seus textos mais famosos são *Do Cidadão* (1642), *Leviatã* (1651), *Sobre o Corpo* (1654) e *Sobre o Homem* (1658). Conhecedor do grego e do latim, foi tradutor de Tucídides e Homero.

Questionando Descartes

A polêmica com René Descartes se dá, como era comum no século XVII, por correspondência. Foi o padre Mersenne quem se encarregou de levar a Descartes os comentários de Thomas Hobbes à *Meditações*, publicados em 1641 no corpo das Segundas Objeção e da Quarta Objeção.

A primeira crítica refere-se ao dualismo cartesiano, que separa pensamento e corpo. Para Hobbes, é impossível conceber um pensamento sem corpo. Na resposta, Descartes insiste na tese das duas substâncias, classificando a objeção como irracional e ilógica.

Na quarta objeção Hobbes aprofunda a crítica, afirmando que a razão, para Descartes, pode ser considerada uma série de nomes, reunidos e encadeados pelo verbo "ser". "De onde se segue que, por meio da razão, nada se conclui no que se refere à natureza das coisas, mas apenas às suas denominações. Se assim é, então o raciocínio ficará na dependência de nomes, os quais dependerão da imaginação, que por sua vez derivará do movimento dos órgãos do corpo. E assim o espírito, em vez de pensamento, "não será outra coisa senão um movimento em certas partes do corpo".

Sentido da Soberania

No século XVI, o jurista Jean Bodin (1530-1596) foi o primeiro a discutir o conceito de soberania, do governante não-tirânico, que concentraria o poder do Estado. Isso porque, até então, o poder do rei era dividido entre os nobres, os parlamentos e o poder das cidades. Esse conceito de soberania ganhou sentidos diferentes nos séculos XVII e XVIII, de acordo com a noção de que os filósofos contratualistas Hobbes, Locke e Rousseau tiveram do estado de natureza – que cada membro da sociedade abandonaria ao dar consentimento a um contrato que legitimasse a soberania do Estado. Para Hobbes, o poder soberano deveria ser absoluto, isto é, ilimitado, sem contestação: ou seja, um poder "absolvido" de qualquer constrangimento.

Leviatã

Para Thomas Hobbes, o Estado e as leis destinam-se à preservação da vida do homem. Sem esses artifícios não há paz – nem vida.
O que leva Hobbes a pensar no Estado e em seu arcabouço jurídico como garantidores da existência humana é a necessidade, segundo ele, de manter os homens sob uma autoridade sem a qual eles acabariam uns com os outros. O homem, lobo do homem, devoraria a todos.
E não se culpe o ser humano por isso. Defender a própria vida não é pecado; é um direito de natureza segundo o qual ao defensor todas as coisas são permitidas, até mesmo matar aquele que o ameaça. Não há alternativa para indivíduos que vivem em discórdia e sob o temor de que, a qualquer momento, outros lhe tomem tudo, incluindo a vida. A condição natural do ser humano, numa analogia à Primeira Lei de Newton, é defender-se. E atacar. O estado natural do homem hobbesiano é a autopreservação.
Porque os homens discordam entre si e desconfiam uns dos outros, porque são capazes de matar para proteger-se e ao que é seu, porque têm medo da morte e desejam coisas que lhes deem uma

vida confortável, não podem eles vivem em paz se não realizarem um pacto, renunciando, cada um, a seu "direito de todas as coisas". A liberdade passa a ter, como limite, a ação do outro em relação a cada homem: não se faz aquilo que não se permite ao outro fazer.

A garantia de que esse pacto será cumprido, para que seja assegurada a tranquilidade de todos, implica a criação de um poder comum, capaz de fazer com que todos ajam no sentido de manter o bem comum. Esse poder comum é composto por um homem, ou por um conjunto deles, ao qual os demais submetem seus direitos e vontades – instituindo, então, um contrato – e acima do qual só há o poder de Deus.

Com o contrato social, instaura-se o poder absoluto de um soberano – do qual não se diz que é injusto ou que abusa do poder, uma vez que ele não pode ser destituído do posto que lhe foi conferido. No Estado hobbesiano, destaque-se, os súditos legitimam o poder absoluto do soberano. O próprio Hobbes, quando indaga se não seria miserável a condição do súdito, argumenta que pior seria voltar às misérias da guerra de todos contra todos.

Jacques Bossuet

Filho de uma família de juristas, Jacques Bénigne Bossuet (1627-1704) foi um bispo francês que rapidamente ganhou notoriedade por suas pregações eloquentes e sua capacidade de atrair grandes multidões. Também atuou como tutor do herdeiro de Luís XIV, o que reforçou sua influência na corte real e no cenário político e religioso da França.

Sua obra mais importante é a *Política Tirada da Sagrada Escritura* (1709), onde argumenta que a monarquia é a forma de governo mais adequada porque reflete a ordem divina. Ele defende que os reis são escolhidos por Deus e, portanto, devem ser obedecidos como representantes de Deus na Terra.

Bossuet propõe quatro princípios fundamentais do governo monárquico:

- **Sagrado**: o poder real é sagrado porque vem de Deus.
- **Paternal**: o rei deve governar como um pai governa sua família, com cuidado e justiça.
- **Absoluto**: o poder do rei é absoluto, mas não arbitrário, pois deve seguir as leis de Deus.
- **Racional**: o governo do rei deve ser racional e baseado na razão e na justiça.

Bossuet também é conhecido por sua defesa fervorosa da Igreja Católica contra as críticas dos protestantes. Sua obra *História das Variações das Igrejas Protestantes* (1688) é uma refutação detalhada das doutrinas protestantes. Ele argumenta que a verdadeira igreja é uma e imutável, enquanto o protestantismo é caracterizado pela divisão e mudança constante.

Robert Filmer

Filho de Sir Edward Filmer, um cavaleiro e proprietário de terras, Sir Robert Filmer (c. 1588-1653), se formou em direito e foi nomeado cavaleiro pelo rei Jaime I. Apoiador de Carlos I na Guerra Civil Inglesa (1642-1651), Filmer teve suas propriedades saqueadas pelas forças parlamentares, permanecendo recluso e defendendo suas ideias até a morte.

Em *Patriarca ou O Poder Natural dos Reis* (1680), Filmer argumenta que a monarquia absoluta é a forma de governo mais natural e legítima, baseada na autoridade paterna. Ele argumenta que a autoridade do rei é análoga à do pai sobre sua família e que, assim como um pai governa seus filhos, um rei deve governar seus súditos, opondo-se à teoria do contrato social ou do consentimento dos governados, propostas de John Locke e Thomas Hobbes.

24 – Bento de Espinosa

Primeiro pensador judeu integrado no discurso filosófico europeu, Bento de Espinosa apresentou uma revolucionária formulação sistemática da filosofia. Foi acusado de heresia, excomungado e amaldiçoado pelos defensores da tradição judaica e cristã.

Contribuições

Nascido em Amsterdã, de uma família de origem sefardita, Bento de Espinosa (1632-1677) teve uma primeira formação judaica, centrada no estudo da língua hebraica, do *Talmude* e do pensamento hebraico medieval. Depois entrou em contato com as correntes heterodoxas da agitada comunidade judaica holandesa, derivadas da familiaridade com o pensamento filosófico e com a religião cristã, por parte dos cristãos-novos (marranos).

Por iniciativa própria, Espinosa aprendeu a língua latina, o que lhe deu acesso à leitura dos modernos, como Bacon, Hobbes e, sobretudo, Descartes. Isso lhe permitiu romper o círculo da atmosfera intelectual e religiosa do judaísmo.

Familiarizou-se, também, com correntes filosóficas como o estoicismo e o platonismo renascentista. É uma incógnita se teve acesso à obra de Giordano Bruno, pensamento com o qual possui afinidades. Ganhava a vida polindo lentes para telescópios e microscópios. Vivia com simplicidade, sempre cercado dos Colegiantes, amigos fiéis e intelectuais identificados com seu pensamento. Recusou um convite para lecionar na Universidade de Heidelberg – e ter a folga financeira que o trabalho como polidor não permitia – para não renunciar à liberdade de pensamento.

Sua filosofia é curiosa, podendo ser mística, racional e teísta, mas é enquadrada no racionalismo, constitui um sistema estruturado, concebido segundo o método dedutivo, obtido da geometria. Entre suas principais obras figuram o *Tratado da Correção do Intelecto* (1662), o *Tratado Teológico-Político* (1670), a *Ética* (1677) e o *Tratado Político*, interrompido em função de sua morte.

Deus, isto é, a Natureza

A revolução provocada na filosofia por Bento de Espinosa começa no início da Primeira Parte da *Ética*, quando ele define sua ideia de substância e a identifica com um Deus que, longe de assemelhar-se à entidade judaico-cristã, não é transcendente nem criador de um mundo do qual está apartado. O Deus espinosano é a Natureza, entendida como o Real, como tudo-que-existe, que é autocontida e autossuficiente. Aos que tivessem alguma dúvida, ele deixou registrado, em latim: *"Deus sive Natura"* ("Deus, isto é, a Natureza").

Para Espinoza, os seres humanos são finitos, por isso percebem apenas dois aspectos da Natureza: extensão e pensamento, mostrando que, ao contrário de Descartes, mente e corpo são duas maneiras distintas de conceber a realidade.

Esse "Deus ateu" teria criado problemas para qualquer pensador da época, ainda sob o domínio da filosofia aristotélico-tomista e da Inquisição. No caso de Espinosa, um judeu que estudara profundamente a tradição e os livros religiosos judaicos, o fato tornou-se ainda mais grave: ele foi excomungado da sinagoga; amaldiçoado por cristãos, protestantes e calvinistas; proibido de ter suas obras publicadas, divulgadas, distribuídas e vendidas; execrado por filósofos e cientistas de seu tempo.

Nada disso o demoveu de continuar elaborando o que chamou de "verdadeira filosofia" – aquela que se apoia exclusivamente na razão, sem buscar fora do inteligível as causas da existência do mundo.

Felicidade

Espinosa foi o primeiro filósofo a demonstrar que a felicidade humana não depende de regras, leis, proibições, imposições. Sua ética, longe de ser um compêndio de deveres a cumprir para merecer a bem-aventurança após a morte, como pregava a tradição aristotélica-escolástica, é uma afirmação da vida. A felicidade é uma conquista diária, efetuada aqui e agora, e depende apenas da potência humana – o conjunto de capacidades de que o homem dispõe por ser parte da Natureza.

Para explicar essa ideia aparentemente simples, Espinosa produziu uma obra portentosa, a *Ética*, composta de cinco livros. Nos dois primeiros, ele desenvolve a noção de Natureza ou Substância e demonstra que mente e corpo são expressões finitas dos infinitos atributos da Natureza; no terceiro, apresenta a origem e a natureza dos afetos humanos; no quarto, expõe as razões que levam à servidão humana; no quinto, demonstra como o homem, no uso de sua potência, pode chegar à liberdade e, como consequência, à felicidade.

Amor Intelectual de Deus

Conquista-se a liberdade e a felicidade pelo amor intelectual de Deus. E não há aí nenhuma referência religiosa. Bento de Espinosa refere-se à compreensão, pelo ser humano, de que é parte de algo perfeito, infinito, inteligível – a Natureza – e, como tal, elabora a si mesmo, e, portanto, ao mundo, a cada segundo.

A realidade não é algo pronto, acabado, fechado, criado por uma entidade transcendente; trata-se de algo que produziu a si mesmo por necessidade interna, que não age tendo em vista fins e que segue em elaboração. A realidade, enfim, é uma construção que o homem, com todos os demais constituintes da Natureza, produz continuamente.

A essa compreensão chega-se pela razão, que, ao contrário do que até então se propunha na filosofia, é uma paixão, ou, na linguagem espinosana, um afeto. Espinosa, assim, opera uma "subversão" em relação à tradição filosófica: não opõe razão e paixão, como se fossem duas coisas distintas, separadas e opostas. Ao basear-se no que a experiência mostra – e não num mundo ideal –, ele conclui, no livro IV da *Ética*, que somente um afeto mais forte pode dominar outro afeto.

É por isso que a razão também é afeto. Um afeto de alegria, o mais poderoso de todos: o amor. É esse amor – intelectual porque a ele se chega por meio das operações da mente – que o homem passa a ter pela Natureza ao compreender que ela é, mais do que um bem, o sumo bem, aquele que liberta.

Sumo Bem

Foi no *Tratado da Correção do Intelecto* (1658), que Espinosa definiu o sumo bem: "é chegar ao ponto de gozar, com outros indivíduos", o verdadeiro bem, ou seja, aquele que advém da compreensão da existência de uma natureza humana "mais firme", capaz de saber-se parte da Natureza composta de todos os indivíduos e, portanto, necessariamente compartilhada.

A essa compreensão só se chega por meio do conhecimento verdadeiro, ou adequado, das coisas. Conhecer verdadeiramente algo, para Espinosa, é conhecer as causas que produzem esse algo. Pode-se estabelecer o nexo causal das coisas fazendo uso da razão ou da intuição. É preciso explicar que o significado da intuição espinosana é diferente de seu emprego popular. Na filosofia de Espinosa, a intuição é a capacidade que o ser humano tem de conceber-se, e a tudo o mais, como partes constituintes da Natureza. A noção de Bem, para Espinosa, não é aquela defendida pela tradição aristotélico-escolástico, já que é tudo aquilo que for útil para a conservação da existência de um indivíduo, e Mal, ao contrário, é o que prejudica essa conservação. Nesse sentido, Bem e Mal não são valores absolutos; variam de acordo com a utilidade que uma coisa tem para o homem. O que pode ser um bem para alguns, portanto, pode ser um mal para outros. Por isso a necessidade de criar a figura do Sumo Bem: aquele que, por ser compartilhado, é um bem coletivo, assim concebido pela comunidade dos homens.

Conatus

Um conceito central na filosofia de Bento de Espinosa é o de conatus. Trata-se de uma palavra latina que pode ser traduzida como esforço. A nova física a utilizou no princípio da inércia: o conatus é o esforço que um objeto faz para se manter em repouso ou em movimento. Os pensadores do século XVII empregavam-no de modo semelhante, como o esforço que cada indivíduo faz para manter-se vivo.
É nesse sentido que Espinosa usa conatus: o esforço que cada componente da Natureza faz para conservar sua existência. No homem, esse esforço vai das necessidades mais básicas, como comer, beber, dormir e abrigar-se, às mais elaboradas, como produzir cultura. Nesse sentido, o homem não "escolhe" manter-se vivo. Ele é levado, pelo conatus, a agir para isso.
Esse é um dos sentidos de liberdade no pensamento de Espinosa: a ação que todo indivíduo empreende para conservar a própria vida. O outro sentido está ligado à razão e ao conhecimento aos quais ela conduz. Uma pessoa é livre quando conhece as causas das coisas e suas relações, podendo então agir com a plenitude da potência humana. A liberdade, assim, não é uma escolha voluntária entre diversas opções, como no caso do livre-arbítrio. É a capacidade do ser humano de ser sujeito ativo e independente.

Domínio das Paixões

No livro III da *Ética*, ao fazer a genealogia dos afetos, Espinosa explica que é da condição humana, que segue a ordem comum da Natureza, ter paixões. Isso porque é uma lei da Natureza que todos os seres afetem uns aos outros, o que produz, em cada um, sentimentos variados: amor, ódio, simpatia, inveja, medo, bondade etc. As paixões, por isso, não são vícios, como afirmava a tradição, mas uma lei natural. Espinosa divide-as em dois grandes grupos: as paixões alegres, derivadas da alegria, e as paixões tristes, derivadas da tristeza. As alegres aumentam a potência do conatus, ao passo que as tristes a diminuem.

O livro IV explica como as paixões dominam a vida humana, a ponto de criar desde conflitos internos até desavenças pessoais e guerras entre nações. Nesses casos, está-se sob o domínio da imaginação, ou conhecimento inadequado: o homem, em vez de agir, reage a uma potência exterior a ele e que é mais forte do que a deles. Preso a servidão, o homem não é senhor de si, mas servo dos afetos de outros.

No momento em que compreende isso, e, usando a razão, modera seus afetos e os conduz, ele passa a agir de acordo com sua causalidade interna e se liberta do jugo do outro. Como a razão é o afeto mais forte de todos, tem a capacidade de diminuir a intensidade dos demais, levando-os a atuar dentro de limites que não comprometam a potência humana.

25 – Gottfried Wilhelm Leibniz

A noção de mônada, elemento constitutivo da realidade que possui o princípio de suas ações e sua própria finalidade, é a contribuição de Leibniz ao pensamento racionalista.

Contribuições

Gottfried Wilhelm Leibniz (1646-1716) nasceu na cidade alemã de Leipzig. De formação precoce, destacou-se cedo em direito, física, teologia e história, além de filosofia e matemática. Em 1700 fundou a Sociedade das Ciências de Berlim, sendo o primeiro presidente. Concebia os distintos saberes como partes integrantes de uma ciência universal. Introduziu a noção de mônada na filosofia.
Outros pontos essenciais de seu pensamento são a afirmação de que tudo é contínuo, de que sempre há uma razão suficiente para explicar um acontecimento, e a valorização deste mundo como o melhor de todos os mundos possíveis. No campo da matemática, seu destaque foi a criação do cálculo infinitesimal. Entre suas obras mais importantes destacam-se o *Discurso de Metafísica* (1686), *Novos Ensaios sobre o Entendimento Humano* (1701-1704) e *Monadologia* (1714).

Influências

Ao contrário de René Descartes, para quem a história e a filosofia anterior a ele eram um conjunto de erros, Leibniz manifestou um genuíno interesse pelo pensamento que o antecedeu, da Antiguidade ao naturalismo do Renascimento, passando pela escolástica.
Interessou-se também por Espinosa, a quem visitou nos Países Baixos pouco antes da morte dele e cuja obra tratou de conhecer, recebendo um exemplar da *Opera Posthuma* imediatamente depois de sua publicação. Leibniz fez uma leitura minuciosa da *Ética* e sua doutrina de Deus, que avaliou como perigosíssima para a religião e a moral pública. Procurou oferecer uma alternativa, compatível com a religião cristã, para a doutrina espinosana da substância e do desenvolvimento necessário da potência divina.

Mônada

Para Leibniz, a substância não é única, como afirma Espinosa, e sim inumerável. Existe uma infinidade de substâncias finitas, constituintes do universo e criadas por Deus, substância primeira e infinita. Essas substâncias são as mônadas, concebidas por Leibniz como átomos metafísicos, centros de força e de atividade ou energia, dotadas de representação ou percepção, inconsciente ou consciente, similar aos átomos de Demócrito. Cada mônada contém ou desenvolve uma representação de todo o universo, porém com uma perspectiva própria – e por isso não há duas mônadas idênticas.

Por outro lado, as mônadas constituem agregados sob uma mônada dominante. Surgem, assim, os corpos, os animais, nos quais a mônada dominante é a alma como princípio vital, e o homem, no qual a mônada dominante é a alma espiritual ou racional que conhece Deus, e constitui, em companhia dos outros homens, uma sociedade com Deus, a "verdadeira cidade de Deus".

Leibniz usa o termo neoplatônico "fulguração" para indicar a criação divina das substâncias finitas, aplicando-o às mônadas. Porém, embora criadas, elas são eternas, salvo por aniquilação divina. São também materiais. Com exceção de Deus, toda mônada possui um limite em sua atividade de percepção e esse limite ou insuficiente de representação constitui precisamente a materialidade, maior ou menor, das diferentes substâncias finitas, que estão, assim, dispostas numa ordem gradativa. Isso comporta a eliminação do dualismo cartesiano entre pensamento e extensão como substâncias heterogêneas e independentes.

Relações entre as Substâncias

As mônadas não atuam sobre o exterior nem padecem do exterior pela ação de outras mônadas. Desse modo, em Leibniz, encontra-se também o problema, que vinha sendo caracterizado pelo racionalismo, da relação entre as mônadas e o da relação entre alma e corpo.

A resposta leibniziana é famosa. Ele postula uma harmonia preestabelecida, ou seja: Deus estabeleceu, desde a origem, a harmonia ou perfeita correspondência entre as representações de todas as mônadas, entre o corpo e a alma, como "relógios perfeitamente em compasso", que marcham absolutamente uníssonos, sem interferência ou ação de nenhum deles sobre os demais. O perfeito relojoeiro universal, que é a divindade, potência infinita acompanhada de absoluta sabedoria e perfeita bondade, fez, somente com um decreto, com que a representação de todas as mônadas estivesse perfeitamente ajustada em seu conteúdo e no desenvolvimento dele, de maneira que todas participassem de um mesmo mundo e de uma mesma sequência de acontecimentos.

Relação de Deus com o Mundo

Leibniz também pretendeu elaborar uma teoria da relação de Deus com o mundo sem a noção espinosana da necessidade absoluta. Para isso, retomou a distinção tradicional entre intelecto e vontade divina.

Deus é intelecto, razão perfeita e absoluta, porém sem que exista uma diferença de ordem entre a razão humana e a divina, pois ambas conhecem o mesmo conjunto de verdades, embora a razão divina seja muito mais capaz de conhecimento do que a humana. Desse modo, Leibniz escapou da tese cartesiana da criação das verdades eternas e da noção de um Deus-fundamento-da-racionalidade, para conceber Deus como a razão perfeita ou suprema.

Para ele, a vontade divina é livre para escolher entre as alternativas que o intelecto lhe apresenta, além de infinitamente potente e sumamente boa. Disso, segue-se que: as verdades necessárias para a razão humana são imprescindíveis; o mundo existe com a ordem e os seres existentes em virtude de uma livre decisão da vontade divina. Logo, o mundo é contingente e consta de seres e ações contingentes.

Melhor dos Mundos

O racionalismo leibniziano contempla a livre vontade de Deus, mas não sua irracionalidade. A vontade escolhe livremente, porém racionalmente, ou seja, escolhe o que a razão define como melhor ou ótimo.

Assim sendo, e dado que os mundos não são iguais, não existem duas coisas iguais no universo real nem nos possíveis universos calculados pela calculadora perfeita, que é a razão divina. O melhor dos mundos possíveis é este, que resulta da escolha de Deus. Diversos estudiosos rejeitaram essa ideia devido a erradicação do livre-arbítrio, mas ficou o debate sobre os critérios da identidade pessoal, onde Leibniz definia que nem toda propriedade é essencial para a identidade, então quais propriedades seriam?

26 – Isaac Newton

Isaac Newton fecha com chave de ouro a Revolução Científica iniciada com Copérnico. Foi o autor do paradigma, ou núcleo teórico, que conduziu a pesquisa científica até o começo do século XX.

Contribuições

Isaac Newton (1643-1727) nasceu na cidade inglesa de Wolsthorpe, Lincolnshire. A grande contribuição de Newton no campo da matemática foi o esboço da teoria do cálculo infinitesimal, que ele denominou "cálculo de fluxos", no qual coincidiu com Leibniz. No campo da mecânica, recompilou as descobertas de Galileu em *Princípios Matemáticos de Filosofia Natural* (1687) e enunciou suas três famosas leis do movimento. Delas, conseguiu deduzir a força gravitacional entre a Terra e a Lua. Além disso, teve a grande intuição de generalizar essa lei a todos os corpos do universo, transformando a equação na Lei da Gravitação Universal, predizendo todos os movimentos dos planetas, das marés, da Lua e dos cometas.

Foi o responsável por importantes descobertas em óptica, área em que conseguiu demonstrar que a luz branca é formada por um leque de cores (vermelho, laranja, amarelo, verde, azul e violeta) fazendo com que a luz passasse através de um prisma. Esses experimentos levaram-no a formular sua teoria geral sobre a luz, que, segundo ele, está composta por corpúsculos e propaga-se em linha reta. Posteriormente, trabalhou no aperfeiçoamento do telescópio.

Síntese Científica

É comum caracterizar a obra de Isaac Newton como uma síntese das diferentes linhas de ruptura abertas na explicação dos fenômenos naturais: física sublunar matemática galileana, física celeste kepleriana, atomismo de Gassendi e mecanicismo cartesiano. Isso é verdadeiro, desde que essa síntese não seja entendida como um simples ecletismo carente de gênio próprio e desde que se tenha presente o papel de concepções filosóficas como o platonismo que Newton conheceu em Cambridge. Também devem ser levadas em conta as concepções teológicas, as quais contribuíram decisivamente para forjar a dinâmica universal newtoniana, segundo o esquema que superava o mecanicismo da época.

A síntese newtoniana, pela formulação conceitual básica e pelo desenvolvimento matemático, é uma obra genial, uma unificação teórica de desenvolvimento dispersos em uma única disciplina científica: a mecânica.

Gravitação Universal

A síntese newtoniana explica a queda dos corpos, descrita matematicamente por Galileu em uma lei precisa, mas que deixava aberta a questão da causa. Explica, igualmente, as leis keplerianas do movimento planetário, que abordavam o problema da ação dinâmica do Sol em relação à distância, como manifestações de uma mesma força centrípeta, constante, de atração, que faz a pedra cair sobre a Terra e os planetas girarem ao redor do Sol, desviando-os de seus percursos inerciais retilíneos e causando mudanças de velocidade em função da distância.

Essa força, segundo Newton, é universal, a manifestação mais evidente da homogeneidade da natureza. Por conta dela, todas as massas do universo estão em interação constante e atraem-se reciprocamente com uma força diretamente proporcional ao produto delas e inversamente proporcional ao quadrado de sua distância. O resultado mais importante de Newton era conseguir, mediante a formulação matemática do exercício dessa força na lei da atração universal, dar uma explicação unitária, quantitativamente precisa e de acordo com os dados da observação de muitos fenômenos, da queda dos corpos e das órbitas planetárias às marés (efeito da ação combinada do Sol e da Lua sobre a massa oceânica) e às órbitas dos cometas.

Matéria, Espaço e Movimento

Para Isaac Newton, há, em princípio, três elementos:
- A **matéria**, concebida como um número infinito de partículas ou átomos dotados de dureza, resistência e impenetrabilidade, e agrupados em compostos de uma determinada massa, redutíveis, em seu estudo, a um ponto geométrico.

- O **espaço** e o **tempo**, que é vazio, infinito, imóvel e homogêneo. Em relação a ele a soma total da matéria é uma parte infinitesimal.
- O **movimento**, independente da natureza ou do ser das partículas, pois se limita a transportá-las no espaço absoluto, de acordo com as três leis fundamentais enunciadas por ele.

Essas três leis fundamentais são as seguintes:
- Todo corpo permanece em seu estado de repouso ou movimento uniforme e retilíneo, a não ser que seja obrigado a mudar seu estado por forças impressas a ele.
- A mudança de movimento é proporcional à força motriz impressa ao corpo e ocorre segundo a linha reta pela qual essa força é impressa.
- A toda ação sempre há uma reação igual e contrária, ou seja, as ações que dois corpos imprimem um ao outro são sempre iguais e ocorrem em direções opostas.

Legado

Os métodos newtonianos eram empíricos e indutivos em vez de racionalista e dedutivo como pregava Descartes, embora Newton bebeu do pensamento cartesiano. A visão de que o universo era regido por princípios mecânicos governados por leis influenciaria filósofos como John Locke e Immanuel Kant.

Locke explicaria o mundo com a mesma coerência da mecânica newtoniana, uma teoria causal da percepção e uma distinção entre qualidades primárias e secundárias dos objetos. Já Kant reconhecia que tudo no mundo tinha que se conformar com os princípios de Newton, mas que era imposta pela psicologia mental, concebendo o tempo e espaço como absolutos, algo que só viria a ser contestado com o advento da Teoria da Relatividade de Albert Einstein.

27 – Reflexão da Revolução Científica

Depois dos modelos cosmológicos da modernidade, vários outros foram montados. Os grandes nomes desses modelos e da reflexão são Albert Einstein, Max Planck, Karl Popper e Thomas Kuhn, durante o século XX.

Teoria de Tudo

Albert Einstein (1879-1955) com suas duas teorias da relatividade – restrita e geral –, mudou o modo de o ser humano entender o mundo. Suas descobertas no campo da física derrubaram a maior parte das teses de Newton, dominantes até o início do século XX, e deram origem a uma nova ciência para o estudo do universo: a cosmologia.

Outra descoberta, também no começo do século XX, transformou a compreensão que até então se tinha do mundo. O físico Max Planck (1858-1947) concluiu que a matéria era composta de partículas extremamente pequenas, de comportamento imprevisível – os quanta (plural de quantum, termo latino que, na física quântica, pode ser traduzido como "partícula"), abrindo um novo campo de pesquisas e provocando a perplexidade de muita gente.

Físicos e cosmólogos vêm tentando, sem sucesso, unir as teorias quântica e da relatividade. A busca da Teoria do Tudo, porém, continua. E tem ensejado teses inovadoras, como a Teoria das Cordas ou Supercordas (segundo a qual o universo não seria composto por partículas e sim por objetos extensos unidimensionais, semelhantes a cordas) e a do multiverso (propõe que o cosmo seja composto de múltiplos universos).

Há muito esses modelos, baseados em fórmulas matemáticas, levam os filósofos da ciência a questionar se não passam simplesmente de fórmulas, sem possibilidade de existência no mundo real, ou se podem, efetivamente, descrever a realidade física do universo. O fato de observações e experimentos comprovarem as previsões das teorias mais importantes pesa a favor das fórmulas como instrumentos que possibilitam, ao homem, o conhecimento do universo. Nem todos, porém, se convencem disso. Assim, o debate a respeito do que é possível conhecer sobre a realidade, e se é mesmo possível conhecê-la, continua em aberto.

Racionalismo Crítico

Para Karl Popper (1902-1994), um dos mais importantes filósofos da ciência, uma teoria científica só é digna desse nome se puder ser logicamente refutada. Isto é, procura-se provar a falsidade, não a verdade, de seus enunciados. Se os resultados científicos de uma dada teoria resistirem aos testes que os colocam à prova, será possível afirmar que ela tem um grau mais alto de verossimilhança do que suas rivais.

Popper também faz a crítica ao que chamou de "observatismo": a ideia positivista de que as induções baseadas em observações podem levar a um conhecimento seguro. As observações, argumenta ele, são feitas por homens que, como os demais, têm conteúdo que guiam suas ações e conclusões. Uma observação está sempre condicionada a teorias, modelos e questões postas pelo observador.

Assim, segundo Popper, o conhecimento é possível, com uma ressalva: ele também é provisório. Avança constantemente e, ao fazê-lo, levanta problemas que questionam teorias anteriores.

Thomas Kuhn

Thomas Kuhn (1922-1996) interpreta a Revolução Científica do século XVI conforme o marco teórico de sua famosa obra *A Estrutura das Revoluções Científicas*, escrito ainda na época de sua graduação em Harvard. Para entender o processo evolutivo da ciência, segundo ele, deve-se tomar como base o paradigma, conjunto de conhecimentos aceitos e partilhados por uma comunidade científica. Para Kuhn, a história da ciência mostra que todas as disciplinas passam por duas fases fundamentais: um período de "ciência normal" e outro de crise, que abre espaço para aquilo que ele chama de "revolução científica".

Durante a fase da ciência normal, há a vigência de um paradigma e a pesquisa fundamenta-se em informações científicas do passado, as quais aparecem em livros didáticos, que servem "para definir problemas e métodos legítimos de um campo de pesquisa". Como exemplos, ele propõe, entre outros, a *Física* de Aristóteles, o *Almagesto* de Ptolomeu e os *Princípios* de Newton.

Depois de um período de crise, no qual são acumulados resultados incompatíveis com o paradigma existente, ocorre o que ele denomina de "revolução". É nesse ponto que emerge um novo paradigma, que deve cumprir duas exigências: resolver problemas importantes que não foram explicados pelo paradigma anterior; garantir a capacidade de resolver problemas que caracterizava o paradigma anterior.

Antes do século XVI, durante o período da ciência normal, o paradigma aceito era a cosmologia ptolomaica e a física de Aristóteles, unidas a uma cosmovisão baseada na teologia cristã. A revolução produzida por Copérnico e seus seguidores pressupôs não só a substituição do paradigma geocêntrico pelo heliocêntrico, mas também "uma transformação do conceito de universo que o homem tinha até aquele momento e de sua relação consigo mesmo", que Kuhn denomina de mudança na visão do mundo (alteração de Gestalt).

Esse processo não é cumulativo; propõe, fundamentalmente, uma ruptura global com a cosmovisão anterior. O paradigma abandonado e o novo não são comparáveis ou, nas palavras de Kuhn, são "incomensuráveis" – é impossível estabelecer relações e comparações entre ambos. Como exemplos, ele propõe as cosmologias ptolomaica e copernicana. No paradigma heliocêntrico, explicações baseadas nos epiciclos ou excêntricas não tiveram mais lugar. A aceitação da nova cosmologia supôs a destruição total da doutrina aristotélico-ptolomaica. Kuhn pensa que a evolução das ideias, da mesma forma que a evolução dos organismos, não haverá razão para acreditar que as ideias estejam evoluindo em direção a alguma verdade última, mas sim pensar que os organismos estejam evoluindo em direção a algum ser último.

28 – Empirismo

O século XVII foi tipicamente racionalista, principalmente em relação à questão das ideias inatas, o século XVIII teve o empirismo como forma alternativa à forma racionalista de conhecimento. A filosofia empírica, isto é, a filosofia da experiência entendia que o conhecimento humano era primeiramente vazio de saber, como um papel limpo.

Origem

O empirismo inglês, iniciado por John Locke, começou com uma forte polêmica contra aspectos centrais do racionalismo: a existência de ideias inatas, a descoberta da verdade a priori ou à margem da experiência. A razão tem seu papel na formação do conhecimento, mas de uma forma secundária frente aos sentidos. Fez também a crítica à metafísica. Entretanto, não se deve contrapor o empirismo ao racionalismo, como se o primeiro fosse uma filosofia contrária à razão. No empirismo inglês desenvolve-se, com base na razão, um programa de determinação de suas capacidades, seus limites e seu campo de atuação, com o propósito de assegurar o conhecimento.

Preocupados em determinar um critério que garantisse a validade do conhecimento, os empiristas tomaram como modelo o método utilizado nas ciências experimentais e construíram teorias do conhecimento baseadas na experiência. Em relação à ética, rejeitaram a existência inata dos princípios morais e afirmaram que eles têm origem na reflexão sobre os dados captados pelos sentidos.

Contribuições de Locke

O inglês John Locke (1632-1704), nascido em Bristol e formado em Oxford, militou no Partido Liberal e sua oposição ao absolutismo obrigou-o a exilar-se na França e nos Países Baixos. Voltou à Inglaterra em 1689, ao triunfar Guilherme de Orange na Revolução Gloriosa. Amigo de Isaac Newton, construiu uma moral caracterizada pela tolerância e desenvolveu ideias políticas em cujo centro encontra-se o indivíduo, outorgando ao Estado unicamente a função de servi-lo e zelar por seu bem-estar, afirmando que todo homem

possui três direitos naturais e inalienáveis: vida, liberdade e propriedade.,
Seu pensamento político estabeleceu as bases do liberalismo moderno. Entre suas obras mais relevantes encontram-se *Cartas sobre a Tolerância* (1689), *Ensaio sobre o Entendimento Humano* (1690), *Tratado sobre o Governo Civil* (1690) e *Pensamento sobre a Educação* (1693).

Ensaio sobre o Entendimento Humano

A obra mais importante de John Locke é *Ensaio sobre o Entendimento Humano*. O autor, no primeiro livro, tratava de mostrar a inexistência de princípios inatos na mente humana, tanto na ordem teórica (verdades) como na prática (leis morais). Para ele, nem sequer a ideia de Deus era inata, rejeitando a filosofia racionalista.

Locke dava uma explicação diferente da racionalista para a origem do conhecimento humano: este era resultado da elaboração mental da experiência dos sentidos. Para ele, a mente vem vazia ao mundo, desprovida de conhecimento, como uma tábula rasa, sendo está a base do empirismo.

A aquisição do conhecimento se dá por meio da experiência, que se converte na origem e no fundamento do saber. A experiência pode ser externa e interna e informa, do mundo, aquilo que ele causa diretamente em nós.

As ideias causadas de imediato no ser humano, vindas do mundo exterior ou da reflexão, são as ideias simples, que Locke distingue entre primárias e secundárias. As últimas são subjetivas, ou seja, afecções produzidas em nós pelas qualidades primárias dos objetos, produto imediato da estimulação sensorial. Com as ideias simples, a mente elabora ideias complexas.

Entre as ideias de Locke também estão as qualidades, também divididas em primárias e secundárias. As qualidades primárias são como as ideias primárias (elas existem), aquelas produzidas pelos sentidos, enquanto as secundárias são geradas através da interpretação da mente das qualidades primárias, ou seja, existem apenas na mente dos observadores.

George Berkeley

O filósofo e bispo irlandês George Berkeley (1685-1783) usava sua teoria do idealismo como forma de provar que tanto o materialismo

de Newton e de Locke estavam errados. Para Berkeley o "ser é ser percebido" (*Esse est percipi*).
Berkeley percebeu uma falha na teoria de Locke chamada de Véu da Percepção. Segundo Locke, ao vermos algo pela experiência criamos a ideia na mente do observador. Berkeley chamaria essa percepção do objeto de construto da mente, que isso não é real, mas apenas sua ideia seria. Portanto o empirismo não prova os objetos, mas apenas seus constructos, suas ideias. Berkeley concluiria que se todas as nossas percepções do mundo são geradas dentro da mente, então não temos meios de dizer se, de fato, a realidade se parece com nossas ideias ou não.
Então para Berkeley a ideia de substância material é uma conjectura insustentável. Daí Locke vir com a diferenciação entre as qualidades primárias e secundárias, mas Berkeley as derrubaria alegando que se a ideia não existe, não importa se a qualidade é primária é secundária, daí sua frase "ser é ser percebido".
Mas como Berkeley responderia a existência de algo se não houvesse ninguém para percebê-la? Como bispo de formação, a resposta do filósofo é Deus, pois todas as nossas ideias são produzidas por Deus para nós.

Montesquieu

Charles-Louis de Secondat, o Barão de Montesquieu (1689-1755), é uma figura central na filosofia política por influenciar profundamente a construção do contrato social e das modernas democracias liberais. Nascido numa família nobre, recebeu sólida educação em direito e, após a morte do pai, foi criado por seu tio, de quem herdou o título de Barão e a presidência do Parlamento de Bordeaux. Como chefe do Parlamento, realizou diversas viagens pela Europa, especialmente pela Inglaterra, que foi fundamental para o desenvolvimento de suas ideias políticas.
Na sua obra *O Espírito das Leis*, Montesquieu argumenta que para evitar a tirania e garantir a liberdade, o poder do governo deve ser dividido em três ramos independentes: executivo, legislativo e judiciário. Cada ramo teria funções distintas e mecanismos de controle e equilíbrio para evitar abusos de qualquer um dos poderes.
Também explorou a ideia de que as leis e as instituições de um país devem ser adaptadas às suas características geográficas, climáticas e culturas. Ele acreditava que o clima e outros fatores ambientais influenciam o caráter e os costumes das sociedades, e que isso deve ser considerado na criação das leis e políticas públicas.

Em relação a liberdade política, o Barão argumentava que a liberdade não é a ausência de restrições, mas sim a segurança de poder fazer o que a lei permite. Para ele, a verdadeira liberdade só poderia ser alcançada em um estado onde o poder é distribuído e regulamentado para proteger os direitos individuais.

Portanto, Montesquieu era um crítico ferrenho do absolutismo monárquico que dominava a França na época. Para ele, o absolutismo era uma forma de governo opressivo e perigoso, que concentrava poder demais nas mãos de uma única pessoa, intensificando os problemas políticos. Sua defesa da separação dos poderes e a necessidade do equilíbrio entre as partes era a resposta direta aos abusos da monarquia absolutista.

Contribuições de Hume

O escocês David Hume (1711-1776) é um dos principais representantes do empirismo, corrente que sustenta que a única fonte de conhecimento é a experiência sensível. Nascido em Edimburgo, graduou-se em direito na Universidade local. Viveu na França entre os anos de 1734 e 1736. Candidatou-se a uma cadeira de filosofia na Universidade de Edimburgo, mas foi acusado de ateísmo e não conseguiu o posto. Tornou-se bibliotecário e, em 1763, retornou à França, trabalhando como secretário da embaixada e conheceu Rousseau. Retornou para Edimburgo em 1769, onde viria a falecer.

Para Hume, a mente é composta por impressões dos sentidos e ideias, ambas derivadas da experiência. Noções como substância, transcendência ou eu não são, segundo ele, mais do que representações criadas pela imaginação a partir de dados procedentes do mundo empírico, mas sem relação com ele. Hume está para Descartes assim como Aristóteles esteve para Platão.

Hume ocupou-se também de problemas morais, políticos e econômicos. Entre seus livros merecem ser citados o *Tratado da Natureza Humana* (1739-1740), *Investigação sobre o Entendimento Humano* (1748) e *Investigação sobre os Princípios da Moral* (1751).

Percepções

O conteúdo da mente é composto de percepções, derivadas da sensação (percepção imediata do mundo exterior, obtida por meio dos sentidos) e da reflexão ("sensação interna" ou sentimento). As percepções dividem-se em duas categorias, dependendo do grau de força (ou vivacidade) com que são recebidas pela mente ou "copiadas" nela: impressões e ideias.

As mais fortes ou vivazes são as impressões, "quando ouvimos, vemos, sentimos, amamos, odiamos, desejamos ou queremos", diz Hume em *Investigação sobre o Entendimento Humano*. Já as ideias ou pensamentos, cópias das impressões, são "menos fortes ou vivazes".

Princípio da Associação

O conhecimento surge como resultado da associação de ideias, que transformam as ideias simples em complexas. Há três tipos de associação: semelhança, contiguidade e causalidade (causa e efeito). Quando se vê o retrato de um amigo ausente, por exemplo, pensa-se no amigo, porque, por semelhança, o retrato remeteu à ideia do amigo. Já quando se pensa no ouro, vem à mente a ideia de amarelo, que lhe é contígua. Quando se fala num ferimento, surge a ideia da dor porque entre eles há uma relação de causa e efeito.

Causa e efeito, para Hume, não têm o mesmo estatuto que lhes é dado pela filosofia tradicional. Como, no empirismo, tudo se baseia na observação, o princípio de causalidade também vem dela. Isso significa que se chega à conclusão de que uma determinada causa leva a um determinado efeito pela experiência que se tem em observar esse acontecimento.

O hábito de observar que o Sol nasce todos os dias, por exemplo, leva a crer que ele também nascerá amanhã. O hábito de observar que se sente calor ao estar perto do fogo leva a crer que isso sempre ocorrerá. Se sabemos que o fogo é a causa do calor, isso só ocorre devido à experiência, através da qual percebemos tal fato. Não se trata de um conhecimento inato relacionar o fogo como a causa do efeito calor. Mas a experiência não nos revela que o fogo é causa do calor, mas sim que há fogo, portanto há calor. Não se trata, portanto, de observar um efeito e afirmar que ele é provocado por uma causa. No empirismo de Hume, quando não se pode provar a ligação entre uma coisa e outra, acredita-se, pelo hábito da observação, pelo costume, que uma e outra aconteçam simultaneamente.

Limite do Conhecimento

Se o conteúdo da mente provém da experiência, a razão tem um limite: aquele que é dado pela própria existência. O "poder criador da mente", assim, se reduz à capacidade de "combinar, transpor, aumentar ou diminuir os materiais fornecidos pelos sentidos e pela experiência", evidenciando o ceticismo de Hume ao afirmar que as leis científicas são simples generalizações do raciocínio indutivo.

Quando se pensa numa montanha de ouro, por exemplo, apenas se está combinando dois elementos já conhecidos. Isso ocorre com qualquer pensamento, qualquer ideia, mesmo, como assinala Hume, as mais "complexas e sublimes", como a ideia de Deus – do qual, segundo ele, não se pode provar a existência.

Para Hume, Deus é "causa última", isto é, a causa das causas mais gerais. E a causa última não pode ser provada pela experiência. Pode-se apenas pensá-la a priori – e, como todo a priori, a ideia de Deus é arbitrária. E de ideias arbitrárias ocupa-se a metafísica, não a filosofia.

29 – Iluminismo

A luz, símbolo da razão, norteou o Iluminismo, que marcou o século XVIII. O movimento difundiu-se sob um princípio comum, compartilhado por todos os grandes pensadores europeus: o abandono da ordem baseada em Deus e a instauração da ordem baseada no homem.

Contexto

A Ilustração, Filosofia das Luzes, Esclarecimento ou Iluminismo foi um movimento cultural, filosófico e político que reuniu a grande maioria dos pensadores europeus em torno de um objetivo comum: apoiar-se na razão para combater o obscurantismo que dominava a filosofia, a religião, a moral e a política. Opondo-se à intervenção da Igreja, os intelectuais inauguraram uma fase em que o saber se desvinculou das coisas divinas para sustentar-se apenas na capacidade humana.

Esse movimento, que se expandiu e se fortaleceu no século XVIII, teve início no século XVII. As filosofias de Descartes e Espinosa, a política contratualista de Hobbes, a ciência nascente com Nicolau de Cusa, Francis Bacon, Giordano Bruno, Galileu, Leibniz e Newton já haviam rompido com as ideias medievais, afastando a filosofia da teologia. Mas as perseguições da Inquisição e as disputas políticas por trás das guerras de religião (como a Guerra dos Trinta Anos) impuseram limites à discussão e à divulgação do pensamento da modernidade.

A Paz de Vestfália (1648), que pôs fim à Guerra dos Trinta Anos e reconheceu a soberania dos Estados envolvidos, consagrando a noção de Estado Moderno, foi decisiva para que uma nova geração de pensadores surgisse, criticando abertamente as Igrejas, consideradas obscurantistas, e propondo uma nova maneira de filosofar. O modelo que privilegiava a formulação logicamente impecável dos argumentos filosóficos, e que levava à elaboração de sistemas conceituais fechados, deu lugar a um modo mais descontraído e literário de expressar ideias. Filosofia e literatura passaram a confundir-se e a complementar uma à outra.

Influências

A ciência de Newton e o empirismo dos ingleses John Locke e David Hume, no final do século XVII, foram decisivos para a crítica ao racionalismo. Os três haviam mostrado que a filosofia era fruto das operações da mente humana, elaborando a partir das impressões mais simples, complexos sistemas de ideias.

Essas duas grandes construções, uma científica e outra filosófica, receberam aceitação suficiente em toda a Europa para convencer os novos pensadores de que aquele era o caminho para conhecer o mundo. Nessas duas façanhas, o homem do século XVIII encontrou o ponto de apoio para elaborar uma nova filosofia.

Embora o movimento iluminista tenha dominado praticamente todo o cenário europeu, foi na França que ganhou o maior número de adeptos. Jovens, inovadores, alguns irreverentes, eles se autodenominavam les philosophes – do francês, os filósofos. Formavam a "República das Letras", na qual não havia a divisão em estados característica da sociedade francesa da época. Compartilhavam a ideia de que as religiões e seus dogmas entrevavam a humanidade, mantendo-a na ignorância. Muitos eram ateus. Outros, deístas. Mas praticamente nenhum aceitava o deus predominante, o judaico-cristão. Críticos, não poupavam ninguém que, segundo eles, merecesse censura. Essa atitude lhes valeu perseguições, prisões, exílio, proibição de circulação de obras e queima de livros.

Na Alemanha, na época um aglomerado de Estados, a Ilustração (Aufklärung) teve características diferentes, com o racionalismo de Christian Wolff e as preocupações estéticas de Alexander Gottlieb Baumgarten e Gotthold Ephraim Lessing. Mas foi com Immanuel Kant que a crítica à razão ganhou amplitude e sistematização. Estendendo-se ao século XIX, a filosofia alemã deu ao mundo pensadores do porte de Georg Wilhelm Friedrich Hegel, Karl Marx e Friedrich Wilhelm Nietzsche, que, com Kant, fazem a passagem do Iluminismo ao pensamento contemporâneo.

Cafés e Salões

Uma característica do Iluminismo francês foram as animadas reuniões noturnas em cafés e salões parisienses, onde se liam textos literários e filosóficos e onde se discutiam as novas ideias. Esse costume deu ao Iluminismo um alcance que outros momentos da história da filosofia não tiveram. No lugar de discussões acadêmicas em salas de aula e mosteiros, ou de debates entre grupos pequenos e seletos, passaram a acontecer debates públicos em locais que a parte letrada da população podia frequentar.

Entre esses frequentadores estavam as mulheres, com participação ativa na vida cultural. Proprietárias e frequentadoras de cafés e salões desde o século XVI, no XVIII elas ganharam destaque como escritoras, poetas, pensadoras, artistas e intelectuais. Reivindicavam direitos, formavam clubes femininos, escreviam livros e panfletos, além de publicarem jornais. E, já no final do século, foram às ruas e à Assembleia defender a Revolução Francesa – que depois lhe negaria direitos civis, proibiria o funcionamento de seus clubes e lhes reservaria penas de prisão, internação, tortura e morte.

Escola Fisiocrática

A fisiocracia foi uma das primeiras escolas de pensamento econômico e François Quesnay (1694-1774) é considerado seu fundador. Os fisiocratas acreditavam que a riqueza das nações derivava exclusivamente do valor da "terra agrícola" e que a agricultura era a única fonte produtiva de riqueza. Esta visão contrastava com a mercantilista, que focava na acumulação de metais preciosos como a principal fonte de riqueza.

Quesnay se destacou na área médica, publicando importantes obras sobre cirurgia e medicina, sendo nomeado médico pessoal da esposa de Luís XV, o que lhe conferiu prestígio e acesso à corte real. Apesar da carreira médica, Quesnay é mais conhecido na área econômica. Seu *Quadro Econômico* (1758) é considerado um dos primeiros modelos econômicos formais e descreve o fluxo de bens e dinheiro em uma economia. Usado para ilustrar a circulação de renda entre três classes sociais: os proprietários de terra, os agricultores (classe produtiva) e os artesãos e comerciantes (classe estéril), sendo um precursor das modernas teorias de fluxo circular e renda nacional.

Quesnay liderava a corrente fisiocrática da existência da "ordem natural", que governaria a economia. Segundo essa visão, a prosperidade econômica seria alcançada ao permitir que as forças naturais do mercado operassem sem interferência, defendendo a política de laissez-faire, argumentando que a intervenção governamental deveria ser mínima e que a economia funcionaria melhor se deixada para se autorregular.

Os fisiocratas também advogavam por um sistema de impostos simplificado, no qual todos os impostos seriam substituídos por um único imposto sobre a terra. Eles acreditavam que, como a terra era a fonte de toda a riqueza, era justo que a tributação se concentrasse nela. Esse imposto único seria mais eficiente e justo, promovendo a produtividade agrícola e a prosperidade econômica.

Thomas Reid

Filósofo escocês, Thomas Reid (1710-1796) foi um ferrenho crítico de David Hume, produzindo duas obras: *Investigação Sobre a Mente Humana* (1764) e *Ensaios Sobre os Poderes Intelectuais do Homem* (1785), concluindo que o ceticismo de seu conterrâneo era inevitável, mas inaceitável. Reid rejeitava a ideia de que a mente é intermediária entre o sujeito e o mundo, adotando uma filosofia de retomada ao senso comum.
Talvez sua maior contribuição não seja seus trabalhos filosóficos, permeados de religiosidade, mas as críticas aos critérios de identidade propostos pelos iluministas que contrariava os princípios da transitividade da identidade. Em resumo, essa ideia afirmar que se A = B e B = C, conclui-se que A = C. A contradição contrariava principalmente os conceitos de identidade de John Locke, devendo ser rejeitada.

Edmund Burke

Edmund Burke (1729-1797) foi um estadista, escritor, orador e filósofo irlandês, conhecido por suas contribuições à filosofia política e sua defesa do conservadorismo. Mudou-se da Irlanda para Londres para estudar direito, Burke logo se voltou para a política e a escrito, sendo eleito para o Parlamento britânico em 1765.
Considerado pai do conservadorismo moderno, Burke acreditava na importância das instituições sociais e das tradições, argumentando que a mudança deve ser gradual e respeitar o legado do passado. Para ele, a sociedade é um contrato entre "os vivos, os mortos e os que ainda não nasceram", e cada geração tem a responsabilidade de preservar as conquistas e o patrimônio cultural para as futuras gerações.
Uma de suas obras mais influentes é *Reflexões sobre a Revolução na França* (1790), na qual Burke criticou veementemente o movimento, argumentando que a revolução destruiria as instituições e tentaria criar uma sociedade totalmente nova baseada em princípios abstratos, levando ao caos e à tirania. Burke defendia a estabilidade política e a ordem social dependia do respeito às tradições.
Cético em relação ao racionalismo abstrato dos filósofos iluministas, que acreditavam na capacidade da razão humana para remodelar

completamente a sociedade, ele argumentava que a sociedade é complexa e que as instituições evoluíram ao longo do tempo para refletir a sabedoria coletiva de gerações. A tentativa de reformar radicalmente a sociedade, sem levar em conta essa complexidade e sabedoria, era, para ele, perigosa e imprudente.

Apesar do conservadorismo, ele também defendia a liberdade individual e os direitos de propriedade. Burke acreditava que a liberdade deve ser equilibrada pela ordem e que os direitos de propriedade são fundamentais para a estabilidade e a prosperidade econômica. A propriedade era vista como uma base essencial para a liberdade, argumentando que ela dá aos indivíduos um interesse pessoal na preservação da ordem social e política.

Burke também enfatizava a importância da empatia e da moralidade na política. Ele acreditava que os líderes políticos deveriam ser guiados por princípios morais e uma compreensão empática das necessidades e preocupações do povo. Para Burke, a política não era apenas uma questão de poderes e interesses, mas também de responsabilidade moral e serviço público.

Adam Smith

Outro filósofo escocês, Adam Smith (1723-1790) foi contemporâneo de Hume e próximo ao pensamento político e econômico do mesmo. Seu pensamento ético e lógico veio a ser publicado na obra *Teoria dos Sentimentos Morais*, mas ficou famoso por sua obra de economia política, *A Riqueza das Nações*, uma das principais obras do pensamento político econômico.

Em *A Riqueza das Nações*, Smith defende a propriedade privada, a economia de livre mercado e a doutrina das consequências não intencionadas de ação intencional. A ideia por trás dessa doutrina afirma que se os mais afortunados servirem seus próprios interesses, se forem justos, há benefício da sociedade como um todo. Smith defendia que o burguês justo beneficia ao fornecer emprego, facilitando a distribuição de mercadorias e o empoderamento econômico da sociedade.

30 – Voltaire

Considerada uma figura irreverente, Voltaire passou três anos exilados na Inglaterra. Foi uma fase decisiva: encantado com o estilo de vida da ilha, Voltaire escreveu *Cartas Inglesas*, obra que inaugurou o Iluminismo francês.

Contribuições

Nascido François Marie Arouet, mais conhecido como Voltaire (1694-1778), foi educado pelos jesuítas, começando sua carreira escrevendo peças de teatro, contrariando os desejos de sua família. Esteve preso na Bastilha por conta dos textos que elaborou contra a realeza e por sua posição antirreligiosa e é neste momento que adota o nome Voltaire. De 1726 a 1729 permaneceu exilado na Inglaterra, onde conheceu a filosofia inglesa e a obra de Isaac Newton e John Locke, que influenciaria seu pensamento. Depois da publicação das *Cartas Inglesas* (1734), fugiu de Paris.

Entre suas obras destacam-se *Henríada* (1728), *Maomé, ou o Fanatismo* (1741), *O Século de Luís XIV* (1751), *Cândido, ou o Otimista* (1759), *Tratado sobre a Tolerância* (1763) e *Dicionário Filosófico* (1764). A obra de Voltaire é uma amostra genuína do pensamento ilustrado. Confiou na razão humana como portadora do progresso, defendeu o deísmo e aplicou a sátira e a crítica contra o sectarismo, a tirania, a superstição, o fanatismo e as discriminações religiosas. Seu pensamento contribuiu para o advento da Revolução Francesa.

Contra a Tradição

O pai o queria advogado, mas Voltaire nunca considerou a possibilidade de atender ao desejo paterno. Ambicioso, ele pretendia fazer fama como escritor. Ainda menino, levado pelo padrinho, começou a frequentar os círculos literários franceses – e o salão de uma famosa cortesã. Desde cedo conviveu com epicuristas que tinham na liberdade e no prazer sua palavra de ordem.

Aos 21 anos compôs sua primeira peça, *Édipo*, mas antes disso já escrevia poemas. Dado a sátiras e anedotas contra a realeza e a nobreza, conheceu, por isso, a prisão na Bastilha e um exílio de três anos na Inglaterra. Lá, a tolerância religiosa, a igualdade política entre nobreza e burguesia e a convivência com intelectuais foram decisivas para sua formação.

É dessa época a correspondência em que Voltaire defende o empirismo de John Locke e a física de Isaac Newton. Publicada na França em 1734 sob o nome de *Cartas Inglesas* ou *Cartas Filosóficas*, a obra foi queimada por "desrespeitar as autoridades", "pregar a libertinagem" e por "ser contrária à religião e aos bons costumes".

Cartas Inglesas

As *Cartas Inglesas* significaram o final do cartesianismo na França e da teoria cartesiana dos vórtices, artificialmente mantida pela Academia Real de Paris. Contribuíram, ao mesmo tempo, para a vitória da física de Newton e da filosofia de Locke.

Interessado no estilo de vida da sociedade inglesa, segundo ele, muito mais avançado do que o da francesa, Voltaire lançava aos franceses o desafio de colocar-se à altura do que considerava a "modernidade" da Inglaterra. O livro começava com uma exposição sobre a forma de vida das comunidades americanas da Pensilvânia, uma das colônias mais avançadas. As sete primeiras cartas dedicavam-se à religião anglicana. As três seguintes analisavam o Parlamento, o governo e o comércio inglês. Em seguida, Voltaire examinava as ideias de Bacon, Locke e Newton, além da cultura literária: a tragédia, os críticos e as academias.

O objetivo de Voltaire nas *Cartas Inglesas* era mostrar a necessidade de inserir, na França, a liberdade religiosa, o prestígio do comércio, a liberdade econômica e o reconhecimento das profissões. Voltaire pregava também a instituição de um governo parlamentar que limitasse o arbítrio do rei e que fixasse uma política sensata de impostos, aprovada por uma Câmara dos Comuns ou Parlamento. Essa política, segundo ele, não devia impor tributos à população produtiva para enriquecer a corte, mas para aumentar o nível de vida dos franceses. A ciência e o conhecimento da verdade, por sua vez, não podiam ser utilizados como meros instrumentos do progresso político. Eles representavam a base de um espírito livre e tolerante que devia se estender por toda a sociedade.

Para levar adiante essa nova forma de organizar a vida social, era necessário que as energias intelectuais não se perdessem nas velhas disputas teológicas, nem na filosofia especulativa, nem na metafísica.

Ceticismo

Longe de ser uma doutrina sistemática, o ceticismo voltairiano é muito mais uma postura de vida. Para ele, o conhecimento metafísico é impossível. Voltaire confessa desconhecer tudo: as questões da metafísica, a afirmação da superioridade da ciência experimental sobre a geometria, o modelo sistemático racionalista.

Para ele, as questões importantes, sobre as quais vale a pena se debruçar, dizem respeito à felicidade do homem em sociedade. Sua ética era social. Por isso, sempre lutou pela justiça, capaz de garantir a liberdade de pensamento e a tolerância. Combateu as superstições, o fanatismo, as ambições políticas e a hipocrisia, causas da infelicidade humana. Ideias como essas, avançadas para a França absolutista de sua época, acabaram dando o norte ao Iluminismo no país e influenciaram a Revolução Francesa.

31 – Denis Diderot

Interessado em todas as ciências e artes, Denis Diderot concebeu, junto com D'Alembert, a *Enciclopédia*. O objetivo era resumir o saber obtido pelos europeus ao longo de séculos de conhecimento, como impulso em derrubar os entraves da superstição.

Contribuições

Nascido na cidade francesa de Langres, filho de um cuteleiro e educado por jesuítas em Paris, Denis Diderot (1713-1784) aceitou um pedido do editor André Le Breton que traduzisse uma enciclopédia inglesa, mas o que aconteceu foi que juntamente com D'Alembert, reescreve a obra, nascendo a *Enciclopédia*, para a qual redigiu, aproximadamente, mil verbetes. Figura-chave do Iluminismo, sua obra filosófica enquadra-se no naturalismo e no empirismo. Assim como Voltaire, seus escritos passaram por censura e passou três meses encarcerado. Entre seus textos, destacam-se os ensaios *Pensamentos Filosóficos* (1746) e *O Passeio do Cético* (1747); entre suas novelas, todas publicadas postumamente, *A Religiosa* (1796), *Jacques, o Fatalista* (1796) e *O Sobrinho de Rameau* (1821).

Retorno a Bacon

Diderot encontrou em Francis Bacon o inspirador da filosofia de que sua época precisava. Por isso, no mesmo ano em que aparecia o terceiro volume da *Enciclopédia*, ele editava seu importante ensaio *Da Interpretação da Natureza*, dirigido contra René Descartes e, parcialmente, contra Jean D'Alembert. Ali, começava dizendo que o mundo da matemática podia ser muito rigoroso, muito exato, muito preciso, mas que, com toda sua precisão e exatidão, não servia para as coisas que aconteciam na Terra.

A matemática, para ele, era como uma espécie de "metafísica geral". Fala de um mundo de abstrações que nada tem a ver com o mundo real. Espécie de jogo, não levava em conta os indivíduos reais – que somente podem ser conhecidos pela experiência que se tem deles. Por isso, Diderot presumia que, em menos de cem anos, não restariam geômetras na Europa. O futuro era dos filósofos experimentais, não dos filósofos racionalistas, que pretendiam deduzir tudo de seus próprios axiomas abstratos. Essa era a grande revolução que Diderot desejava impulsionar na ciência.

A filosofia experimental, insistia ele, era o verdadeiro campo do progresso inacabado, que reclamava o infinito afã do conhecimento humano. Não somente porque, ao recolher a experiência diretamente dos indivíduos, era um campo infinito em si; também era o mais útil, uma vez que somente o concreto pode ser útil. Além disso, a natureza aspira sempre a esgotar-se na produção das possíveis variações de um protótipo ou de um modelo antes de abandoná-lo; conhecer essas variações é a única maneira de conhecer o modelo. Assim, o concreto é sempre anterior ao abstrato – interessante notar que este valor anteciparia a Teoria Evolucionista de Darwin no campo biológico e a psicanálise freudiana no campo da Psicologia.

Enciclopédia

Em 1751 apareceu a primeira edição do primeiro volume da *Enciclopédia*. Era a expressão da segurança que se tinha, na época, de que a humanidade produzira saber suficiente para ser organizado, distribuído em massa e usado em toda a Europa. Com essa iniciativa, a velha república dos homens de letras, os conservadores círculos intelectuais aspiravam a converter-se em guias da renovação e do progresso social. Era a colheita daquilo que vinha sendo produzido desde o Renascimento.

Os editores da obra, Denis Diderot e Jean Le Rond D'Alembert, não se propuseram unicamente a transmitir em livros o saber de outros livros. Ao contrário, nas páginas da *Enciclopédia*, além de todos os verbetes importantes para a cultura, a ciência e as artes, foram publicadas referências a todas as máquinas feitas pelo homem, todas as invenções, as técnicas e os artefatos.

Os sete primeiros volumes continham os verbetes, elaborados pelos nomes mais importantes das letras e das ciências, cada qual explicando o atual estado de uma disciplina ou de uma temática. O restante era dedicado a gravuras e desenhos de tudo aquilo que fosse útil para promover atividades econômicas e produtivas.

Democratização da Filosofia e da Ciência

Diderot considerava que a filosofia experimental, sempre concentrada na observação e na experimentação das coisas concretas, era o verdadeiro campo para uma ciência democrática. Primeiro, porque não precisava do longo aprendizado matemático da filosofia racionalista, nem do domínio de sistemas conceituais complexos. Portanto, estava ao alcance de todos. Segundo, porque em todo homem existia a curiosidade de trabalhar o concreto, de não perder de vista o que acontece em sua área de atuação, sem abandonar-se a especulações. Do acordo permanente entre o homem e as coisas concretas podia emergir o desconhecido.

O enciclopedista acreditava, principalmente, no acaso – não na previsão racional organizada – como fonte de conhecimento. Enquanto a filosofia tradicionalista esforçava-se por evitar o erro, Diderot não o temia. Dizia que, se fosse um erro concreto, sempre levaria a alguma experiência valiosa. E pensava que o acaso surgia mais nesse encontro entre duas realidades individuais, o homem e a coisa, do que no encontro com a realidade por meio de uma teoria.

No ensaio para democratizar a filosofia, Diderot não procurava torná-la popular, e sim fortalecer um modo de atuar que fizesse o povo ficar próximo à filosofia. Era necessário desenvolver o espírito aberto, curioso, inquieto, valente, capaz de aceitar a desordem relativa, que não se refugia na tradição por covardia de enfrentar o novo. Se a desordem que uma nova experiência produzisse fosse limitada, podiam ser alteradas as circunstâncias, para torná-la uma desordem produtora de saber. De certa maneira, o investigador tinha de imitar a natureza: produzir mudanças e alterações experimentais para conhecer a forma de proceder da natureza nas suas próprias mudanças e metamorfoses.

Diderot cobrava o que ele chamava de "mundo fluido", no qual não se desperdiçassem energias para manter o que já estava gasto. Esse princípio, que ele aplicava ao mundo físico e material, tinha também aplicação no mundo político e social. Diderot soube prever, como ninguém, que a França e a Europa viviam às vésperas de uma enorme agitação, com resultado incerto.

32 – Jean-Jacques Rousseau

Na contramão de seus parceiros do Iluminismo francês, Rousseau colocou em dúvida a hipótese de que as ciências e as artes liberariam o ser humano da opressão e da infelicidade.

Contribuições

Nascido em Genebra, na Suíça, o autodidata Jean-Jacques Rousseau (1712-1778) cultivou diferentes áreas do saber. Sua mãe morreu durante o parto e seu pai, um fabricante de relógios, demonstrou pouco interesse pelo filho, abandonando-o em Gênova quando foi exilado em Lyon quando o jovem Rousseau tinha 14 anos. Sob os cuidados de Madame Warens aprendeu a ler e escrever e conseguiu um emprego como secretário do embaixador francês em Veneza. Em 1742 chegou a Paris, onde frequentou o ambiente dos enciclopedistas escrevendo sobre música, com os quais mais tarde rompeu. Opunha-se à ideia ilustrada do progresso, pois concebia que residem na cultura e na civilização todos os males que afetam o homem, o qual, sendo bom por natureza, viu-se conduzido a um estado de corrupção. Diante do pensamento iluminista, que atribuía a conquista da felicidade à razão, Rousseau manteve que a felicidade somente pode ser alcançada atendo-se aos próprios sentimentos, que permitem recuperar a harmonia e a justiça perdidas, pensamento este que o faria romper com quase todos que conhecia, desde os enciclopedistas, católicos e até sua amante, Madame Warens. Terminaria seus dias sozinhos, pobre e desesperado, provavelmente cometendo suicídio.

Na política, afirmou que a sociedade civil é um corpo único nascido de um pacto social e defendeu, sem restrições, a soberania popular. De sua vasta produção, cabe destacar as entradas sobre música na *Enciclopédia*, *Discurso sobre as Ciências e as Artes* (1750), *Discurso sobre a Origem e os Fundamentos da Desigualdade entre os Homens* (1755), *Emílio* (1762) e *Do Contrato Social* (1762). Suas incursões pela literatura produziram obras como *Devaneios de um Caminhante Solitário* (1782) e *As Confissões* (1782-1789), publicadas postumamente.

Exaltação ao Sentimento

Para entender o pensamento de Rousseau é preciso levar em conta dois fatores fundamentais: sua profunda ascendência calvinista e sua formação como leitor do autor grego Plutarco. O calvinismo o conduziu a considerar as ciências e as artes meros exercícios da mesma curiosidade que levou o homem a sair do Paraíso. Nesse sentido, elas são obra da debilidade humana, do orgulho, da vontade de destacar-se, de fazer-se igual a Deus. Os vícios humanos são os verdadeiros motores das ciências: a ambição e a mentira geraram a eloquência do orador; a avareza do comerciante produziu a aritmética; a superstição produziu a astronomia.

Rousseau falava como um moralista, numa linguagem que, no fundo, era uma reprodução do discurso religioso que, em outros tempos, colocara Martinho Lutero contra a ciência e a razão. Para essa velha tradição, a ignorância era o estado que a sabedoria divina tinha previsto para o homem. Porém, se as ciências e as artes eram frutos da vaidade e do orgulho, com que tipo de coisa os homens preencheriam suas vidas?

Neste ponto vê-se a influência da leitura rousseauniana dos autores da Antiguidade, segundo mostrado por Plutarco em *Vidas Paralelas*. Rousseau tinha como modelos os grandes homens de Esparta, da Pérsia, da Antiga Roma, os forjadores de Estados, rudes, primitivos, simples, patriotas, virtuosos, austeros e ascetas, criadores de uma ordem política que mantinham com rigor. Esses homens odiavam o luxo, a vaidade, o engano e o fingimento. Na idealização de Rousseau, eles eram generosos ao sacrificar-se pela humanidade, ao defender a liberdade de sua pátria, ao derramar seu sangue em combate, ao honrar os deuses da pólis. Era assim que o filósofo genebrino imaginava que os homens devessem preencher suas vidas. Para Rousseau, a vida entregue às artes e às ciências é apenas uma falsa liberdade, que os poderosos concedem aos homens para que eles não sintam o que realmente são: "escravos de uma ordem política despótica".

Origem do Estado

Segundo Rousseau, os homens em estado de natureza eram bons, livres e felizes, até que a instituição da propriedade privada, ao qual o filósofo sempre foi contra, introduziu a servidão, daí decorrendo a insegurança da vida em comum. Essa insegurança foi crescendo na medida em que aumentavam as diferenças entre os homens. Uns

queriam defender o que tinham com a força, outros queriam tomar o que precisavam também com violência. Dessa maneira, viviam em luta.
Essas lutas eram aproveitadas por comunidades estrangeiras para dominar ambas as partes. A fim de pacificar as lutas internas, e para defender-se dos estrangeiros, os homens precisam fazer um pacto, o contrato social, baseando-se na vontade geral, isto é, nos interesses que têm em comum. O pacto legitima o poder do povo soberano, que perde sua liberdade natural, mas ganha a liberdade civil.
Desse modo nasce o Estado, uma entidade moral soberana.

Soberanos Diferentes

Tanto Hobbes como Rousseau são filósofos contratualista, isto é, instituem a figura do contrato social como solução para os conflitos e a violência que, para ambos, de diferentes maneiras, grassam entre os homens no estado de natureza. E o que é o estado de natureza? É aquele sob o qual os seres humanos viveriam antes de organizar-se em sociedades políticas, em Estados.
O contrato hobbesiano prevê que os homens renunciem a todos os seus direitos e vontades para entregá-los a um poder comum, ao qual Hobbes dá o nome de "soberano" – o Estado. Dotado de um poder absoluto, a ele cabe garantir, por todos os meios, a convivência pacífica dos súditos, que lhe devem obediência total.
Já Rousseau, ao instituir a figura da vontade geral, cria um soberano diferente daquele imaginado por Hobbes. O soberano de Rousseau deve assegurar o exercício da vontade geral, ou seja, dos interesses comuns da sociedade. O corpo político, desse modo, rege-se pela vontade comum. Se não for assim, diz Rousseau em *Do Contrato Social*, "se o povo promete simplesmente obedecer, dissolve-se por esse ato, perde sua qualidade de povo – desde que há um senhor, não há mais soberano e (...) destrói-se o corpo político".

Do Contrato Social

Em *Do Contrato Social*, Rousseau explica que um Estado justo deve ser fundado com um contrato social. Mediante esse contrato, os homens associam-se livremente e formulam uma lei à qual se submetem de modo tal que, em vez de entregar sua liberdade e sua igualdade, entregam a si mesmos. Com essa tese, Rousseau abriu espaço para questões importantes, ainda discutidas na política contemporânea.

Se uma sociedade formula uma lei e tem o dever de obedecê-la, não estaria tirando a própria liberdade? Não seria esse um paradoxo do contrato social? A resposta seria positiva se Rousseau não tivesse distinguido duas formas de liberdade. Uma delas é a liberdade natural, aquela de que se desfrutava antes do contrato social e que não tem outra regra senão a ambição, a vontade e o interesse de cada um; a outra é a liberdade civil, aquela que se obtém ao fundar-se o Estado, por meio do contrato social, e que tem como regra a vontade geral.

Mas suponha-se, por exemplo, que um dos contratantes não siga as leis que ele formulou com os demais. Essa pessoa teria o direito de agir conforme suas próprias normas, em nome da liberdade natural? Não. Para Rousseau, a liberdade civil – que é de todos – está acima das vontades particulares. Por isso, o corpo político pode obrigar o indivíduo a atuar conforme prometeu.

Rousseau diz que a vontade geral obriga o cidadão a cumprir a lei. Chama de liberdade moral essa disposição de obedecer voluntariamente a legislação. Essa liberdade baseia-se na convicção de que seguir a vontade geral expressa no contrato é melhor do que seguir a inclinação, o interesse ou a vontade individual.

Rousseau era radical: mediante o contrato social, cada um alienava seus direitos à comunidade. Dessa maneira, segundo ele, as desigualdades entre os homens dissolviam-se: todos os seus bens passavam para o Estado. Naturalmente, o Estado devolvia aos homens uma propriedade já legitimada pelo reconhecimento da vontade geral.

Há uma ambiguidade aí, porque se o homem, no contrato, coloca sua propriedade nas mãos do Estado, e recebe dele a mesma propriedade, o que muda com o contrato? Com isso, os homens desiguais também não serão iguais depois do contrato. E, se uns recebem menos, e outros mais, como se realizará a redistribuição das propriedades, para que haja igualdade entre todos?

Rousseau afirmava que "o Estado é dono de todos os bens em virtude do contrato social". Mas, por outro lado, também dizia que o homem, depois de dar seus bens ao Estado, recebe deles esses mesmos bens, legitimados. Assim, longe de despojar os indivíduos de seus bens particulares, o Estado parecia assegurar-lhes o direito de posse, considerado legítimo pela vontade geral. E se uma pessoa recebesse menos do que possuía antes do contrato? Seria correto? Para Rousseau, a resposta era sim, porque o direito de cada um estava subordinado ao direito da comunidade.

Marat

Jean-Paul Marat (1743-1793) foi um médico, cientista e jornalista político nascido numa família relativamente humilde, tendo uma educação inicial básica. Estudou em diversos lugares da Europa, tendo passado um período significativo na Inglaterra, e depois se formou em medicina na Escócia.

Teve carreira notável como cientista, publicando diversos trabalhos sobre física, óptica e eletricidade, além de ser reconhecido por suas pesquisas médicas. No entanto, suas contribuições científicas muitas vezes foram ofuscadas por suas atividades políticas.

Com o início da Revolução Francesa, Marat fundou o jornal *O Amigo do Povo*, através do qual expressava suas opiniões radicais e defendia os direitos dos pobres e oprimidos. Suas publicações eram inflamadas e muitas vezes atacavam ferozmente os membros da aristocracia. Defensor ardente dos sans-culottes, apoiava a violência revolucionária em várias ocasiões.

Defensor da igualdade social e econômica, ele acreditava que a Revolução deveria beneficiar os mais pobres e não apenas substituir uma elite por outra. Em suas publicações, constantemente advogava por reformas radicais que redistribuíssem a riqueza e eliminassem privilégios aristocráticos afirmando que os ricos e poderosos deveriam ser responsabilizados por seus abusos e que o povo tinha o direito de se rebelar contra a opressão. A violência era vista como um meio necessário para alcançar a justiça em uma sociedade profundamente desigual.

Marat foi assassinado por Charlotte Corday, uma jovem girondina que acreditava que sua morte traria paz à França. Ela o apunhalou enquanto ele estava em sua banheira, onde costumava passar longos períodos devido a uma condição de pele que o afligia. Sua morte o transformou em um mártir para os jacobinos, e sua imagem foi amplamente venerada por seus seguidores.

Babeuf

François-Noël Babeuf (1760-1797), conhecido como Gracchus Babeuf, foi um ativista político e uma das figuras centrais na fase final da Revolução Francesa. Foi precursor do socialismo moderno e do comunismo devido às suas ideias radicalmente igualitárias.

Filho de um ex-soldado que lutou na Guerra de Sucessão Austríaca e de uma família de agricultores, Babeuf foi exposto desde cedo às dificuldades econômicas e sociais da classe trabalhadora francesa do século XVIII. Com o início da Revolução, Babeuf viu uma oportunidade de lugar contra as desigualdades sociais, envolvendo-se ativamente no movimento revolucionário e publicando panfletos e artigos criticando a aristocracia. Em 1790, publicou *O Tribuno do Povo*, onde expressava suas ideias igualitárias.

Babeuf acreditava que a igualdade econômica era essencial para a verdadeira liberdade e justiça. Citado como um dos primeiros pensadores comunistas, ele defendia a extinção da propriedade privada e a implementação de um sistema de propriedade comum dos meios de produção. Isso permitiria uma distribuição justa dos bens e recursos entre todos os membros da sociedade. Para isso acontecer, a ideia de que a revolução deve ser contínua até que a igualdade plena seja alcançada.

Após a queda de Robespierre e o fim do Terror, Babeuf acreditava que a Revolução estava traindo seus princípios fundamentais. Em 1796, organizou a Conspiração dos Iguais, um movimento que visava instaurar uma sociedade de completa igualdade econômica e social. Seus seguidores planejavam derrubar o Diretório e substituir o governo por um regime que nacionalizasse a propriedade e distribuísse igualmente os recursos. Com a descoberta da conspiração, Babeuf e seus seguidores foram presos e condenados à morte. Ele foi executado pela guilhotina em 1797.

33 – Iluminismo Alemão

O Iluminismo alemão foi mais fragmentado e disperso do que o francês, e para isso há uma explicação simples: na época, a Alemanha não existia como Estado unificado. Era composto de pequenos territórios autônomos.

Tradição Alemã

A Alemanha não era um Estado unitário, tal como é conhecido hoje, mas um grupo de pequenos territórios independentes, unidos pelo vínculo formal do Sacro Império Romano-Germânico.

Desde a Reforma Luterana, a liberdade de consciência e de estudo era considerada um dos direitos inalienáveis do cristão. Os pequenos Estados, mais ou menos envolvidos na defesa dessa fé, sentiram a necessidade de fundar universidades que disputavam entre si fama e notoriedade. Esse fato deu à cultura universitária uma vida da qual os centros universitários franceses não desfrutavam, entregues ao poder da Igreja Católica, e por isso, mais fechados à liberdade de pensar, de investigar e de publicar.

Os grandes autores alemães escreviam tratados e manuais, organizados por teses, que outros professores comentavam. Em pouco tempo, o maior desses talentos sistemáticos, Christian Wolff (1679-1754) – para quem o conhecimento empírico era inferior ao teórico –, abasteceu toda a Alemanha de manuais. Como Wolff era o mais notável discípulo de Leibniz, suas obras dominaram a universidade e difundiram as palavras de seu mestre. Depois dele, foram publicadas obras eruditas de todo tipo, tanto em alemão quanto em latim. A preocupação dos autores, porém, não era intervir na direção dos assuntos públicos, como queria a intelectualidade francesa.

Iluminismo em Berlim

Em Berlim, capital do reino da Prússia, o monarca Frederico II decidiu abrir caminho entre os homens de letras. Amigo de Voltaire e de outros intelectuais franceses, fundou em Berlim uma Academia de Ciências, a exemplo daquela que havia em Paris. Convidou o matemático e astrônomo francês Pierre Louis Maupertuis (1698-

1759) para dirigi-la. Ali, eram analisadas, entre outras, questões de matemática, física, economia, geografia e arquitetura.
Como a Prússia estava disposta a converter-se em um grande reino, concedeu liberdade de movimento aos judeus, que prontamente ocuparam postos de prestígio nas finanças e na medicina. Famílias judias abriram salões literários, nos quais se liam obras de filosofia, ao mesmo tempo em que se tocava excelente música. Ali cresceu o grupo dos Berlinenses, com Nicolai e Mendelssohn, e a filosofia de Leibniz ganhou novas interpretações; ali se discutia estética e arte.

Criação da Estética

Foi na obra *Meditações Filósoficas sobre a Questão da Obra Poética* (1735) que Alexander Gottlieb Baumgarten (1714-1762) criou a palavra "estética" (Aesthetica, derivado do grego aistesis, que significa "sensação"), referindo-se ao que chamou de "ciência do conhecimento sensível": a experiência que leva à apreensão sensorial do belo, proporcionada pelas obras de arte. Esse conhecimento, para ele, compreende um grau de perfeição (a beleza) e, por isso, é análogo à razão e pode, como tal, levar à verdade.
Se Baumgartem dedicou-se ao conhecimento proporcionado pela arte, Johann Joachim Winckelmann (1717-1768) preferiu centrar suas reflexões na arte propriamente dita. Para ele, a arte reflete a história dos povos e das épocas. Por isso, mesmo tendo sua própria história, compartilha-a com a da civilização que se manifesta por meio dela. Isso o levou a propor que a história, ao contrário do que pensavam os iluministas, tinha começo, desenvolvimento, ápice, decadência e fim, exatamente como ocorrera com a civilização grega antiga. O belo na arte, para ele, só surge quando a história de um povo está no apogeu.

Gotthold Ephraim Lessing

Gotthold Ephraim Lessing (1729-1781), considerado um dos maiores destaques do Iluminismo Alemão, também se voltou para a estética. Humanista, diretor do Teatro Nacional de Hamburgo e da Biblioteca de Wolfenbüttel, escreveu poesia, teatro, fábulas, crítica literária, ensaio, teologia e filosofia.
Rejeitou a tradição, que, baseada no poeta latino Horácio, considerava que a pintura e a poesia tinham uma única natureza. Lessing afirmou as diferenças entre ambas. Argumentou que a poesia, por ser composta de sons, ritmo e sucessão de palavras,

descreve movimentos no tempo, ao passo que a pintura representa objetos apreendidos simultaneamente. Sua obra *Laocoonte* (1766-1768), estudo comparativo das diferentes artes, especialmente da pintura e da escultura em contraposição à poesia, constitui um dos elementos fundamentais que abriram caminho ao romantismo.

Lessing também se interessou pela filosofia e pela teologia. Para ele, razão e revelação não são incompatíveis, desde que consideradas expressões da verdade em épocas diferentes da história humana. O século XVIII seria a fase da razão, em que o homem procuraria a verdade nele mesmo. E não importava que a busca jamais tivesse fim; o importante eram as ideias que ela promovia, e que deviam ser divulgadas com liberdade, sem interferência das autoridades.

34 – Immanuel Kant

Não há consenso se Immanuel Kant é o último dos iluministas ou o primeiro entre os idealistas. Nele, destacam-se a forma rigorosa e analítica de fazer filosofia e a capacidade de refletir sobre os vários campos da vida humana. Kant pensava que o maior direito da humanidade consistia em ser racional e em viver na verdade. Portanto, defender um bom conceito de razão era defender o direito básico da humanidade.

Contribuições

Immanuel Kant (1724-1804) passou a vida na cidade natal, Königsberg, uma cidade da Prússia Oriental, atual Alemanha, lugar que nunca abandonou, apesar das propostas que lhe fizeram ao longo de sua carreira. Em 1770, conseguiu o cargo de professor de lógica e metafísica na universidade de Königsberg e, ali, elaborou sua obra, uma das mais importantes na história do pensamento. Viveu solteiro e tornou-se reitor local. Sua reflexão toma como ponto de partida o racionalismo de Leibniz e Wolff, o empirismo de Hume, os questionamentos dos iluministas franceses, a física e a matemática de Newton.

Na primeira de suas grandes obras, *Crítica da Razão Pura* (1781), estabelece as condições do conhecimento científico. A partir de uma crítica da razão, analisa o procedimento racional e marca os limites que a razão, por sua própria natureza, não pode ultrapassar. Sua concepção de ética aparece em *Fundamentação da Metafísica dos Costumes* (1785) e na *Crítica da Razão Prática* (1788). Nessas obras a razão já não é considerada de um ponto de vista teórico, e sim vista em seu uso prático. É aqui que Kant estabelece o imperativo categórico como princípio da moralidade. Em *A Crítica do Juízo* (1790), ele produz a síntese dos dois usos, teórico e prático, da razão, unificação que acontece no juízo estético.

O idealismo transcendental de Kant tornou-se ponto de inflexão na história da filosofia, também chamado de criticismo, pretendendo superar a discussão entre racionalistas e empiristas, redefinindo os limites entre fé e razão, ao colocar a razão no centro de suas análises, partindo do pressuposto de que era necessário perceber o que ela é, o que ela pode ou não conhecer, quais são os seus limites,

quais são as suas relações com a experiência, e assim por diante; toda investigação posterior, no âmbito do pensamento, assumiu esse legado.
Entre os principais textos do filósofo, além dos já citados, encontram-se *Sonhos de um Visionário* (1766), *Dissertação* (1770) e *Religião nos Limites da Simples Razão* (1793).

Kant e o Iluminismo

Em 1784, Kant escreveu um pequeno texto que se chamava *O que é a Ilustração?*. Ao responder a essa pergunta, afirmou que o movimento representava a saída do homem da menoridade intelectual. Para ele, era necessário lutar pela emancipação do ser humano.

Isso significava parar de acreditar que um grande homem ou uma grande ação poderia dar liberdade aos demais e colocá-los no caminho da felicidade. Se a humanidade estava em uma situação tão lamentável, se as diferenças na riqueza, na cultura e na felicidade eram tão grandes, era necessário retirar os obstáculos externos – as leis injustas, as instituições autoritárias – que impediam os homens de serem melhores.

Mas isso não seria suficiente. Era necessário que cada ser humano tomasse consciência de que também devia atuar para conseguir sua própria liberdade e sua própria felicidade. Se somente uns mandavam e os demais obedeciam, se somente uns sabiam e os demais eram ignorantes, se somente uns atuavam e os demais se mantinham passivos, a responsabilidade era de ambos. Aqueles que se mantinham na menoridade, como crianças precisando continuamente de tutela, de mandatos, de ajuda, também eram responsáveis pela própria situação.

Inspiração de Rousseau

Existe uma lenda sobre Kant que mostra seu vínculo com os problemas da fase mais tardia e crítica do Iluminismo. Em 1762, dois grandes livros de Rousseau, *Do Contrato Social* e *Emílio*, chegaram até o alemão. Antes disso, todos os dias, o professor da universidade, filho de humildes artesãos, realizava o mesmo passeio pela cidade, pelas mesmas ruas e no mesmo horário. Era tal sua pontualidade que, conta-se, os vizinhos ajustavam seus relógios quando Kant passava.

Mas, no dia em que os livros de Rousseau chegaram a sua casa, Kant não fez seu habitual passeio. Os vizinhos surpreenderam-se, temendo pelo que teria acontecido ao professor. Dois dias depois, porém, tudo voltou ao normal. Kant passara esses dois dias lendo Rousseau. Até aquele momento, o filósofo afirmava que era somente um investigador da natureza. Depois de ler Rousseau, entretanto, soube que tinha algo mais importante a que dedicar seu estudo: a defesa dos direitos da humanidade.

Vida Racional

Os obstáculos externos à liberdade deveriam ser retirados. Porém, de que serviria retirá-los se as pessoas continuassem tendo necessidade de que lhes fosse dito o que fazer? E se continuassem nessa atitude passiva, como iriam ser retirados esses obstáculos externos, essas instituições feudais, injustas, desiguais? Kant propôs que cada um fizesse tais perguntas a si mesmo. Assim, pela reflexão racional, cada pessoa atingiria a maioridade, alcançando a verdadeira liberdade: construir sua própria vida, seu próprio projeto, cada um dependendo, fundamentalmente, de si.

Por isso, o Iluminismo não é, para Kant, mero conhecimento, mera luta contra os preconceitos, contra a velha teologia. É muito mais uma atitude prática, uma ordem, um mandato que cada qual se dá. Não é uma investigação que alguém faz e depois comunica aos demais, que se limitam a recebê-la. É algo que todos devem fazer. Atreve-te a saber (Sapere Aude), diz Kant. Não este ou aquele saber, mas saber o que significa ser homem, isto é, assumir a responsabilidade pela própria vida.

Busca da Razão Universal

Em *Crítica da Razão Pura*, Kant questionou o modo como a razão vinha sendo considerada. Apontou seus limites e mostrou que, não importa o que os homens pensem, devem comunicar suas ideias aos demais, com a finalidade de colocá-las à prova e de expô-las à crítica, a fim de que elas sejam aperfeiçoadas. Nenhum indivíduo pode ter certeza de que seu pensamento é racional e correto sem apresentá-lo aos outros. Tampouco pode afirmar seu direito a algo, ou a uma ação, se os demais afirmam o contrário.

Nada mais plural e diverso do que as opiniões dos homens. A história da filosofia é um exemplo disso: cada filósofo ocupou-se em rebater os argumentos dos antecessores, elaborando seu próprio sistema e afirmando suas próprias verdades. Diante dessa diversidade, Kant decidiu propor uma nova maneira de encarar a razão. Antes de conceituá-la, era preciso definir em que campos ela poderia intervir. Se a razão é um direito do homem, se é capaz de guiá-lo para torná-lo livre, então deve dizer ao homem quem ele é, encontrando aquilo que é comum a todos.

Interesses Essenciais da Razão

Em muitas questões a razão não devia ser tão estrita. Porém, nos aspectos essenciais da vida humana, a razão tinha, sim, de intervir. Kant chamou esses aspetos de "interesses essenciais da razão". Eles se resumem a três perguntas: O que posso conhecer? O que devo fazer? O que posso esperar? Kant afirmou, depois, que essas três perguntas se resumiam a uma: O que é o homem?

Em relação aos direitos da humanidade, as três perguntas dos interesses essenciais da razão teriam como respostas, para Kant, que todo homem tem direito de conhecer seu dever, e, ao cumpri-lo, esperar a felicidade resultante de suas ações. Em outras palavras: à medida que conhece seu dever e age de acordo com ele, o homem tem direito a esperar a felicidade.

Quando alguém faz a si mesmo as indagações está, no fundo, perguntando o que faz com a própria vida. Kant chamou de Sabedoria a razão que responde a essas perguntas.

Imperativo Categórico

O imperativo, para Kant, é uma regra prática a ser seguida por aqueles cuja vontade não é inteiramente dominada pela razão. Funciona, assim, como referência a ser seguida quando a razão, nublada pela vontade, é incapaz de tomar decisões racionais a partir da questão "quais seriam as precondições necessárias para se ter qualquer experiência?". Kant retomaria Copérnico ao citar que a mente adquiria o conhecimento a partir da experiência por meio das Categorias (substância, causa/efeito, reciprocidade, necessidade, possibilidade, existência, totalidade, unidade, pluralidade, limitação, realidade e negação).

Kant dividiu os imperativos em dois tipos: hipotéticos ou condicionais e categóricos ou absolutos. No primeiro caso, os fins pretendidos condicionam os mandamentos da razão e a ação que daí resulta. No segundo caso, não há finalidade alguma condicionando os mandamentos da razão; a ação que resulta desses mandamentos é

um bem em si. Em outras palavras, age-se porque a ação é boa, não porque é boa para atingir determinado fim.
E como avaliar se a ação é mesmo boa? Kant criou cinco formulações ao longo de sua obra, embora fale, textualmente, de três. A formulação fundamental, espécie de eixo a ligar todas as outras, é: "Age somente de acordo com a máxima que possas querer que se torne lei universal". Isso significa que toda ação deve ser pautada por uma conduta que não cause prejuízos nem àquele que age, nem aos demais.
Para deixar ainda mais claro que o imperativo categórico se refere tanto ao sujeito da ação como a todos os outros seres humanos, Kant criou o que especialistas chamam de "fórmula do fim em si mesmo": "Age de tal modo que uses a humanidade, tanto em tua própria pessoa como na pessoa do outro, sempre como um fim, nunca como um meio". O homem, então, jamais pode ser utilizado como meio para a consecução de algum objetivo. Ele é o objetivo, o fim último de toda ação.

A Priori e a Posteriori

Kant pretendia superar o impasse entre racionalismo e empirismo, segundo os quais a ênfase do conhecimento era posta, pelos filósofos anteriores, ou na razão ou na experiência. Até Kant, a filosofia definia, de modo geral, o conhecimento a priori como aquele que partia das causas para os efeitos, e o conhecimento a posteriori como aquele que ia dos efeitos às causas.
Kant rompe com esses conceitos, mas mantém que essas são as duas formas de que o homem dispõe para conhecer a natureza. Para ele, não há conhecimento que prescinda das formas a priori (que são independentes da experiência, mas condição dela) e a posteriori, que derivam da experiência.
O conhecimento a posteriori é aquele construído com base nos dados fornecidos pela experiência sensível. Já o conhecimento a priori puro é aquele que independe "absolutamente" da experiência, "ao qual nada de empírico está mesclado". Eles são universais e necessários. Por exemplo, o tempo e espaço são formas a priori, isto é, intuições puras, que pertencem à estrutura do sujeito e são, portanto, anteriores à sensação.
O tempo e espaço fundam a geometria e a matemática, que, por isso mesmo, têm valor universal e necessário: quando se diz que "a linha reta é a menor distância entre dois pontos", está-se referindo não a uma linha, mas a todas elas (universalidade); além disso, afirma-se

que a linha reta é sempre a menor distância entre dois pontos (necessidade). Do mesmo modo, a causalidade (entre outros conceitos puros, como as categorias de substância, existência etc.) é condição da experiência e não deriva dela.

O que se Pode Conhecer?

Na sua crítica a razão, Kant demonstra que o conhecimento decorre do que percebemos dos objetos pela experiência, mas também das formas da própria faculdade de conhecer. Em decorrência, ele garante a possibilidade do conhecimento científico, restrito aos fenômenos da natureza, descartando que se possa atingir as realidades da metafísica, tais como a existência de Deus, a imortalidade da alma, a infinitude do universo.
Indo na contramão de Descartes, que afirmava a existência de Deus por meio da razão, Kant professa, portanto, um agnosticismo, ou seja, reconhece a incapacidade humana de conhecer as questões transcendentais. Para ele, "todas as tentativas de um uso meramente especulativo da razão na teologia são totalmente infecundas e, pela sua natureza íntima, nulas e vãs", justamente porque daqueles entes não temos nenhuma experiência possível.
No entanto, se as questões da liberdade da vontade, da imortalidade da alma e da existência de Deus "não nos são absolutamente necessários para o saber, e se nos são, não obstante, insistentemente recomendadas pela nossa razão, a sua importância tem que dizer propriamente respeito só ao prático". Ou seja, ao uso prático da razão pertencem as leis morais.

Razão Prática

Para Kant, a razão não tem simplesmente uma dimensão teórica – aquela que procura o conhecimento –, mas tem também uma dimensão prática, a da ação, da vida moral. A razão teórica pura permite o conhecimento da natureza (campo da ciência), ao passo que a razão prática pura permite o conhecimento da sociedade, que é determinada pela vontade e pela liberdade dos seres humanos (campo moral).
No mundo social o homem obedece ao desejo e à busca da felicidade, ambos ligados à satisfação e ao bem-estar material. A única moral coerente, nesse contexto, seria aquela baseada no reconhecimento do prazer corporal.

Evitar esse estado é tarefa da razão – que não deseja objetos, que só deseja a si mesma. É a interveniência da razão que torna possível a vida social. A razão estabelece as regras da conduta, com base no imperativo categórico. Aceitar e seguir essa lei moral depende da livre vontade do homem – que, como ser autônomo e racional, a entenderá como necessária e universal, como um fato da razão, uma proposição a priori, uma lei da razão prática pura.

O imperativo categórico, com suas formulações, assegura que os homens sejam considerados fins em si mesmos. E garante uma base racional, universal e necessária para a elaboração do arcabouço jurídico que rege a vida social e que, para Kant, deve ter como finalidade a dignidade humana.

Direitos Humanos

Kant é considerado um dos precursores dos direitos humanos. No Iluminismo, o homem alcançou a "maioridade da razão". Assim, a partir daquele momento ele pensava por si mesmo, uma vez que o espírito iluminista implica a emancipação do homem em relação a qualquer autoridade moral e dogmática. Os princípios da ação, por isso, devem ser escolhidos com autonomia, porque a vontade, livre e sem esperar recompensa, é determinada pela razão.

A questão é: que princípio pode determinar a escolha de uma ação? Esse princípio é o imperativo categórico, segundo o qual deve-se agir de maneira tal que aquilo que se faz, em qualquer momento, possa converter-se em regra de conduta para toda a humanidade. Essa é a lei moral por excelência para Kant.

Kant define a dignidade a partir da terceira formulação do imperativo categórico: "atua de forma tal que se relacione com a humanidade, tanto em tua pessoa quanto na de qualquer outro, sempre como um fim, e nunca somente como um meio". Isso significa que os seres humanos não podem ser utilizados como instrumentos, pois são fins em si mesmos. Todo ser humano tem um valor absoluto e não pode ser relativizado, como mostra a famosa frase de Kant: "O ser humano não tem preço, tem dignidade".

Em *A Paz Perpétua*, Kant defende que os Estados devem ser regidos por uma Constituição republicana, que represente o povo e esteja baseada na divisão de poderes. A seguir, propõe a criação de uma federação internacional de Estados livres, uma sociedade de nações regida pelo direito de gentes, aquilo que Kant denomina de direito cosmopolita, cuja principal finalidade é evitar a guerra entre os Estados e garantir, dessa maneira, a paz perpétua.

35 – Direitos Humanos

Os direitos humanos é um conceito filosófico do qual fala dos direitos básicos que todos os seres humanos deveriam ter, independente da nacionalidade. São direitos civis, políticos, econômicos, sociais e culturais.

Três Gerações

A Declaração Universal dos Direitos Humanos foi aprovada em 10 de dezembro de 1948 pela Assembleia Geral das Nações Unidas. Na atualidade, fala-se de três gerações de direitos humanos.

Os direitos da primeira geração foram exigidos pelos revolucionários liberais dos séculos XVII e XVIII; são direitos civis e políticos como liberdade, a segurança, as garantias processuais, o direito ao voto e à propriedade.

Os direitos da segunda geração correspondem às exigências dos movimentos trabalhistas: direitos econômicos (proteção contra o desemprego, salário digno ou descanso), à educação e ao desfrute dos bens culturais (saúde e moradia).

Os direitos da terceira geração surgiram em função de dois fatores: por um lado, a mudança de valores da sociedade e, por outro, a nova organização racional e internacional. São o direito a viver em paz, a ter um meio ambiente não contaminado ou o direito ao desenvolvimento, entre outros. Também entram aqui os direitos das crianças, dos imigrantes e das minorias étnicas ou religiosas.

História

A Carta Magna, promulgada pelo rei inglês João Sem Terra em 1215, é considerada precursora dos direitos humanos. Nela estabeleciam-se os limites do poder diante dos súditos ("um homem livre não pode ser detido, nem encarcerado, nem colocado fora da lei") e os julgamentos justos ("não vamos colocá-lo na prisão se não for em virtude de um julgamento segundo a lei do país"). Apesar de esse documento ter significado um avanço muito positivo, durante a Idade Média continuou-se considerando a vida humana algo com muito pouco valor.

A concretização daquilo que posteriormente seria conhecido como direitos humanos ocorreu durante o Iluminismo. Montesquieu (1689-1755) definiu a liberdade como "o direito de fazer tudo que as leis nos permitem". As ideias de Montesquieu em relação a limitar o poder absoluto, estabelecendo um equilíbrio entre os poderes Legislativo, Executivo e Judiciário, tiveram influência nos Estados Unidos e na França, como se pode ver na Declaração dos Direitos do Homem e do Cidadão.

Já Rousseau (1712-1778) denunciou a injustiça e a desigualdade, afirmando que "os homens devem a justiça e a liberdade somente às leis". Evidentemente, essa definição somente é válida se a lei é a expressão da vontade geral; além disso, um governo somente é legítimo na medida em que serve o bem comum. As teorias de Rousseau também são precursoras dos direitos humanos, uma vez que focalizam a submissão dos homens à vontade geral, sob o postulado da igualdade coletiva.

A Declaração da Independência dos Estados Unidos (com grande influência da filosofia de John Locke), redigida por Thomas Jefferson em 1776, proclamou: "Sustentamos, como verdadeiras evidências, que todos os homens nascem iguais, que estão dotados pelo seu Criador de certos direitos inalienáveis, entre os quais se encontra o direito à vida, à liberdade e à busca da felicidade...".

A Declaração dos Direitos do Homem e do Cidadão seria proclamada durante a Revolução Francesa, em 1789. Nela, seriam definidos os direitos básicos do homem, considerados naturais, como a liberdade (individual, de pensamento, de imprensa e de credo), a igualdade, a segurança, o respeito à vida e à propriedade.

São eles:
- Os homens nascem iguais e livres e assim permanecem quanto a seus direitos;
- O objetivo das associações políticas é a preservação dos direitos naturais e inalienáveis do homem;
- Esses direitos são: a liberdade, a propriedade, a segurança e a resistência à opressão;
- A liberdade civil e política consiste no poder de fazer o que quer desde que não prejudique os outros;
- A lei só deve proibir as ações prejudiciais à sociedade e ninguém deve ser acusado, preso ou detido, a não ser em

casos determinados pela lei e de acordo com as formas por elas prescritas;
- Ninguém deve ser punido a não ser de acordo com a lei promulgada antes da ofensa;
- Um homem é considerado inocente até ser condenado;
- Ninguém deve ser perseguido por suas opiniões em qualquer campo, desde que sua expressão não perturbe a ordem pública estabelecida pela lei;
- Cada cidadão pode falar, escrever e publicar livremente seus pensamentos e opiniões desde que se responsabilize pelo abuso dessa liberdade, nos casos determinados pela lei.

Mary Wollstonecraft

Apontada como a primeira feminista, Mary Wollstonecraft (1759-1797) foi uma pensadora que lutou pelos direitos de igualdade da mulher perante os homens. Sua obra mais importante foi *Reivindicação dos Direitos das Mulheres* (1792), precedida pelo panfleto, *Reivindicação dos Direitos do Homem*, no qual ela argumenta que o povo inglês tinha o direito de retirar um governante hediondo, que a escravidão e o tratamento aos pobres eram imorais. Wollstonecraft via os direitos dos homens e das mulheres inextricavelmente ligados.

Mary atentou como as mulheres eram suprimidas pela educação, que enfatizava as qualidades para adular e servir aos homens em vez de realçar suas capacidades naturais como indivíduo, afirmando que o casamento era apenas "prostituição legal". Também afirma que tratar as mulheres como seres inferiores apenas as encoraja a serem dissimuladas e hipócritas, degradando sua natureza e perpetuando esse comportamento nas gerações seguintes.

A favor do sufrágio feminino, Wollstonecraft argumenta que, enquanto os homens rejeitarem os direitos da mulher, não podem conclamar aos deveres desta, seja como esposa, seja como mãe. Se não podem votar, não são dotadas de razão, portanto não são dotadas de qualquer dever perante o homem.

Claramente o trabalho de Wollstonecraft foi revolucionário, tendo chocado seus contemporâneos. Detratada não somente por ser mulher, mas também por defender a abolição da monarquia e a dissolução do poder da Igreja, sua morte precoce num parto evidencia que o feminismo teria que aguardar figuras como Harriet Taylor e Simone de Beauvoir para encontrar seu espaço na filosofia.

Thomas Paine

Filósofo político inglês, Thomas Paine (1737-1809) escreveu *Os Direitos dos Homens* (1791), sendo um dos pais fundadores dos EUA – inclusive é creditado a ele o termo "Estados Unidos da América – e atuou na Convenção Nacional Francesa durante a Revolução Francesa.

Tendo emigrado para a América no início da década de 1770, Paine tornou-se editor do Pennsylvania Magazine e publicou um ensaio a favor do fim da escravidão. Com início do processo de independência dos Estados Unidos, Paine publicou o livro *Senso Comum* (1776), argumentando contra a existência de uma classe governante, pois governo e sociedade permaneciam historicamente distintos. Com isso, a independência era justificada do ponto de vista prático e moral. Paine continuou a escrever panfletos contra a Inglaterra durante todo o processo revolucionário.

Os Direitos do Homem é seu trabalho sobre democracia e republicanismo. Paine concorda que todos os homens nascem com direitos iguais, mas que a necessidade social pode, no entanto, provocar situações em que há a violação do direito do outro. Além disso, a sociedade pode não ter os meios para proteger os direitos de que não é respeitado, daí a necessidade do Estado regido por uma Constituição republicana e democrática, onde os cidadãos têm o direito de voto para escolherem seus governantes. Paine aponta que mesmo que as monarquias francesas e inglesas tenham constituição, a falta de voto da sociedade torna seus códigos de leis imorais.

Acusado de traição pelo governo inglês, Paine refugiou-se na França e foi acolhido pelos girondinos. Inimigo de Robespierre, foi preso e por pouco não foi executado.

Seu panfleto *Justiça Agrária* (1797) procura comparar as sociedades civilizadas europeias com os índios americanos nativos, chamados de "incivilizados". Paine nota que muitos europeus vivem numa miséria maior que os nativos americanos e que essa desigualdade provém da falta de terras e propriedades, um privilégio que deveria ser taxado, uma vez que a geração de riquezas dessa posse requer o apoio da sociedade. Os rendimentos desses impostos deveriam ser investidos num sistema de bem-estar social de direito a todo cidadão.

Retornando aos EUA em 1802, Paine terminaria seu trabalho em *A Idade da Razão* (1807), onde critica tanto o ateísmo como o cristianismo em favor de um deísmo que rejeita qualquer revelação divina. Para ele, a crença em Deus é uma conclusão lógica à questão de porque tudo existe, rejeitando a ideia do deus cristão vingativo e punitivo. Infelizmente para ele os EUA são majoritariamente cristãos, o que fez com que Paine ficasse na obscuridade até sua morte.

Jeremy Bentham

Nascido em Londres, Jeremy Bentham (1748-1832) cursou direito e passou a realizar uma investigação sobre a natureza das bases do direito, da moral e da política, visando unirem num único princípio. Esse princípio deveria ser a obtenção do prazer e a ausência de dor retomando o epicurismo. Entretanto, Bentham o chamou de Princípio da Utilidade, dando início ao utilitarismo.

"A natureza colocou a humanidade sob o governo de dois mestres soberanos, dor e prazer [...]. Eles nos governam em tudo o que fazemos, em tudo o que falamos, em tudo o que pensamos: todo esforço que façamos para nos livrar de nossa sujeição servirá apenas para demonstrá-la e confirmá-la. Em outras palavras, um homem pode fingir renunciar ao seu império, mas, na realidade, continuará sujeito a ele durante todo o tempo".

As instituições devem maximizar o prazer e minimizar a dor. Para isso, Bentham criou uma prisão, o Panóptico, na qual os prisioneiros seriam visíveis pelas autoridades o tempo todo e, dessa forma, encorajados a fazer naturalmente o que deveriam fazer, ou seja, promover o bem maior para o maior número a fim de evitar a dor. A punição deve ser uma reforma para que, no curto prazo seja dolorosa para o punido e gradualmente levassem a um aumento do prazer. Bentham desenvolveu até seu cálculo da felicidade para auxiliar na verificação do preso.

Vale notar que Bentham não diferencia felicidade e prazer. Experimentar o prazer é ser feliz. Esta concepção seria criticada pelo seu sucessor, John Stuart Mill, assim como a questão matemática de calcular a dor.

36 – Pré-Romantismo

A hegemonia cultural francesa e o expansionismo do império napoleônico tiveram efeito peculiar sobre os territórios alemães. Criaram, na intelectualidade germânica, a obrigação de procurar um caminho próprio.

Contexto

Não se deve pensar que Kant dominou a filosofia alemã e europeia desde a publicação da *Crítica da Razão Pura* (1781). Ao contrário, a obra foi pouco lida e pouco entendida. Em 1781, os pensadores alemães, quase todos vinte anos mais novos do que Kant, pensavam em outras coisas. Ainda não surgira uma geração mais jovem, aquela que mergulharia no pensamento kantiano.

Em 1762, Johann Gottfried Herder chegou a Königsberg disposto a ser discípulo de Kant. O mestre acabara de ler Rousseau, tinha 38 anos e gozava de plena vitalidade. Assim, abriu com entusiasmo, diante do jovem Herder, o mundo da antropologia, da geografia política, dos costumes e das artes dos povos.

Mais tarde, Herder perguntaria, com admiração e tristeza, como aquele jovem professor pôde converter-se no velho entediado escrito da *Crítica da Razão Pura*. De fato, quando Herder leu a obra de seu professor, não conseguiu ocultar a decepção. A partir de então, e até o fim de sua vida, atacou a filosofia crítica de Kant.

No começo da década de 1770, Herder viajou por quase toda a Europa, em um esforço para ampliar o horizonte dos seus conhecimentos. Esse gesto tinha um sinal claro de rebeldia. Tratava-se de contrapor a experiência pessoal às antigas formas acadêmicas de aprendizagem, centradas no estudo de livros e em tediosas lições.

Ao longo dessas viagens, Herder sempre manifestou a vontade de opor-se ao Iluminismo dos berlinenses, incluindo Lessing. Dessa maneira, escreveu *Silvas Críticas* (1769), viajou pela França, conheceu os textos mais interessantes de Diderot e rejeitou as ideias de Voltaire.

Quando, aproximadamente na metade da década, entrou em contato com os jovens criadores da Renânia, como Johann Wolfgang von Goethe (1749-1832) e Friedrich Heinrich Jacobi (1743-1819), o enlace fundamental da cultura alemã se produziu. A exaltada religiosidade de Johann Georg Hamann (1730-1788) e suas críticas ao Iluminismo chegavam aos ouvidos dos jovens impetuosos da rica Renânia. A nova literatura, além do sentimentalismo de Rousseau, tinha de entrar em contato com o problema da existência humana em sua totalidade.

A forma literária não podia ser outro senão a poesia, na qual a linguagem expressava os anseios da individualidade – que não se separou da tradição, nem da história, nem da geografia. A individualidade humana somente podia ser expressa dentro da individualidade de um povo, com todas as suas peculiaridades culturais. Assim, surgiram as obras mais importantes dessa década: *As Desventuras do Jovem Werther*, de Goethe; *Allwill* e *Woldemar*, de Jacobi; *Ideias sobre a Filosofia da História da Humanidade*, de Herder.

Enquanto Kant defendia os aspectos comuns ao gênero humano, os homens do pré-romantismo desejavam, sobretudo, destacar os aspectos individuais da vida, os sentimentos e as intuições nos quais o homem vê a si mesmo como indivíduo, diferente de todos os demais.

Herder

Filósofo nascido na Prússia, Johann Gottfried von Herder (1744-1803) deixou, como contribuições ao pensamento, uma doutrina da linguagem e, sobretudo, sua filosofia da história. Inspirou a estética romântica e defendeu a lírica popular, assim como uma literatura nacionalista germânica. Em Estraburgo (1770-1771) fez amizade com o jovem Goethe.

Entre suas obras destacam-se *Sobre a Nova Literatura Alemã* (1767), *Tratado sobre a Origem da Linguagem* (1772), *Ideias sobre a Filosofia da História da Humanidade* (1784-1791) e *Cartas sobre o Progresso da Humanidade* (1793-1794).

Jacobi

O filósofo alemão Friedrich Heinrich Jacobi (1743-1819) foi amigo de Herder, Lessing e Goethe, e demonstrou grande interesse pela filosofia de Bento de Espinosa. Sustentava a ideia de que o pensamento racionalista desemboca, necessariamente, no materialismo, e que isso somente pode ser remediado por meio da fé. Entre suas principais obras encontram-se *Sobre a Filosofia de*

Espinosa (1785), *Idealismo e Realismo* (1787) e *Sobre a Empresa do Criticismo de Reduzir a Razão ao Entendimento* (1801).

Goethe

O escritor alemão Johann Wolfgang von Goethe (1749-1832) iniciou-se na criação literária sob a influência dos pré-românticos do grupo Sturm und Drang, mas seu estilo evoluiu para um classicismo puro. Sua obra abarca múltiplos gêneros, como o drama, com títulos entre os quais se destacam *Ifigênia* (1787), *Egmont* (1787), *Torquato Tasso* (1789) e o drama burguês *A Filha Natural* (1803); a poesia, com *Elegias Romanas* (1790), o poema épico idílico *Hermann e Doroteia* (1797), *Divã Ocidental-Oriental* (1819) e *Elegia de Marienbad* (1823). Escreve um ensaio científico, mas alcança seu maior destaque com *As Desventuras do Jovem Werther* (1774), novela epistolar, *A Vocação Teatral de Wilhelm Meister* (1777), *As Afinidades Eletivas* (1807-1809), *Os Anos de Peregrinação de Wilhelm Meister* (1821) e, sobretudo, com o poema dramático *Fausto*, publicado em duas partes (1808 e 1833), obra-prima da literatura universal.

Schiller

Johann Christoph Schiller (1759-1805) voltou seu trabalho para a filosofia da arte ou estética, afirmando que experiências estéticas profundas podem induzir reações emocionais que temos a descrever como "belas" e "inspiradoras". Os pensamentos de Schiller podem ser encontrados em sua obra *Do Sublime*.
Schiller distingue dois impulsos básicos e naturais: o da preservação e o da progressão. A preservação é o que nos impele a manter nossas condições, a dar continuidade a nossa existência, sendo movidas por sensações; enquanto a progressão é o que nos move ao pensamento e à representação. A partir dessa dicotomia, Schiller procura explicar que o medo é uma experiência estética, um mecanismo natural de defesa da preservação diante da progressão, portanto o medo não pode manter domínio sobre nossa vontade.
O Sublime do título da obra máxima de Schiller é a experiência estética, gerado quando a força da natureza é tão vasta que abafa o medo da preservação. Assim, "como seres de Razão, como seres que não pertencem à Natureza, nos sentimos absolutamente independentes". Para experimentar o sublime, "é, então, absolutamente necessário que nos vejamos inteiramente isolados de

todo meio físico de resistência e busquemos abrigo em nosso self não físico. Tal conteúdo deve, pois, ser temível para nossa sensibilidade". Schiller conclui que nossas reações estéticas, como opostas ao poder da natureza, residem no fato de não serem uma ameaça a nossa segurança física, mas sim a nossa segurança moral. As grandes obras de arte evidenciam noções estabelecidas, conservadoras e preservadas que constituem segurança moral de uma sociedade. Assim, Schiller resumiria sua obra na epigrama: "Grande é aquele que conquista o temível. Sublime é aquele que, mesmo sucumbindo a este, não o teme".

Contra Kant

Na década de 1770 os jovens radicais alemães não se opunham à Kant, porque a *Crítica da Razão Pura* ainda não fora publicada. Eles criticavam sobretudo a filosofia triunfante de Wolff, acadêmica e sistemática. Quando Kant publicou *Crítica da Razão Pura*, em 1781, todos pensaram que se tratasse de uma obra semelhante à de Wolff e, nesse sentido, desprezaram-na.

A filosofia kantiana ainda esperaria duas décadas para que, aproximadamente em 1797, encontrasse um jovem capaz de lê-la e de entendê-la. Esse jovem foi Johann Gottlieb Fichte.

37 – Johann Gottlieb Fichte

A reflexão filosófica de Fichte foi impulsionada por sua admiração por Kant e culminou no Idealismo Alemão Pós-Kantiano, uma transição para o Idealismo Absoluto de Hegel.

Contribuições

Professor das universidades de Jena e de Berlim, o alemão Johann Gottlieb Fichte (1762-1814) desenvolveu um sistema filosófico de caráter idealista. Baseou-se no idealismo kantiano e tentou superá-lo. Sua filosofia funda-se na intuição intelectual do Eu, não como algo estático, e sim em perpétuo dinamismo e transformação. Suas obras mais importantes são *O Destino do Homem* (1800), *Exposição da Teoria da Ciência* (1801), *Introdução à Vida Feliz* (1806) e *Discursos à Nação Alemã* (1808).

Eu e o Não-Eu

Leitor de Kant, Fichte pretende reunir a razão pura e a razão prática. Para tanto, faz uso da dialética para identificar as principais determinações da consciência, partindo da intuição intelectual do Eu – conceito que não se confunde com a consciência individual, mas como uma consciência transcendental, universal.

O que os demais filósofos chamavam de mundo, natureza, Fichte denomina Não-Eu. O filósofo destaca, sobretudo, que esse mundo, o Não-Eu, não se submete ao querer humano. Mais precisamente, coage o homem, pressiona-o, uma vez que o Não-Eu é o mundo da necessidade causal.

É como se existisse uma luta de tendências opostas: a do homem, como ser racional, e a de um obstáculo que se ergue diante de seu querer. Da antítese Eu e Não-Eu resulta um terceiro momento, a síntese, quando o Eu, ao encontrar seu limite no Não-Eu, busca unir os dois princípios.

Autodeterminação do Eu

O Eu deve autodeterminar-se, e não se deixar determinar por alguma coisa alheia a ele. Aqui, Fichte alterou a fórmula do imperativo kantiano, distanciando-o da ação social. A palavra de ordem fichteana é: "Age de maneira tal que possas pensar o máximo de tua vontade como lei eterna para ti".

Portanto, o destino último de todo ser finito racional é a unidade absoluta, a completa concordância consigo mesmo. Isso significa a plena realização de sua vontade, mas de forma tal que, com isso, o homem realize seu ser por inteiro. E como realizar essa vontade de ser um homem total se por toda parte depara-se com dependências, necessidades, humilhações? A resposta de Fichte: atuar sobre as coisas que coagem, procurando submetê-las ao poder humano. Para isso não basta só querer: deve-se saber. Assim, o sistema de Fichte culmina em um idealismo ético que se funda no exercício da liberdade do Eu ativo e autônomo que luta contra a passividade e a resistência do Não-Eu.

Cultura

Fichte chama de cultura a aquisição da habilidade de submeter as coisas à vontade. É onde entra a função do dever. Pois não se trata de submetê-las à vontade humana com todos os seus desejos e interesses, uma vez que esta pode estar corrompida pela história, pela necessidade, pelo costume, pelo poder. A vontade que deve predominar é racional, a única capaz de garantir a independência moral do homem.

Bem Supremo

A concordância universal das coisas com a vontade racional era o que Kant chamava Bem Supremo. Porém, para Kant, não se tratava de submeter a natureza à vontade humana, e sim de aceitar o que ela oferece.

Para Fichte, trata-se da concordância completa de um ser racional consigo mesmo. Não é que aquilo que faz o homem feliz seja bom, como pensavam os epicuristas. Para Fichte, somente o que é bom faz o ser humano feliz.

O que ele afirmava, no limite, era que o fim do homem consistia em submeter a irracionalidade, dominar a natureza conforme suas próprias leis.

Caso o conseguisse, seria igual a Deus, como queria Fausto, o personagem de Goethe. Como se sabe, Fausto faz um pacto com Mefistófeles, mas é salvo por Deus porque vive em função de um ideal – e é parte da condição humana errar na busca por ideais.

O homem jamais alcançaria tal estado, mas não desejava outra coisa. Nunca seria Deus, mas seu destino sempre seria aproximar-se desse objetivo.

Últimos Anos

Em 1806, Napoleão derrotou os prussianos na famosa batalha de Jena e tomou Berlim. Essa derrota foi uma humilhação para os alemães. O exército da Prússia, famoso há tempos por sua eficiência, ficou destruído. O rei e sua corte, Fichte entre eles, fugiram para Königsberg. Em 1807, Fichte voltou para Berlim e concentrou esforços em provocar um levante popular contra Napoleão, semelhante ao que o povo de Madri realizaria meses depois.

Liderou os movimentos patrióticos com os *Discursos à Nação Alemã*, que seriam o fundamento intelectual do posterior nacionalismo alemão, mas que, naquele momento, foram pouco efetivos. Entretanto, quando, em 1812 aproximadamente, Napoleão voltou derrotado de Moscou, Fichte, já reitor da Universidade de Berlim, tornou a enfrentá-lo. Estava prestes a alistar-se como miliciano e dedicava suas atenções aos doentes e feridos na guerra quando acabou falecendo, pouco depois da morte de sua esposa. Era o ano de 1814 e ele tinha, então, 52 anos.

38 – Friedrich Schelling

Para o filósofo alemão Wilhelm Joseph von Schelling, natureza e consciência, embora diferentes na essência, formam um todo. Mais tarde Schelling daria a esse todo o nome de Absoluto, a unidade infinita geradora da existência.

Contribuições

Aos 15 anos, o alemão Friedrich Wilhelm Joseph von Schelling (1775-1854) licenciou-se em filosofia e, aos 20, em teologia. Aos 18 anos editou sua primeira obra e, aos 23 tornou-se professor em Jena. Amigo de Hegel, Hölderlin e Goethe, Schelling desenvolveu os aspectos estéticos do Idealismo Alemão. É considerado uma das figuras fundamentais do Romantismo.

Schelling identificava o Absoluto com a natureza, a qual concebia como um organismo vivo, e situava a forma suprema do conhecimento na criação artística. Algumas de suas obras mais importantes são *Ideias para uma Filosofia da Natureza* (1797), *Sistema do Idealismo Transcendental* (1800) e *Filosofia e Religião* (1804).

Trio Filosófico

A formação intelectual de Schelling foi marcada, por um lado, pelos estudos teológicos, aos quais foi conduzido pelo pai, um pastor protestante. Por outro, foi influenciado pelos debates sobre a Revolução Francesa e sobre o pensamento de Espinosa, Kant e Fichte que ele costumava manter com dois amigos, mais tardes expoentes do cenário cultural alemão: o filósofo Hegel e o poeta Hölderlin.

Natureza e Consciência

Schelling procurou, em sua filosofia, responder basicamente a duas questões: a natureza e a consciência. O que é a natureza, qual seu princípio gerador e como a consciência é capaz de captá-la – uma vez que a natureza, objetiva, está "fora" da subjetividade do sujeito que pensa – são problemas que perpassam a obra do filósofo alemão em todas as suas fases.

Ele afirmou a unidade entre consciência e natureza, que formariam um todo infinito. Apesar disso, porém, ambas seriam diferentes uma da outra: a essência do eu é espiritual, enquanto a natureza tem como essência a matéria – que, por seu turno, é essencialmente força. É na força, com suas propriedades de atração e repulsão, que Schelling localiza o elo entre a consciência e a natureza. A atração é a natureza, objetiva e material; a repulsão representa o eu, com sua subjetividade e imaterialidade.

O conceito de força, na filosofia de Schelling, também teria papel importante na resolução dos problemas levantados pela ciência da época. Como todos os fenômenos naturais seriam manifestações dessa força, bastava remeter a ela para compreender o comportamento da natureza. Um comportamento, por sinal, baseado em um sistema dialético de oposições: estas se sintetizariam e em seguida engendrariam novas oposições e novas sínteses, numa atividade infinita.

No Rumo do Absoluto

A ideia do todo formado por natureza e consciência levou Schelling a desenvolver a noção de Absoluto. O Absoluto compreende tudo aquilo que existe. A diversidade no mundo, suas oposições, são manifestações das potências do Absoluto – que, mesmo manifestando-se de diferentes modos, não perde a unidade que o caracteriza. No Absoluto, o sujeito que conhece (consciência) e o objeto a ser conhecido (natureza) dissolvem-se um no outro e por isso são indiferenciados. Ambos têm, ao mesmo tempo, os atributos sujeito e objeto.

Para explicar como é possível a finitude dentro de um sistema que se baseia na infinitude do Absoluto, Schelling ampliou seu sistema para incorporar nele a religião. O mundo finito, então, torna-se uma parte do Absoluto que se desprendeu dele por ter caído em pecado. No momento em que isso acontece, o finito passa a aspirar à reintegração com o Absoluto. Essa reintegração se dá por meio da evolução natural e do processo histórico.

Filosofia e Arte

O papel da filosofia, no sistema de Schelling é bem delimitado. Em relação ao Absoluto, ela deve oferecer o método que permita alcançar a essência da consciência e da natureza. Em relação ao mundo sensível e finito, cabe à filosofia compor a narrativa de sua caminhada em direção ao Absoluto. Nesse sentido, a mitologia, para Schelling, é fundamental. Para ele, a mitologia pagã, o cristianismo e uma nova mitologia são três momentos que compõem a história da finitude em sua reintegração com o infinito.

A principal via de acesso ao Absoluto, porém, não é a intuição filosófica, e sim a criação artística. Na obra de arte seriam anuladas todas as oposições e realizadas a passagem do mundo finito ao Absoluto. É a obra de arte, para Schelling, que mantém vivo e presente tudo aquilo que é passado ou que já está morto, ou seja, expressaria nãos suas próprias ideias, mas as do Absoluto, do próprio Deus.

As ideias filosóficas de Schelling influenciariam as obras de futuros pensadores como Schopenhauer, Nietzsche, Heidegger e Whitehead.

39 – Utilitarismo

O utilitarismo é uma teoria ética e filosófica que sugere que a melhor ação é aquela que maximiza a utilidade, geralmente definida como aquela que produz o maior bem para o maior número de pessoas.

Reconstrução do Mundo Burguês

Após a Revolução Francesa, e já no século XIX, a Europa conheceu uma época de instabilidade, própria dos períodos de transição. As forças burguesas da indústria e do comércio não eram suficientemente fortes para tirar do poder os representantes políticos e sociais do Antigo Regime, mas o eram para disputar a hegemonia.
Alguns pensadores propuseram uma reordenação do sistema, ou na forma da organização dos interesses empresariais e trabalhistas sob a direção da ciência, ou sugerindo uma aproximação do mundo do trabalho com o mundo da cultura e da formação burguesas. Positivismo, Utilitarismo, Darwinismo e Historicismo foram algumas das propostas dessa reorganização, elaboradas, entre outros, por Auguste Conte (1798-1857), John Stuart Mill (1806-1873), Charles Robert Darwin (1809-1892) e Wilhelm Dilthey (1833-1911).

Marquês de Condorcet

O filósofo, matemático e político francês Marie Jean Antoine Nicolas de Caritat, conhecido como Marquês de Condorcet (1743-1794), nasceu numa família nobre, ingressando na Universidade de Paris, onde estudou matemática e ciências, e o levaria à sua eleição para a Academia Francesa de Ciências. Ali, publicou diversos trabalhos sobre cálculo integral e probabilidade, interessando-se pela aplicação de métodos científicos aos problemas sociais.
Com a Revolução Francesa, Condorcet foi eleito para a Assembleia Legislativa e, posteriormente, para a Convenção Nacional, onde defendeu os direitos humanos, incluindo a abolição da escravidão e a igualdade de gênero. Durante o Terror de Robespierre, foi perseguido ao ser declarado inimigo público e forçado a viver na clandestinidade. Em março de 1794, foi preso e encontrado morto na prisão pouco depois, sob circunstâncias suspeitas.

Em sua obra *Esboço de um Quadro Histórico dos Progressos do Espírito Humano* (1795), Condorcet delineia uma visão otimista do futuro, onde a razão e o conhecimento erradicarão a injustiça e a desigualdade. Para isso, a educação era a chave para o progresso, defendendo um sistema de educação pública, gratuita e universal, que proporcionaria a todos os cidadãos as ferramentas necessárias para participar plenamente da vida democrática. Acreditava que a população educada seria capaz de fazer escolhas racionais e justas, promovendo assim a liberdade e a igualdade.

Desenvolveu um método para as eleições democráticas na forma de votação que visava refletir a verdadeira vontade da maioria, pois havia um paradoxo no pensamento eleitoral (Paradoxo de Condorcet), pois um indivíduo que pertence a um grupo mesmo quando tem preferência que são consistentes, isso não é necessariamente verdadeiro para o grupo. Sendo assim, agentes racionais podem tomar decisões coletivas irracionais.

Malthus

Economista, demógrafo e clérigo anglicano, Thomas Robert Malthus (1766-1834) ficou famoso pela publicação de *Um Ensaio sobre o Princípio da População* (1798), onde apresentou suas teorias sobre a relação entre crescimento populacional e recursos alimentares, que mais tarde se tornaria conhecida como a Teoria Malthusiana. Como professor acadêmico de história e economia política, Malthus contribuiu significativamente para o desenvolvimento da economia e demografia como disciplinas científicas.

Sua teoria populacional argumenta que a população tende a crescer em uma progressão geométrica, enquanto os recursos alimentares aumentam apenas em uma progressão aritmética. Como resultado, a população eventualmente supera os recursos disponíveis, levando a fome, doenças e mortalidade elevada. Para controlar essa população, Malthus desenvolveu a noção dos mecanismos positivos (aqueles que aumentam a mortalidade, como a fome, doença e guerras) e os mecanismos preventivos (aqueles que reduzem a taxa de natalidade, como o controle moral pela abstinência sexual e o casamento tardio).

A visão pessimista de Malthus sobre a relação população e recursos era contraria a visão da época, pois outros economistas acreditavam que o progresso tecnológico e o aumento da produtividade poderiam resolver os problemas de escassez. Junto a isso, Malthus também criticava as políticas de assistencialismo social, argumentando que elas poderiam exacerbar o problema do crescimento populacional ao reduzir os incentivos para o controle moral e aumentar a dependência das pessoas em relação à caridade pública.

Stuart Mill

O filósofo e economista inglês John Stuart Mill (1806-1873) recebeu uma educação muito rígida de seu pai e demonstrou, desde a infância, uma inteligência extraordinária. Mill estudou a obra de Jeremy Bentham e seguiu os passos da economia de David Ricardo. Homem de negócios, dirigiu a Companhia das Índias Orientais.
É um dos maiores expoentes do utilitarismo e encontra-se entre os pensadores liberais do século XIX. Assumiu uma posição antimetafísica e continuou a tarefa da fundamentação das ciências, já empreendida por seus antecessores. Reivindicou a psicologia associacionista como ciência independente e destacou a importância da indução como o único meio científico adequado. Deixou, entre outras obras, *Sistema de Lógica Indutiva e Dedutiva* (1843), *Princípios da Economia Política* (1848), *Sobre a Liberdade* (1859), *Utilitarismo* (1863) e *Autobiografia* (1873).

Utilitarismo

John Stuart Mill estudou profundamente o utilitarismo, a filosofia elaborada por seu pai, James Mill (1773-1836), colaborador de Jeremy Bentham (1748-1832). Praticamente contemporâneos dos grandes filósofos do Iluminismo, os utilitaristas, ao contrário dos idealistas da Alemanha, tiveram o pensamento voltado aos interesses da indústria e da economia de livre mercado – que naquela época espalhava-se pela Inglaterra.
Paralelamente a isso, Mill, em parceria com sua esposa, Harriet Taylor (1807-1858), feminista e socialista, participou de movimentos em defesa dos direitos de todos, inclusive a emancipação feminina, e do sufrágio universal. Também com ela escreveu livros, como *Sobre a Liberdade* e *Ideias sobre Reforma Parlamentar*, ambos publicados em 1859.

Teoria da Indução

Para Mill, só era possível alcançar o saber, em todos os campos do conhecimento, por meio da lógica – que, para ele, tinha um sentido ampliado, o de epistemologia. Dentro da lógica, a indução é o único procedimento capaz de levar à verdade. No livro II da obra *Sistema de Lógica*, composta por seis volumes, Mill estabeleceu cinco métodos indutivos (concordância, diferença, combinação, resíduos e variações concomitantes), que, segundo afirmava, possibilitariam o progresso das ciências.

Influenciado pelos empiristas, ele defendia a experiência como fundamento de todo saber. Este seria o resultado da associação, na mente, dos dados que a experiência fornece separadamente, organizados por meio da indução. Isso valeria também para as ciências morais, termo usado por Mill para designar as ciências humanas.

Leis do Comportamento Humano

Assim como Bentham, Mill sustenta que a ação moral deve se pautar no Maior Princípio da Felicidade, onde "as ações estão certas na proporção em que promovem felicidade, erradas quando tendem a produzir o oposto. Por felicidade, entenda-se prazer e ausência de dor; por infelicidade, dor e privação de prazer". Mas ao contrário de Bentham, Mill distingue as quantidades relativas de dor ao afirmar que "é melhor ser um Sócrates insatisfeito que um tolo satisfeito", distinguindo prazeres superiores e inferiores.

Outra tese que trata das ciências morais é apresentada no último volume de *Sistema de Lógica*. Ali, Mill argumenta que a lei da causalidade (segundo a teoria da indução, o estudo dos efetivos leva às causas dos fenômenos e estas podem ser sistematizadas em leis naturais) também pode ser aplicada ao comportamento humano, manifesto tanto na vida social como na pessoa.

Mill não chegou a desenvolver uma teoria completa sobre o tema, mas esboçou suas linhas gerais, dando-lhe estatuto da ciência, a etologia. A proposta da constituição dessa ciência surgiu com base na constatação de que seu objeto – o homem e suas relações, que formam a ação social – é complexo demais para ser deduzido de leis psicológicas básicas.

Coesão e Progresso Social

A união dos homens em torno de suas crenças era, para Mill, fundamental para a vida em sociedade. Essa união garantiria a coesão social, evitando conflitos. Isso não significa, porém, abrir mão da individualidade. Como pensador liberal, ele prezava não apenas a liberdade econômica, mas também a individual.

Por isso mesmo, criticava a tendência das democracias de governar com base nos interesses da maioria. Para ele, isso levava à supressão da individualidade e ao controle das minorias. Sua crença na necessidade de sociedades igualitárias, em que todos tivessem os mesmos direitos e deveres, colaborando igualmente para o progresso, levou-o a defender o liberalismo democrático, pluralista, preocupado com as massas oprimidas, crítico do voto censitário, e a simpatizar com o socialismo.

Para ele, o progresso da humanidade dependia dessa colaboração e dessa coesão, fundadas no que chamava "evolução das convicções intelectuais" dos homens. Só a capacidade de reflexão – acerca de si, dos demais e do mundo – poderia transformar as sociedades.

40 – Harriet Taylor

Harriet Taylor lutou muito pelos direitos da mulher. Ela demonstrou que as travas que as mulheres encontravam para decidir por si mesmas estavam arraigadas socialmente e projetavam-se no âmbito jurídico, econômico e político.

Contribuições

Harriet Taylor nasceu em 1807, em Londres, e aos 18 anos casou-se com um rico empresário de Islington, John Taylor, com quem teve três filhos. Ela e o marido eram membros da Igreja Unitária e amigos do líder da instituição, William Fox, um dos primeiros defensores dos direitos da mulher. Participavam de reuniões nas quais se defendiam opiniões políticas radicais. Numa dessas reuniões, em 1830, ela conheceu o filósofo John Stuart Mill. Ambos ficaram tão impressionados com a personalidade e a inteligência um do outro que começaram a ver-se assiduamente.

Em 1833, Harriet separou-se amigavelmente do marido. Mudou-se para Walton-on-Thames, onde Mill a visitava todos os finais de semana. Apesar de manterem o relacionamento em sigilo, foram criticados e isolados socialmente. Nos anos seguintes, compartilharam ideias e escreveram livros e ensaios sobre as leis do casamento e os direitos da mulher. Ela criticava, especialmente, o efeito degradante da dependência econômica do sexo feminino, situação que poderia mudar se houvesse uma séria reforma da legislação.

Mill declarou em sua autobiografia que Harriet foi coautora da maioria de seus livros e ensaios, apesar de aparecer somente seu nome neles. Ela publicou muito pouco, além dos artigos no jornal unitário *Monthly Repository*. Quando foram publicados os *Princípios de Economia Política*, em 1849, Mill tinha a intenção de expor a importância das opiniões e da colaboração da Harriet na produção do livro, do qual era coautora. Mas o marido, John Taylor, opôs-se e essas referências desapareceram.

Taylor morreu em 1849 e Harriet esperou dois anos para se casar com Mill. Ao contrair matrimônio, Mill manifestou, por escrito, sua rejeição às leis do casamento, que reduziam a mulher a um ser totalmente dependente do marido, econômica e legalmente. Nesse mesmo ano, Harriet escreveu o artigo *The Enfranchisement of Women*, que foi publicado com o nome de Mill. Outro artigo publicado na *Westminster Review*, exigindo novas leis para proteger as mulheres da violência de seus maridos. Harriet morreu em novembro de 1858, durante uma estadia na França.

Reivindicações

Mill publicou em 1869 *The Subjection of Women*, livro que seria a chave para a difusão do movimento sufragista e para o pensamento feminista. Harriet teve grande participação na obra, embora nem sempre seja reconhecida como coautora. No livro, afirma-se que "os homens não querem somente a obediência das mulheres, querem também seus sentimentos. (...) não desejam uma escrava à força e sim uma escrava voluntária".

No livro, Harriet criticava a ideia, muito difundida, de que a ausência de queixas por parte das mulheres mostrava que elas aceitavam seu papel submisso e não esperavam nenhuma mudança. Em sua crítica, ela demonstrou que todas as mulheres eram educadas, desde a infância, para acreditar que a humildade, a resignação e a submissão ao homem faziam parte de suas características. Essa obra foi publicada nesse mesmo ano nos Estados Unidos, na Austrália, na França, na Alemanha, na Suécia e na Dinamarca e, no ano seguinte, na Itália e na Polônia.

Para Harriet, um dos graves problemas da sociedade era não aceitar a ideia da igualdade na convivência entre mulheres e homens. Se esse preconceito fosse superado, todos veriam como injusta a exclusão das mulheres dos cargos públicos ou dos postos sociais relevantes.

O núcleo do problema feminista era o direito ao voto, pois, se a legislação discriminatória fosse suprimida, a emancipação da mulher seria possível. Então ela exerceria sua liberdade individual, desenvolveria plenamente sua personalidade e suas capacidades.

À luta de Harriet e Mill pelos direitos da mulher somava-se outra: a abolição da escravatura. Sobre isso, ela escreveu: "O mundo é muito jovem e começa a livrar-se das injustiças. Até agora, não se livrou da escravidão dos negros. Até agora, não se livrou do despotismo monárquico. (...) Está começando a tratar todos os homens como cidadãos (...). Podemos admirar-nos de que ainda não se tenha feito tanto pelas mulheres?".

Helen Taylor

Antes de morrer, Harriet escrevia, juntamente com Mill, *The Subjection of Women*. Quem o ajudou a concluir a obra foi Helen Taylor, filha de Harriet. Helen continuou auxiliando Mill a produzir livros e ensaios durante 15 anos. Ativista do feminismo, defensora do voto da mulher, foi uma das fundadoras da Kensington Society, grupo que formulou a primeira petição de voto para as mulheres.

A Kensington Society, composta de 11 mulheres, considerava injusto o sistema político inglês. Por isso, decidiu levar uma petição ao Parlamento para que fosse assegurado o direito feminino ao voto. Essa petição foi entregue a Mill e a Henry Fawcett, membros da Câmara dos Comuns. Eles a apresentaram como uma emenda ao Reform Act; a emenda foi rejeitada por 196 votos a 73.

A decepção sofrida fez com que elas criassem a London Society for Women's Suffrage. Em pouco tempo surgiram grupos similares, com as mesmas reivindicações, em toda a Grã-Bretanha. Isso levou à criação de uma união nacional de associações que exigiam o direito feminino ao voto.

41 – Arthur Schopenhauer

Ao localizar o princípio de tudo numa Vontade única e irracional, subordinando o ser humano a ela, Schopenhauer elabora uma "filosofia do pessimismo", em que o homem, iludido pelas aparências das coisas, está fadado ao sofrimento.

Contribuições

Nascido em Danzig, na Alemanha, Arthur Schopenhauer (1788-1860) formou-se em medicina e doutorou-se pela Universidade de Berlim, na qual começou a lecionar em 1820, um ano depois da publicação de *O Mundo como Vontade e Representação*. Foi uma época difícil: a obra não teve repercussão na época e as aulas do filósofo, marcadas propositalmente no mesmo horário das de Hegel, cujas ideias ele refutava, tiveram somente quatro alunos. O curso foi suspenso. Schopenhauer manteve-se no anonimato por 30 anos, durante os quais passou pelo constrangimento de não ter obtido o prêmio de um concurso em que era o único inscrito. Sua obra só passou a ser reconhecida em 1850.

Com influências de Kant, de Platão, do budismo e do hinduísmo, ele foi um dos grandes teóricos do pessimismo. Com sua obra, que constitui uma doutrina metafísica da Vontade, iniciou uma corrente irracionalista na filosofia. Além de *O Mundo como Vontade e Representação*, escreveu *A Quádrupla Raiz da Razão Suficiente* (1813), sua tese de doutorado, *Sobre a Visão e as Cores* (1816), influenciado por Goethe, *Sobre a Vontade na Natureza* (1836), *Os Dois Problemas Fundamentais da Ética* (1841), *Parerga e Paralipomena* (1851).

Vontade

Assim como outros filósofos alemães do século XIX, Schopenhauer foi influenciado pelo pensamento de Kant. Mas, ao contrário do conterrâneo, não defendeu que a razão conhece apenas os fenômenos e é incapaz de compreender o Absoluto, a coisa-em-si. Para Schopenhauer, não é que a razão não alcance o Absoluto; a questão é que este não se coloca como objeto da razão.

O Absoluto é o fundamento da realidade. A esse fundamento Schopenhauer dá o nome de Vontade. Ela é responsável pela existência das coisas; manifesta-se, objetiva-se, na multiplicidade do mundo. Uma de suas manifestações é o ser humano, que é corpo e é razão. A razão, entendida como objetivação da Vontade, não tem como compreendê-la, uma vez que a Vontade, por estar na origem da razão, não se coloca como objeto de reflexão racional.

O homem tem consciência dessa Vontade indiretamente, como uma força universal ao qual não se consegue resistir. Ao saber que é parte do mundo, do todo, ele também se percebe como originário daquilo que deu existência ao mundo. Na verdade, argumenta Schopenhauer, o homem sente-se integrado ao todo muito antes de ter ideia ou representação de si mesmo e do mundo.

Mundo como Representação

Schopenhauer inicia sua principal obra, *O Mundo como Vontade e Representação* (1819), afirmando: "O mundo é minha representação". Para ele, "todo objeto, seja qual for a sua origem, é, como objeto, sempre condicionado pelo sujeito, e assim essencialmente apenas uma representação do sujeito".

A razão tem do mundo essa noção ilusória porque percebe somente as manifestações da Vontade. Esta, no entanto, não é múltipla; apenas se manifesta como multiplicidade. Em si, a Vontade é única e irredutível.

Quando o homem indaga o que há por trás da aparência do mundo, está em busca desse princípio único. Mas essa indagação não é imediata; ela aparece depois que o homem já intuiu a si mesmo. Em primeiro lugar, a experiência interna humana mostra que o sujeito não é um objeto como os outros; é um ser ativo, cuja vontade se manifesta em seu comportamento.

Esse é o passo inicial: o homem intui sua própria vontade. O passo seguinte é compreender que essa vontade é expressão de uma Vontade maior, única, absoluta, verdadeira. Uma Vontade que dá existência a seu corpo, manifestando-se em todos os seus órgãos. Uma Vontade irracional, cega, inexplicável porque possui somente em si o fundamento de sua explicação.

Sofrimento, Felicidade e Contemplação

Por ser um princípio dinâmico, a Vontade estimula o homem incessantemente, mantendo-o numa inquietação que é fonte de sofrimento. O homem é escravo das Vontades. A Vontade põe a existência, a vida, mas a vida é incompletude e indefinição; por isso, é sofrimento. Os momentos de felicidade e prazer são fugazes; a dor logo volta a se instalar.

Há um modo, porém, de prolongar um pouco esses momentos. A mesma consciência que percebe a dor de viver pode, pela arte, chegar às primeiras objetivações da Vontade, controlando-a. As verdades eternas revelam-se por meio da arte. Isso se dá em graus variados, que vão da arquitetura à música, passando por escultura, pintura, poesia lírica e poesia trágica. A música é o grau mais alto.

Egoísmo e Libertação

Nem mesmo a arte é capaz de proporcionar um prazer duradouro. O homem volta, assim, à sua inquietação original, que o leva ao desejo constante de satisfazer apetites vitais e torna-o egoísta. O direito e a justiça existem para controlar as consequências do egoísmo: com medo de serem punidas, as pessoas evitam cometer injustiças. Há, porém, uma maneira de o homem libertar-se da dor e do egoísmo: ter consciência de que seu ser participa da essência da realidade, daquilo que existe. Ao saber-se, na essência, idêntico a todos, componente do todo único, o homem pode superar o egoísmo e ter a percepção do sofrimento alheio, e do seu próprio sofrimento, como manifestações de uma dor única. Essa percepção gera a compaixão, capaz de submeter a Vontade e transformá-la em vontade de viver. Nesse estágio, o individualismo é suprimido, dando lugar à serenidade.

Ao alcançar essa serenidade, a morte é apenas consequência, não deve ser temida. A Vontade é eterna, e nossas vidas individuais não devem ser avaliadas, pois é o desejo da Vontade viver no mundo das aparências, e assim ao nosso sofrimento. Schopenhauer utiliza esse raciocínio como justificativa do suicídio, embora prefira chamar de rendição do intelecto do que um ato de Vontade.

42 – Georg Wilhelm Friedrich Hegel

Inspirado nos ideais da Revolução Francesa e testemunha dos eventos contraditórios que a ela se seguiram, Hegel constrói seu sistema filosófico fundamentado na noção de liberdade e na concepção de que a razão é histórica.

David Ricardo

Economista britânico de origem judaica sefardita, David Ricardo (1772-1823) era filho de um próspero corretor de ações, seguindo a mesma carreira e acumulando uma considerável fortuna. Após ler *A Riqueza das Nações* de Adam Smith, dedicou-se a estudar economia de forma aprofundada.

Como extensão do trabalho de Adam Smith, Ricardo elaborou a Teoria do Valor-Trabalho, que propõe que o valor de um bem é determinado pela quantidade de trabalho necessário para produzi-lo. Ele argumentou que os preços relativos dos bens são determinados pelos tempos de trabalho requeridos para produzi-los, sob condições de concorrência perfeita.

Também descreveu como a renda é distribuída entre os proprietários de terra, trabalhadores e capitalistas, argumentando que a renda da terra surge devido à diferença na fertilidade das terras agrícolas. Em seu modelo, a terra mais fértil gera um excedente que é apropriado pelos proprietários de terra como renda. Era a Teoria da Renda da Terra.

A base da teoria do comércio internacional veio com sua Teoria das Vantagens Comparativas que, segundo ela, mesmo que um país seja menos eficiente na produção de todos os bens comparado a outros país, ambos ainda podem se beneficiar do comércio. Isso ocorre porque cada país deve se especializar na produção dos bens em que possui uma vantagem comparativa, ou seja, naqueles que pode produzir a um menor custo de oportunidade.

Ricardo também formulou a Lei dos Rendimentos Descrentes, que afirma que à medida que se aumenta a quantidade de um fator de produção (como trabalho ou capital), mantendo-se os outros constantes, o aumento na produção resultante dessa adição irá eventualmente diminuir. Essa lei foi aplicada particularmente à agricultura, onde Ricardo observou que adicionar mais trabalho ou

capital a uma quantidade fixa de terra resultaria em aumentos menores na produção agrícola.
David Ricardo é uma figura central na história da economia. Suas teorias sobre o valor, renda, comércio internacional e os rendimentos decrescentes continuam a ser pilares fundamentais da teoria econômica. Seu trabalho influenciou seus contemporâneos, mas também lançou as bases para futuras gerações de economistas.

Hegel

Nascido em Stuttgart, na Alemanha, numa família pobre, Georg Wilhelm Friedrich Hegel (1770-1831) passou por muitas privações. Isso não o impediu de ingressar no seminário protestante de Tübingen, onde conheceu Schelling e Hölderlin. A amizade entre os três duraria muitos anos. Ao sair do seminário, ele trabalhou como preceptor em Berna (1793-1796) e em Frankfurt (1797-1800). Suas primeiras obras, *A Positividade da Religião Cristã* e *O Espírito do Cristianismo e Seu Destino* (publicadas depois de sua morte) datam dessa época.
Em 1801 tornou-se professor na Universidade de Jena. Nesse momento publicou *Diferença entre os Sistemas de Fichte e Schelling*, em que defende o ponto de vista do antigo colega de seminário. Em 1806 foi obrigado a fugir da cidade em decorrência da invasão do exército napoleônico.
Dois anos depois, nomeado diretor do ginásio de Nuremberg, ministrou cursos de filosofia que resultariam na obra *Propedêutica*, também publicada após sua morte.
Em 1812 editou a primeira parte de *Ciência da Lógica*, concluída em 1816, ano em que se tornou professor da Universidade de Heidelberg. Em 1817 transferiu-se para a Universidade de Berlim e publicou *Enciclopédia das Ciências Filosóficas*. Em Berlim, teve sua fase mais produtiva. Grande parte de sua obra derivou dos muitos cursos ministrados naquela universidade, como *Filosofia do Direito*, *Filosofia da Religião*, *Filosofia da História*, *História da Filosofia* e *Estética*. *Princípios da Filosofia do Direito* foi publicado em 1821. Dez anos depois Hegel viria a falecer, vítima da epidemia de cólera que assolou a Europa.

Análise do Passado

Em 1806, quando as tropas de Napoleão invadiram a cidade de Jena, um grupo de soldados entrou na casa de Hegel para saqueá-la. Pego

de surpresa, o filósofo juntou rapidamente alguns pertences pessoais e fugiu. Entre eles encontravam-se os manuscritos de *Fenomenologia do Espírito*, publicados como livro um ano depois.
Os dois fatos – a ocupação de Jena pelo exército napoleônico e a preservação dos manuscritos – têm uma ligação não apenas histórica como também simbólica. Admirador da primeira fase da Revolução Francesa, mas crítico do Terror e de Napoleão, Hegel fez da reflexão sobre as contradições da revolução a porta de entrada para seu sistema filosófico. Ele queria entender por que um movimento inspirado nos princípios do Iluminismo, considerado a vitória da razão e da liberdade sobre o obscurantismo, acabou desaguando no Terror e, mais tarde, foi sepultado por Bonaparte.
Uma análise cuidadosa do percurso humano ao longo da história em momentos fundadores como a Antiguidade Grega, o Império Romano, o cristianismo, a Reforma Protestante, poderia levar, segundo Hegel, à compreensão do presente. E de suas contradições, como as que conduziram a Revolução Francesa a negar os próprios princípios.

Primazia da Razão

A Revolução Francesa foi a grande inspiradora do conceito de razão hegeliano. Para Hegel, antes dela a humanidade não se dera conta de que o homem "tinha como centro sua cabeça, isto é, o pensamento". Para ele, o pensamento – a razão – deve não apenas dirigir a realidade material como precisa sobrepor-se ao que chama "realidade espiritual", governando-a.
Hegel saudou, como a grande contribuição da revolução, o fato de o ser humano ter se descoberto como autônomo, capaz de mudar a realidade pelo uso da razão. Como ser pensante, o homem conhece seus potenciais e os do mundo, podendo atuar nele sem se sujeitar às circunstâncias estão em desacordo com a razão e que é preciso transformá-las. Claro que isso não se dá sem esforço; por isso, para Hegel, a história é uma luta sem trégua pela liberdade.
Para entender melhor essa ideia, é necessário saber que o conceito hegeliano de "razão" é amplo; inclui a razão individual, mas não se limita a ela. Para Hegel, o fato de os homens terem opiniões diferentes e divergentes faz com que elas não possam ser consideradas princípios organizadores da vida social e pessoal. Mas o ser humano tem, igualmente, outro tipo de princípios: aqueles que podem criar normas universais, válidas para todos. É a esse conjunto

de conceitos e princípios objetivos que o filósofo dá o nome de "razão".

Razão Pode Conhecer o Mundo

Como os românticos, Hegel leu Kant e foi influenciado por ele. Discordou da ideia kantiana de que o mundo poderia ser conhecido pelo Entendimento, mas que a essência da realidade – a coisa-em-si – jamais seria desvendada pela razão. Ao contrário dos românticos, porém, Hegel não foi buscar na arte a solução para a aporia kantiana, como fizeram os românticos. Para ele, o mundo é o domínio da razão e pode ser conhecido em sua totalidade.

A razão, porém, não compreende a realidade de imediato. Ela tem um longo percurso a cumprir antes de alcançar essa meta. O ponto de partida é o que Hegel denomina Consciência Sensível: aquela que leva o sujeito a perceber a si mesmo e a seu mundo. A Consciência Sensível, entretanto, é enganosa: considera verdadeiro aquilo que percebe.

Somente ao longo da trajetória a razão se dará conta desse engano inicial. Ao experimentar-se no mundo, ao conhecer-se nessa experimentação, a razão amplia sua percepção e seu saber. Passa a negar e a destruir suas antigas certezas para construir outras, agora não mais primitivas, e sim baseadas na reflexão.

Esse movimento da razão – perceber, refletir, negar, destruir, construir e assim sucessivamente – leva-a, de modo gradativo, a conhecer a verdade, a compará-la com a realidade e a perceber que pode transformar essa realidade, adequando-a a seus (da razão) preceitos.

Dialética

De acordo com Hegel, o princípio fundamental da mente é o compromisso com a falsidade das contradições. Quando se descobre que uma ideia envolve uma contradição, deve ocorrer uma nova etapa no desenvolvimento do pensamento. Hegel chama esse processo de Dialética.

A dialética hegeliana começa com uma tese, uma afirmação verdadeira. A reflexão revela uma contradição na tese, portanto, está seria chamada de antítese. Diante das duas ideias incompatíveis, uma nova e terceira seria possível, algo que Hegel chama de síntese. Automaticamente, a síntese virá uma tese, e mais cedo ou mais tarde, aparecerá uma antítese, e o processo continuará infinitamente.

Esse desenrolar gradual do pensamento, segundo Hegel, é o caminho em direção à verdade absoluta. Teorias, ideias ou conceitos falsos são meramente limitados do ponto de vista da compreensão hegeliana, sendo insuficientes para o homem. Mas a verdade hegeliana não consiste em afirmar o que é o mundo ou a realidade, mas sim de transcender a limitação da mente humana em busca do Geist.

A dialética hegeliana pode ser resumida dessa maneira:
- A lógica tradicional afirma que o ser, todo ser, é idêntico a si mesmo e exclui o seu oposto (princípio de identidade e de contradição); ao passo que a lógica sustenta que a realidade é essencialmente mudança, vir-a-ser, uma passagem de um elemento ao seu oposto (tese, antítese e síntese).
- A lógica tradicional afirma que o conceito é abstrato, enquanto apreende o elemento imutável, universal da realidade, prescindindo do particular e mutável; ao passo que a lógica hegeliana sustenta que o conceito é universal concreto, isto é, conexão histórica do particular com a totalidade do real, onde tudo é essencialmente conexo com tudo.
- A lógica tradicional distingue substancialmente a filosofia, cujo objeto é universal e o imutável, da história, cujo objeto é o particular e o mutável; ao passo que Hegel assimila filosofia e história, enquanto o ser é vir-a-ser.
- A lógica tradicional se distingue da ontologia, enquanto o nosso pensamento, se apreende o ser, não o esgota inteiramente como faz o pensamento de Deus; ao passo que a lógica hegeliana coincide com a ontologia, porque a realidade é o desenvolvimento dialético, racional do próprio "logos" divino, que no espírito humano adquire plena consciência de si mesmo (panlogismo).

Geist

Geist é uma palavra alemã que tem dois significados: "mente" e "espírito". Na filosofia hegeliana, costuma-se traduzi-la por "espírito". Embora a tradução esteja correta, a palavra "espírito" remete em várias línguas, a um ser transcendente, metafísico. E não foi nesse sentido que Hegel utilizou o vocábulo Geist. Espírito, para ele, é a razão que chegou ao ápice do percurso, que desenvolveu todas as suas potencialidades e, portanto, tornou-se plena, verdadeira.

O objetivo do Espírito-Mente é a liberdade, cujo significado pleno é alcançado de maneira progressiva pelo indivíduo, pelas sociedades e pela humanidade.

43 – Auguste Comte

Fundador do positivismo, Auguste Comte considerava que o papel da filosofia era classificar e organizar hierarquicamente o conhecimento obtido pelas ciências. O saber científico, para ele, compõe o estágio mais avançado da história humana.

Contribuições

Criador do positivismo, o francês Auguste Comte (1798-1857) tinha como objetivo incentivar uma reforma da sociedade mediante a criação de uma nova ciência e de uma nova religião. A primeira, a que chamou "sociologia", estudaria os fenômenos sociais até chegar a conclusões científicas que deveriam ser admitidas por todos; a segunda, a Religião da Humanidade, estabeleceria vínculos de solidariedade entre os homens ao uni-los em crenças comuns.

Foi secretário particular de Claude Henri Saint-Simon (1760-1825), defensor do industrialismo, que acreditava na possibilidade de uma ciência da sociedade provinda das elites em busca de ordem, paz e progresso, para conter os "ímpetos revolucionários" da classe trabalhadora.

A vida de Comte foi marcada por confrontos e problemas mentais que acabaram por levá-lo, primeiro, a uma tentativa de suicídio e, mais tarde, à loucura. Isso o impediu de seguir a carreira de professor (foi aluno por dois anos da Escola Politécnica de Paris, onde recebeu influências que determinariam seu pensamento) e o levou a atravessar dificuldades financeiras só sanadas com a ajuda de amigos, como Stuart Mill e o dicionarista Littré.

Entre suas obras mais importantes figuram o *Curso de Filosofia Positiva* (1842), *O Catecismo Positivista* (1852) e o *Sistema de Política Positivista* (1854), pontos de partida da sociologia e do cientificismo.

Reforma da Sociedade

Na época pós-napoleônica, acreditava-se que o pensamento tinha de concentrar-se nos problemas reais da sociedade para resolvê-los com o método científico, como tinha sido configurado de Hume a Kant. A

filosofia devia deixar de lado a metafísica para converter-se em uma disciplina social.
Com isso, não se queria renunciar aos ideais do progresso, mas se afirmava, por toda parte, que esse progresso devia ser impulsionado a partir de bases de ordem social. O problema era, justamente, como conseguir ambas as coisas. Nesse sentido, o pensamento de Comte procura estabelecer uma nova filosofia e novas bases para as ciências, com a finalidade de obter uma reforma da sociedade que implicasse uma reforma intelectual do homem.

Filosofia, Sociologia e Ciência

A filosofia, para Comte, não devia ser especulativa e doutrinadora e sim coordenar o conhecimento já estabelecido pelas ciências exatas e biológicas, classificando-o e ordenando-o. É essa a proposta do positivismo, que, por força desse princípio, transforma o saber numa espécie de enciclopédia hierarquizada: no topo ficam as ciências mais abstratas e autônomas e, na base, as mais concretas e dependentes de outras. As ciências abstratas seriam o estudo da estática e dinâmica, termos emprestados da engenharia. A estática seria o estudo dos fenômenos sociais, onde Comte insiste que todas as condições econômicas, culturais e sociais se afetam entre si. A dinâmica seria a ciência da mudança, o desenvolvimento da sociedade que refletem o progresso intelectual.
Embora essa classificação coloque a sociologia em último plano, Comte a resgata e lhe dá papel de destaque, argumentando que ela tem como objetivo determinar as normas que levem à reforma moral da sociedade. A filosofia, a sociologia e as ciências, para Comte, têm como objetivo a salvação do homem. Trata-se de uma "missão", de uma espécie de apostolado, que o levou a fundar a Religião da Humanidade, embora tenha sido contrário as religiões europeias. Com rituais e calendários próprios, ela até hoje mantém templos e seguidores na França e no Brasil, tendo nomes como Mário Pereira de Sá e Benjamin Constant como grandes nomes do positivismo brasileiro.

Lei dos Três Estágios

A história, para Comte, pode ser dividida em três períodos: o teológico, o metafísico e o científico (ou, na terminologia comteana, "positivo"). A cada um deles corresponde um estágio da razão humana, ao longo das três grandes fases históricas que, para Comte, foram fundamentais na constituição das civilizações.

O estágio teológico é o período em que o homem recorre ao sobrenatural para entender os fenômenos do mundo. Aqui, é a imaginação que reina, explicando o funcionamento da natureza por meio da suposta ação de divindades, responsáveis tanto por situações boas como por acontecimentos nefastos. "A prioridade do todo sobre as partes" é a definição de Comte sobre este estágio, tendo concordância ecoada em Durkheim, contrariedade por Weber e indiferença por Marx. As leis e as regras divinas são o todos.

Comte divide o estágio teológico em três fases: fetichismo, politeísmo e monoteísmo. No fetichismo, os homens dão, aos seres naturais, atributos espirituais semelhantes aos dos humanos. No politeísmo, a "alma" desses seres é considerada sob o controle das entidades superiores, invisíveis. Já no monoteísmo, uma só divindade ocupa o lugar antes tomado por todos os seres considerados superiores. A fase monoteísta representa a transição para o estágio metafísico.

Juntamente com essa função explicativa, a fase teológica também tem uma função social, que é a de coesão entre os homens. A vida moral baseia-se na suposta existência de uma autoridade divina poderosa e imutável, que se manifestaria, politicamente, na forma da monarquia e do militarismo.

No estágio metafísico, a imaginação é substituída pela argumentação e a dimensão abstrata toma o lugar da concretude, como princípio do progresso do conhecimento. Mas tanto o pensamento metafísico como o teológico empreendem a busca pela "natureza última" das coisas, isto é, aquilo que explicaria a origem delas, sua finalidade e como são produzidas.

Os fenômenos, no primeiro momento do estágio metafísico, são entendidos como a manifestação de "forças" físicas, químicas ou vitais. No segundo momento, os homens dão o nome de "natureza" ao conjunto dessas forças. Com isso, acabam concebendo a existência de uma unidade – noção semelhante ao deus do monoteísmo teológico.

Agora, porém, o homem e o mundo não estão mais à mercê de uma autoridade, como no primeiro estágio, nem se submetem a entidades sobrenaturais. Politicamente, o período metafísico corresponderia ao império das leis, e não mais, como no teológico, da submissão à vontade dos monarcas. No caso de haver se estabelecido um contrato, é a soberania do povo que dita o funcionamento da sociedade.

A observação impera no terceiro estágio histórico proposto por Comte. Não se procuram mais as causas dos fenômenos, como acontecia nas fases teológica e metafísica. Deve-se observá-los para encontrar as regularidades existentes entre eles, e estas formarão as leis naturais. Essas relações permitem a previsibilidade (palavra de ordem do positivismo) científica dos fenômenos, o que, por sua vez, torna possível o desenvolvimento técnico. Com isso o homem pode explorar a natureza de forma igualitária, em qualquer momento e local (história da humanidade universal e linear).

A filosofia positiva não aceita que os fenômenos naturais possam ser reduzidos a um único princípio (como Deus ou a natureza) porque afirma não haver, entre eles, uma ligação constante e fundamental que permita reuni-los num todo. O que de fato transforma o conhecimento numa unidade é o método empregado: se ele for igual para todos os campos do saber, vai gerar teorias semelhantes.

No estágio positivo, a realidade é campo de investigação científica e, por consequência, o poder espiritual pertence aos cientistas. Já o poder material fica com os industriais.

44 – Karl Marx

Karl Marx, junto de Engels, pensadores e revolucionários do século XIX, elaboraram uma nova interpretação da história, organizaram o movimento operário, inauguraram a Filosofia da Práxis e apontaram o comunismo como a realização da liberdade humana.

Socialismo Utópico

Assim como a burguesia teceu as bases filosóficas que justificaram o seu poder e asseguraram o direito à propriedade, o proletariado, em contrapartida, contou com teóricos – uns reformistas, outros revolucionários – que se preocuparam com as condições de vida e de trabalho no mundo industrial.

Em fins do século XVIII e princípio do século XIX, surgem os nomes mais expressivos do socialismo utópico ou socialismo romântico: Conde de Saint-Simon (1760-1825), Charles Fourier (1772-1837) e Robert Owen (1771-1858). Esses três pensadores não propunham defender os interesses somente do proletariado, mas de toda a humanidade. E, assim como os enciclopedistas iluministas, pretendiam instaurar o império da razão e da justiça, porém conceitualmente diferentes, pois os conceitos iluministas foram apropriados a burguesia para transformar o Estado num instrumento de legitimação de seus valores.

As propostas dos socialistas utópicos baseavam-se na implantação de modelos sociais mais justos, que servissem de referência para a edificação de uma sociedade igualitária, sem antagonismos sociais, agindo como colaboradoras e, a partir do êxito desses modelos sociais, estender-se-ia a toda a humanidade.

O francês Saint-Simon, contemporâneo da Revolução Francesa, assistiu à queda do Antigo Regime. Presenciou todas as fases da Revolução e percebeu a apropriação do Estado pela burguesia em proveito próprio, apropriando-se das terras da nobreza e do clero, das especulações financeiras, assim como o governo dos jacobinos que, no seu entender, só agravaram a fome e a miséria em razão da inaptidão para governar. Sua experiência empírica o levou à compreensão de que os antagonismos sociais resultam do antagonismo entre os trabalhadores e os ociosos. Os ociosos eram os privilegiados do Antigo Regime – nobreza e clero – e aqueles que viviam de rendas, sem investimentos produtivos – militares, magistrados e especuladores. Os trabalhadores eram os operários, fabricantes, comerciantes e banqueiros. Na nova sociedade que propunha edificar, o governo seria uma associação entre a ciência, representada pelos acadêmicos, e a indústria, representada pelos industriais, comerciantes e banqueiros. A sociedade apresentaria hierarquia de funções, sendo o trabalho manual inferiorizado aos demais, porém, todos trabalhando em benefício da classe mais pobre e numerosa. Saint-Simon declarava, em 1816, que a política é a ciência da produção, antevendo a absorção da política pela economia.

O também francês Charles Fourier dividiu a História em quatro etapas: selvagerismo, barbárie, patriarcado e civilização, sendo esta última o mundo burguês e industrializado, concluindo que "na civilização, a pobreza brota da própria abundância". Fourier propunha a criação de uma sociedade baseada na associação e no cooperativismo, na construção de falanstérios – fazendas coletivas agroindustriais –, na abolição da divisão social do trabalho e na possibilidade de os homens desenvolverem plenamente suas habilidades e aptidões, ficando livres na luta pela sobrevivência. Contrariando os valores morais da sociedade francesa, que considerava a mulher submissa ao homem e incapacitada de assumir o papel de provedora da família, Fourier afirmava que, pelo grau de emancipação da mulher em sociedade, mede-se o grau de emancipação geral.

Robert Owen, empresário inglês, dirigiu, como sócio, uma fábrica de fios de algodão em New Lanark, na Escócia, chegando a ter cerca de 2500 operários. Influenciado pela filosofia materialista do século XVIII, acreditava que o caráter do homem é fruto de dois fatores: qualidades inatas e circunstâncias materiais. Assim sendo, investiu com especial atenção na infância, fase em que se inicia a moldagem social dos homens. Em sua fábrica, criou jardins de infância, reduziu a jornada de trabalho diária para dez horas e pagava os melhores salários para os operários industriais. Na vila operária, procurou extinguir problemas morais, como embriaguez, brigas, abandono a idosos e crianças. O sucesso de suas medidas aumentou a produção, elevando os lucros dos sócios-empresários, tornando-o um modelo e despertando até admiração do Papa, que via em Owen a capacidade de recuperação dos vícios materiais e espirituais da classe operária.

No entender de Robert, a produção e a riqueza produzida pelos operários eram apropriadas pelos patrões, impossibilitando os trabalhadores de desenvolverem suas habilidades e aptidões natas. Defendia que a indústria e o proletariado seriam os alicerces de reconstrução social e se voltariam para o bem-estar coletivo, como, por exemplo, a propriedade coletiva. Presidiu o Primeiro Congresso em que as trade-unions de toda a Inglaterra se fundiram em organização sindical. Em 1823, propôs um sistema de colônias para combater a miséria dos trabalhadores irlandeses, apresentando detalhes de custo, rendas prováveis, projetos de engenharia e arquitetura. Ignorado e boicotado pelos fornecedores de lã, Owen foi marginalizado socialmente e viu-se obrigado a sair da Inglaterra e mudar-se para os Estados Unidos, onde criou a cidade de New Harmony, no estado de Indiana, que se constituiu numa fracassada tentativa comunista. Retornou à Inglaterra onde dedicou os últimos anos de sua vida à organização da classe operária em sindicatos.

Socialismo Libertário ou Anarquismo

O socialismo libertário ou anarquismo é outra vertente ideológica que propunha a construção de uma sociedade igualitária. Os libertários propunham a construção de uma sociedade sem Estado, não somente no sentido político de governo, mas também na concepção de fronteira geográfica, do espaço privilegiado da lei, da unicidade monetária, em que se consideram os indivíduos no interior desse espaço como possuidores de uma identidade comum, uma Nação, como se fossem comuns os interesses e os direitos.

Para eles, as leis, o poder, o governo e as instituições foram apropriadas por um grupo social, no caso a burguesia, para fazer valer seus interesses, como o direito à propriedade e a liberdade de comercio. A igualdade burguesa é apenas jurídica, pois os homens se encontram divididos em classes sociais. A suposta vontade popular tornou-se a vontade de uma só classe: a dominante. Diante disso, os anarquistas pregavam a eliminação da propriedade privada e a organização de um novo modelo social baseado em pequenas comunidades cooperativas, distinguindo-se pelas atividades a elas dedicadas, conforme a aptidão dos indivíduos, intercambiando diretamente a produção sem objetivar o lucro, mas ao autoabastecimento.

Bakunin, anarquista russo, preconizava o emprego da força para combate, por meio da ação direta dos indivíduos, na prática de sabotagem, greve, atentados contra políticos e insurreição pela luta armada. Outro russo, Kropotkin, defendia a tática revolucionária do não-reconhecimento das instituições ou de obrigações com o Estado,

numa atitude pacifista de recusa, de não-violência: a recusa ao pagamento de impostos, ao alistamento militar, à participação nas eleições, em reconhecer os tribunais de justiça.
Uma das preocupações dos anarquistas era a formação intelectual do operariado, enfatizando a educação como um fundamento necessário para a capacitação da nova organização social e produtiva. Dentre os principais anarquistas, destacam-se o inglês William Godwin, o alemão Max Stiner, o francês Pierre Joseph Prodhon e os russos, já mencionados, Miguel Bakunin, Pedro Kropotkin e Leon Tolstoi.

Feuerbach

Ludwig Andreas Feuerbach (1804-1872) foi reconhecido por sua crítica à religião e sua influência no desenvolvimento do materialismo e do humanismo secular. Filho de um jurista, inicialmente estudou teologia na Universidade de Heidelberg, mas rapidamente mudou seu foco para a filosofia ao se tornar cético. Em 1824, mudou-se para Berlim para estudar sob a orientação de Hegel, cuja filosofia teve um impacto profundo em seu pensamento.
Depois de concluir seus estudos, Feuerbach passou a maior parte de sua vida como acadêmico independente sustentando-se com a ajuda de amigos e por meio de seus escritos. Ele se afastou do hegelianismo ortodoxo e começou a desenvolver suas próprias ideias filosóficas, especialmente em relação à religião e à natureza humana.
Sua obra A *Essência do Cristianismo* (1841) argumenta que Deus é uma projeção das qualidades humanas idealizadas. Em vez de ser uma entidade independente, Deus é, na visão de Feuerbach, uma criação da mente humana. Ele sugere que os atributos que as pessoas atribuem a Deus, como amor, sabedoria e justiça, são na verdade reflexos dos melhores aspectos da própria natureza humana.
A filosofia de Feuerbach é frequentemente descrita como humanista porque ele coloca o ser humano no centro de seu pensamento. Ele acreditava que, ao invés de buscar respostas em uma entidade divina, os seres humanos deveriam se concentrar em compreender e melhorar a si mesmos e suas relações com os outros. Esse enfoque no ser humano como a medida de todas as coisas influenciou significativamente o desenvolvimento do humanismo secular.
Embora não tenha sido um materialista no sentido estrito da palavra, ele lançou as bases para o materialismo filosófico que seria desenvolvido por Marx e Engels. Feuerbach enfatizou a importância da realidade material e das necessidades humanas físicas,

argumentando que a consciência e a religião são produtos das condições materiais de existência.

Karl Marx

Nascido em Treves, na Alemanha, numa família judaica que se converteria ao protestantismo devido a não possibilidade de cargos públicos para judeus na Confederação e partidário, na juventude, da esquerda hegeliana, o alemão Karl Marx (1818-1883) foi redator da *Gazeta Renana*, jornal da oposição fechado pela monarquia prussiana. Estudou direito nas universidades de Bonn e de Berlim e doutorou-se na universidade de Iena, em 1841, com uma tese sobre a filosofia da natureza, de Demócrito e de Epicuro. Foi em Paris (1843) e em Bruxelas (1845), onde entrou em contato com o movimento operário. Também em Paris foi onde conheceu Engels, filho de um dos maiores industrialistas da Alemanha. Expulso da Alemanha por sua participação na revolução de 1848, fixou residência em Londres, numa vida miserável com sua esposa – que perdeu seu status aristocrático – e seus 6 filhos – apenas 3 chegariam à idade adulta, sempre recebendo ajuda financeira de Engels. Ali, dedicou-se, com bastante aperto econômico, ao estudo, ao jornalismo e à política. Em 1864 participou da fundação da Associação Internacional dos Trabalhadores, a Primeira Internacional, cujos estatutos redigiu. Faleceu em solo inglês e está enterrado no cemitério Highgate, em Londres.

Sua obra contém elementos de filosofia, história, economia, direito e política. Nela, Marx afirma que a história da humanidade é a história da luta de classes – "trabalho" e "classe social" foram termos influenciados por Adam Smith –, surgida com a aparição da propriedade privada. Ao longo dos séculos, uma série de modos de produção foi se sucedendo até chegar ao capitalismo, caracterizado pelo trabalho assalariado da classe operária, pela mais-valia (valor que expressa a exploração da força de trabalho pelo capital) e pela posse, por parte dos capitalistas, dos meios de produção.

Segundo as teses de Marx, o desenvolvimento do capitalismo, necessariamente, conduzirá a uma nova fase história, o socialismo, caracterizado pela abolição da propriedade privada e pela desaparição paulatina das classes sociais.

A obra mais importante de Marx é *O Capital*, cujo primeiro livro foi publicado em 1867. Nele, é realizada uma minuciosa análise das origens, da evolução e das características do capitalismo do século XIX. Outras de suas publicações mais relevantes são *Manuscritos*

Econômico-Filosóficos (1844), *A Ideologia Alemã* (1846), *Manifesto do Partido Comunista* (1848), escritas com a colaboração de Engels, *O 18 de Brumário de Luís Bonaparte* (1852) e *Contribuição à Crítica da Economia Política* (1859).

De Hegel ao Comunismo

O percurso intelectual de Marx tem início com a leitura de Hegel. Marx fazia parte da "esquerda hegeliana", a ala progressista dos seguidores do filósofo (a outra ala, conservadora, era à "direita hegeliana"), que pregava reformas na Prússia. A militância política fez de Marx um alvo do absolutismo prussiano, que passou a persegui-lo e terminou por expulsá-lo.

Quando isso aconteceu, ele já havia rompido com os hegelianos, influenciado pelo materialismo de outro filósofo alemão, Ludwig Feurbach. Também já conhecera Engels, que seria seu interlocutor e parceiro intelectual durante toda a vida. Juntos, ambos elaboraram a teoria do materialismo histórico.

Uma das maiores contribuições de Marx foi a dissecação do então nascente sistema capitalista. Ele fez uma análise minuciosa do funcionamento desse sistema, estabelecendo seus fundamentos, características e contradições. Para isso foi decisiva sua atividade política junto do operariado alemão e sua militância como partidário do comunismo.

Filosofia como Práxis

"Os filósofos têm apenas interpretado o mundo de maneira diferentes; a questão, porém, é transformá-lo", escreveu Karl Marx na 11ª das *Teses sobre Feuerbach* (1845). O texto, curto, faz crítica ao idealismo alemão e da própria filosofia, acusada de tomar a realidade como objeto ou como contemplação, nunca como práxis, isto é, como atividade humana concreta. Para Marx, a mente humana não é um sujeito passivo diante do mundo externo, tese sustentada pelos empiristas, mas compartilhava a mesma de Kant, de que a mente está engajada com os objetos que geram conhecimento. "É na práxis", afirma Marx, na 2ª tese, "que o ser humano tem de comprovar a verdade, isto é, a realidade e o poder, o caráter terreno do seu pensamento".

Foi com base nessa convicção que Marx elaborou seu pensamento. Conhecedor, como ativista político, da problemática operária; combatente do absolutismo e de todas as formas de exploração humana; estudioso de história, filosofia, direito e economia, ele não apenas acercou-se da realidade de várias maneiras como interferiu nela.

Essa intervenção se deu, em vida, na organização do movimento operário e na propaganda comunista, incluindo a redação, com Engels, do *Manifesto Comunista*. Seu pensamento e sua militância, porém, atravessaram os séculos, influenciando movimentos que mudaram a história, como a Revolução Russa de 1917, e conquistando adeptos até hoje. Também conquistaram críticos, mas até mesmo eles reconhecem a estatura de Marx como teórico e como o filósofo que desvendou o funcionamento do capitalismo.

Materialismo Histórico

A defesa da práxis levou Marx à elaboração, com Engels, do materialismo histórico-dialético, um modo de examinar e compreender o mundo baseado não em ideias ou conceitos, mas na realidade vivida pelos homens, em suas condições de existência e nas ações que executam, pensamento este que combinou a filosofia alemã, a economia política inglesa e a teoria política francesa.

Ao centrar sua análise da maneira como os seres humanos produzem as condições materiais de suas vidas, demonstrando que é essa produção a responsável pela organização da sociedade, Marx fundou, para a filosofia, um caminho novo. O materialismo histórico recompõe e analisa a história pelas relações que o homem mantém entre si, divididos em duas classes sociais: a dos trabalhadores e a dos proprietários (das terras e/ou dos meios de produção). São essas relações que compõem a base econômica das sociedades e que determinam, com o suporte da instância política (detentora da força) e da coerção ideológica, o modo como os homens vivem, tanto material como simbolicamente. Isso tem como consequência, para a filosofia, a constatação de que nenhuma ideia, nenhum conceito, por mais bem-intencionado que seja, pode realizar mudanças na realidade concreta. Mudar a realidade implica transformar as relações entre os homens, de modo que a classe trabalhadora se aproprie dos meios de produção, encerrando o ciclo de exploração e servidão a que é submetida pelos detentores do capital.

Ideologia

Com Marx, a questão da ideologia tomou ares críticos e passou também a ser aceita por vários filósofos após Marx. De uma maneira geral, podemos afirmar que a ideologia é um conjunto de ideias, de pensamentos e de representações que os seres humanos produzem sobre a realidade com a qual convivem. Essas ideias são utilizadas para orientar as discussões, que podem ser políticas ou de qualquer outra natureza.

A crítica de Marx é sobre a concepção dessa ideologia, ou seja, como ela surge. Contrariando a filosofia existente até então, Marx afirma que a ideologia é um reflexo das relações materiais que os homens estabelecem para sobreviver e que, portanto, ela não está acima da humanidade. A ideologia não pode ser tomada como algo metafísico, ao contrário, ela deve ser tomada como resultado dos esforços concretos, materiais, que a humanidade realiza para a sua reprodução.

A ideia não antecede o homem, mas é sua criação. As ideologias servem como orientação para os mais variados modos de se viver e quando são apropriadas indevidamente por alguns específicos, e isso ocorre com frequência, acabam se tornando modos de dominação. Segundo Marx, esse é o maior problema das ideologias generalizantes.

Origem do Capitalismo

Marx cresceu numa época em que a Revolução Industrial, em expansão, promovia a riqueza de alguns e a miséria de muitos. Ao debruçar-se na história para entender as desigualdades promovidas pelo nascente sistema capitalista, ele encontra sua origem no feudalismo e identifica nas instâncias política (responsável pelo uso da força) e ideológica (a coerção operada pelo catolicismo, com suas noções de vontade e castigo divinos) os instrumentos para a manutenção da ordem feudal.

A passagem dessa fase feudal, que Marx denomina "período infantil" do capitalismo, para o modo de produção capitalista foi antecipada pelos interesses de um mercado mundial criado nos séculos XV-XVI: as descobertas do ouro e da prata nas Américas, o extermínio e a escravização das populações indígenas. O uso da violência em todas as etapas de transição feudalismo-capitalismo prova que a força, "parteira de toda velha sociedade que traz em si uma nova", é, ela mesma, um agente econômico.

Pela força, a manufatura substituiu a produção artesanal de objetos, tirando do artesão o controle sobre o próprio trabalho e deslocando esse controle para as mãos dos donos das fábricas. Pela força, a introdução das máquinas no ambiente fabril, que caracterizou a

Revolução Industrial, produziu um enorme contingente de desempregados – para o capitalista era mais um instrumento de pressão sobre o trabalhador, obrigando-o a aceitar as condições impostas para não ser substituído pela farta mão-de-obra potencial. Pela força, enfim, o modo de produção capitalista se impôs.

Modos de Produção

Como historiador, Marx analisou a sociedade humana a partir da luta de classes. A partir disso, ele contextualizou a história da humanidade a partir dos modos de produção:

- **Comunismo Primitivo**: a humanidade não detinha posses, a propriedade era comum a todos.
- **Patriarcal**: surgimento das classes sociais e o desenvolvimento da propriedade familiar com viés de subsistência controlada pela figura masculina.
- **Asiático**: existência da servidão coletiva baseada na propriedade estatal com poder centralizado e teocrático a partir das primeiras civilizações.
- **Escravista**: exploração humana como propriedade privada havendo oposição entre trabalho manual e intelectual, iniciada com gregos antigos.
- **Feudal**: exploração humana baseada na servidão.
- **Capitalismo**: consolidação do Estado com propriedade privada.

Alienação e Mais-Valia

A imposição do modo de produção capitalista promoveu aquilo que, num texto de juventude, Marx denominou de alienação do trabalho: o produto fabricado pelo trabalhador, por não lhe pertencer, parece-lhe algo estranho, "um poder independente dele e que o domina".
Sob o domínio do capital, a atividade do trabalhador, o produto dessa atividade e ele próprio, afirma Marx, pertencem ao capitalista. E este se apodera do operariado de tal maneira que o transforma não apenas em fonte de lucro como também numa das bases do próprio modo de produção capitalista, por meio da mais-valia.
Um dos principais conceitos na obra de Marx, a mais-valia é o tempo excedente de trabalho que o capitalista não paga ao trabalhador. Um

exemplo didático: suponha-se que quatro horas diárias de jornada sejam suficientes para o trabalhador obter os meios necessários para recompor sua força de trabalho. Suponha-se também que o capitalista lhe pague esse valor.
Só que o trabalhador, em vez de quatro, é obrigado a trabalhar oito horas por dia. Se apenas quatro horas são remuneradas, o que acontece com as outras quatro? São "embolsadas" pelo capitalista, que se apropria da força de trabalho que o funcionário depende em quatro de suas oito horas de jornada diária. A esse excedente de trabalho não-remunerado Marx dá o nome de mais-valia. E é exatamente sobre ele que, descontados os custos e o lucro que compõem o valor final do produto, o empresário acumula capital. Assim, a exploração da força de trabalho, traduzida em mais-valia, é uma das bases sobre as quais o capitalismo cresce e se sustenta.

Comunismo

Há alguma saída que ponha fim à exploração do capitalismo, causa de miséria e desigualdade? Para Marx, há. E essa saída se organiza em dois períodos. O primeiro deles é a transição para o socialismo, em que a classe trabalhadora toma o poder e destrói a organização capitalista do trabalho – responsável também pela apropriação da vida objetiva e subjetiva do trabalhador.
Trata-se de um processo longo, em que os trabalhadores assumem o controle do próprio trabalho, dos meios para realizá-lo, da negociação dos produtos. Tal processo implica a mudança de atitude mental da classe trabalhadora, que assim se reapropria de seu universo subjetivo.
Para que essa reapropriação se efetue são necessários: a destruição do aparato estatal burguês e sua substituição pela ditadura do proletariado; a destruição do aparelho militar-policial e a transferência do direito do uso da força para o povo. A segunda etapa é a transição para o comunismo, isto é, a formação de uma sociedade sem Estado e sem classes, fundadas no trabalho livre e na cooperação entre os indivíduos, libertos das formas de exploração da força de trabalho.

Ditadura do Proletariado

Elemento central na transição do socialismo para o comunismo, a ditadura do proletariado não é, como o senso comum imagina, um regime totalitário. Para Marx, todo Estado é uma ditadura, mesmo os considerados democráticos, porque representam os interesses de uma única classe: a que está no poder. Assim, não importa que o Estado conte com eleições, parlamento, aparato jurídico, liberdades públicas – ainda assim continuará a ser uma ditadura.

Para Marx, aquilo que se conhece comumente como "democracia" burguesa é, na verdade, a ditadura da minoria, uma vez que existe para representar e defender essa minoria. Ao contrário, a ditadura do proletariado é a ditadura da maioria, pois representa e defende os interesses da classe trabalhadora, que compõe a maioria da população.

Friedrich Engels

Amigo e colaborador de Marx, Friedrich Engels (1820-1895) foi um dos responsáveis por desenvolver e expor o materialismo histórico marxista e o socialismo. Escreveu *A Situação da Classe Trabalhadora na Inglaterra*, escrito quando viveu em Manchester, é uma observação social e registro histórico da sociedade inglesa do século XIX.

Ele escreve: "O que é verdade sobre Londres é verdade sobre Manchester, Birmingham, Leeds, é verdade sobre todas as grandes cidades. Em todo lugar, indiferença bárbara, forte egoísmo de um lado, e de outro, miséria inominável, por todo canto conflito, guerra, a casa de cada pessoa num estado de sítio, em todo canto pilhagem recíproca sob a proteção da lei, e tudo isso tão desavergonhadamente, de modo tão escancarado, que se treme ante as consequências de nosso estado social, tal como se manifestam aqui indisfarçadamente, e só se pode imaginar como toda a estrutura louca ainda se mantém de pé".

Diferente de muitos contemporâneos, Engels não via a classe trabalhadora como resultado problemático do capitalismo. Junto a Marx, pensavam que quanto maior o número de trabalhadores, maior o poder para a revolução, acelerando o advento do socialismo.

Catolicismo Social ou Socialismo Cristão

Essa doutrina social da Igreja Católica era uma crítica ao liberalismo econômico, mas também um repúdio ao socialismo. Em fins do século XIX, o sacerdote Robert Lamennais (1782-1854) fez as primeiras críticas aos efeitos do capitalismo sobre a classe operária, sugerindo que os princípios cristãos fossem reforçados para corrigir esses males. Esses males seriam os efeitos comportamentais e morais que incidiam sobre a classe operária, como a embriaguez, a prostituição e a violência, daí a defesa da justiça social.

Em 1891, o papa Leão XIII publicava a *Encíclica Rerum Novarum*, rejeitando a tese da luta de classes como solução para as desigualdades sociais e defendendo o direito à propriedade privada e melhor distribuição da riqueza, atacando, por sua vez, a exploração do trabalhador como instrumento de lucro. Sua tese consistia em que o Estado deve intervir nas questões trabalhistas para assegurar aos trabalhadores dignidade no trabalho, como melhores salários, leis que regulamentassem o trabalho feminino e infantil, limitação das jornadas de trabalho, direito ao descanso semanal remunerado e o direito de associações sindicais. Na prática, fomentou a criação de sindicatos e partidos políticos de concepção católica na defesa dos direitos trabalhistas, numa atitude paternalista, sem que os fundamentos da exploração do trabalho fossem atacados, como a propriedade e a mais-valia.

45 – Durkheim e Weber

A sociologia, como campo de estudo acadêmico, deve grande parte de sua fundação a dois pensadores notáveis: Émile Durkheim e Max Weber. Ambos, embora distintos em suas abordagens e metodologias, contribuíram de maneira significativa para a compreensão das estruturas sociais e das interações humanas.

Durkheim

Émile Durkheim (1858-1917) nasceu em Épinal, na região de Lorena, França, em uma família judia. Desde jovem, mostrou-se um aluno brilhante, ingressando na École Normale Supérieure, onde se destacou em filosofia. Influenciado por várias correntes de pensamento, como o positivismo de Comte, o racionalismo de Kant e o socialismo de Marx, Durkheim buscava, no entanto, estabelecer a sociologia como uma disciplina científica distinta da filosofia e da economia.

Sua carreira acadêmica começou como professor de filosofia, mas rapidamente se voltou para a sociologia, ao estabelecer em 1887, a primeira cadeira de sociologia na Universidade de Bordeaux. Mais tarde, em 1902, transferiu-se para a Universidade de Paris, onde continuou seu trabalho até sua morte. Durante sua carreira, Durkheim fundou a revista *Os Anais da Sociologia*, um importante veículo para a disseminação das ideias sociológicas.

Faleceu em 1917 em decorrência da depressão vinda da morte de seu filho na Primeira Guerra Mundial.

Sociologia Durkheimiana

Durkheim foi positivista e determinista – a sociedade condiciona as ações individuais – na juventude e depois a aperfeiçoaria para o que conhecemos como funcionalismo, onde há necessidade de estudar o todo para estudar as partes.

O principal conceito na sociologia de Durkheim é o Fato Social. Durkheim define fatos sociais como maneiras de agir, pensar e sentir, externas ao indivíduo, que exercem um poder coercitivo sobre ele. Esses fatos são característicos de grupos sociais e não podem ser reduzidos a fenômenos individuais. Durkheim argumenta que a sociologia deve estudar os fatos sociais com a mesma objetividade com que as ciências naturais estudam os fenômenos físicos. Para ele, todo fato social provém de uma tendência coletiva (generalidade), o que leva a pessoa a agir (exterioridade), seja por coesão ou coerção (coercitividade).

A partir do fato social, Durkheim identificou duas formas de solidariedade que caracterizam as sociedades: a mecânica e a orgânica. Na solidariedade mecânica, típica das sociedades tradicionais, os indivíduos compartilham crenças e valores comuns, e a coesão social é mantida pela homogeneidade. Já na solidariedade orgânica, própria das sociedades modernas, a coesão social decorre da interdependência entre indivíduos que desempenham funções especializadas e complementares.

Foi Durkheim quem estabeleceu o conceito de consciência coletiva, o conjunto de crenças e sentimentos comuns aos membros de uma sociedade. Segundo ele, essa consciência é distinta da individual e exerce forte influência sobre o comportamento dos indivíduos. Em sociedades com solidariedade mecânica, a consciência coletiva é forte e abrangente, enquanto nas sociedades com solidariedade orgânica, ela é mais fraca e especializada.

Obras

Em *Da Divisão do Trabalho Social* (1893), Durkheim explora a transição das sociedades tradicionais para as modernas, destacando a mudança da solidariedade mecânica para a orgânica. Ele argumenta que a divisão do trabalho é um fator essencial para o desenvolvimento social e que a especialização das funções contribui para a coesão social, apesar de também poder gerar anomia, uma condição de desregulação social.

As Regras do Método Sociológico (1895) é uma obra fundamental em que Durkheim estabelece os princípios metodológicos da sociologia. Ele defende a necessidade de tratar os fatos sociais como coisas, ou seja, com objetividade e distanciamento, e propõe regras para a observação e explicação dos fenômenos sociais. Durkheim enfatiza a importância de evitar preconceitos e ideologias ao estudar a sociedade.

Em *O Suicídio* (1897), Durkheim realiza um estudo pioneiro sobre as causas sociais do suicídio. Ele identifica quatro tipos de suicídio: egoísta, altruísta, anômico e fatalista. O suicídio egoísta resulta da falta de integração social, enquanto o altruísta decorre do excesso de integração. O suicídio anômico é causado pela falta de regulação social, e o fatalista, pelo excesso de regulação. Este estudo exemplifica a aplicação dos métodos sociológicos para compreender fenômenos sociais complexos.

As Formas Elementares da Vida Religiosa (1912) é um estudo sobre a religião nas sociedades primitivas, particularmente os aborígenes australianos. Durkheim argumenta que a religião é uma expressão da consciência coletiva e desempenha um papel crucial na coesão social. Ele distingue entre o sagrado e o profano e sugere que os rituais religiosos reforçam a solidariedade social e a identidade coletiva.

Metodologia

Durkheim insistia que os fatos sociais deveriam ser tratados como "coisas", ou seja, como objetos que existem independentemente das percepções individuais e que podem ser estudados cientificamente. Esse tratamento implica a observação objetiva e a utilização de métodos empíricos para investigar os fenômenos sociais. Durkheim acreditava que a sociologia deveria adotar métodos similares aos das ciências naturais para garantir a rigorosidade e a validade de suas conclusões.

Para validar sua metodologia, Durkheim criou tipologias para classificar e entender os fenômenos sociais. Por exemplo, na análise do suicídio, ele desenvolveu uma tipologia que distingue entre diferentes tipos de suicídio com base em suas causas sociais, permitindo uma compreensão mais detalhada e diferenciada dos fenômenos sociais, facilitando a análise e a explicação das suas variações.

Também em seu estudo sobre o suicídio, ele utilizou estatísticas oficiais para identificar padrões e correlações entre taxas de suicídio e variáveis sociais como a religião, o estado civil e a urbanização. O uso de métodos quantitativos permitiu a Durkheim testar suas hipóteses empiricamente e estabelecer as relações causais entre variáveis sociais.

Educação e Anomia

Durkheim viu a educação como um mecanismo crucial para a socialização e a integração social. Ele argumentava que a educação transmite os valores e normas da sociedade às novas gerações, garantindo a continuidade da consciência coletiva. Seu trabalho *Educação e Sociologia* (1922) explora como a escola desempenha um

papel fundamental na formação dos cidadãos e na manutenção da coesão social.
Durkheim comparou os fatos sociais com o corpo humano, criado dois tipos: o normal e o patológico. O fato social normal é regular quando as instituições funcionam e formam os indivíduos; o patológico são irregulares e ferem a consciência coletiva da sociedade. Quando os fatos sociais estão em transição de normal para patológico, ou vice-versa, Durkheim cunhou o termo anomia, o estado passageiro onde a sociedade tende a se estabilizar para criar uma nova configuração social.

Críticas

Uma das principais críticas ao trabalho de Durkheim é o seu determinismo social. Alguns críticos argumentam que Durkheim atribui um peso excessivo aos fatos sociais na determinação do comportamento individual, negligenciando a agência e a autonomia dos indivíduos. Essa crítica aponta para a necessidade de um equilíbrio entre as influências sociais e a capacidade individual de ação.
Outra crítica comum é o reducionismo funcionalista. Ele é acusado de explicar os fenômenos sociais exclusivamente em termos de suas funções para a sociedade, ignorando outras possíveis explicações. Críticos argumentam que essa abordagem funcionalista pode simplificar excessivamente a complexidade dos fenômenos sociais e não considerar adequadamente os conflitos e as mudanças sociais.
Apesar das críticas, suas ideias sobre coesão social, anomia e a importância dos rituais e da religião oferecem insights valiosos para a compreensão das sociedades modernas. Além disso, seus métodos de pesquisa e sua ênfase na objetividade científica continuam a influenciar a prática sociológica.

Weber

Max Weber (1864-1920) é um dos mais importantes fundadores da sociologia moderna, abrangendo uma vasta gama de tópicos em suas obras, incluindo a sociologia da religião, a economia, a política, a metodologia das ciências sociais e a racionalização da sociedade.
Nascido em Erfurt, na Alemanha, numa família abastada e intelectualmente ativa, Weber estudou direito, economia e história nas universidades de Heidelberg, Munique e Berlim. Filho de jurista e um irmão sociólogo, Weber participou da Primeira Guerra Mundial

como diretor de hospitais e participar da delegação alemã na assinatura do Tratado de Versalhes, além de ser redator da Constituição da República de Weimar. Suas influências intelectuais vão desde o historicismo alemão, a filosofia de Kant e Nietzsche, e a economia política de Marx.

Sociologia Weberiana

Enquanto a sociologia de Durkheim observava os fatos sociais, a sociologia weberiana trabalha o conceito de ação social. Weber define ação social como uma ação que leva em conta o comportamento de outros indivíduos e é orientada de acordo com isso. Ele distingue entre quatro tipos de ação social: racional com respeito a fins (Zweckrational), racional com respeito a valores (Wertrational), afetiva (afeto) e tradicional (costume ou hábito). Ao pautar-se no particular, Weber prega a diversidade, sendo o primeiro representante da sociologia compreensiva, também conhecida como historicismo.

A partir dos fatos sociais surgem os tipos ideias, construções teóricas usadas para entender a realidade social. Um tipo ideal é uma ferramenta analítica que exagera certos aspectos da realidade para criar um modelo puro que pode ser usado para comparar e analisar fenômenos sociais concretos.

Através disso, Weber observa o processo de racionalização da sociedade que se torna cada vez mais orientada por regras, procedimentos e eficiências racionais. Weber argumenta que a modernidade é caracterizada pela racionalização crescente em todas as esferas da vida, desde a economia e a administração até a religião e a arte. A racionalização é tanto uma fonte de progresso quanto de desencanto, levando à desmagificação do mundo, onde as explicações científicas e burocráticas substituem as explicações mágicas e religiosas.

Obras

Com *A Ética Protestante e o Espírito do Capitalismo* (1905), Weber explora a relação entre a ética protestante, especialmente o calvinismo, e o desenvolvimento do capitalismo moderno. Ele argumenta que os valores religiosos protestantes, como a ascese e a valorização do trabalho, contribuíram para a emergência do espírito capitalista, dando bases para o capitalismo inglês e seu maior fruto econômico, os Estados Unidos da América.

Weber também realizou estudos extensivos sobre outras religiões do mundo, incluindo o confucionismo, o taoísmo, o hinduísmo, o budismo e o judaísmo. Em suas obras, ele examinou como diferentes sistemas religiosos e éticos influenciaram as estruturas econômicas e sociais. Essas obras demonstram a abordagem comparativa de Weber e sua preocupação em entender as interações entre cultura e economia.

Em *A Ciência como Vocação* (1917), Weber discute a natureza da ciência e a profissão acadêmica. Ele aborda a questão do desencantamento do mundo e a ética da pesquisa científica. Weber defende a objetividade científica e a separação entre fato e valor, argumentando que a ciência não pode fornecer respostas para questões éticas ou de valor, mas pode ajudar a entender os meios pelos quais se pode alcançar fins específicos.

Com *A Política como Vocação* (1919), Weber explora a natureza da política e do político. Ele define o Estado como uma entidade que possui o monopólio legítimo da violência e discute os tipos de liderança política. Weber enfatiza a importância da ética da responsabilidade (Verantwortungsethik) em contraste com a ética da convicção (Gesinnungsethik) para os políticos. A ética da convicção ou científica refere-se à adesão a princípios morais absolutos, independentemente das consequências, enquanto a ética da responsabilidade ou política considera as consequências das ações e busca resultados pragmáticos. Para Weber, essa distinção é crucial para entender os dilemas éticos enfrentados pelos políticos e líderes em contextos complexos e incertos.

Sua obra monumental é *Economia e Sociedade* (1922) que abrange uma vasta gama de tópicos sociológicos. Nela, Weber desenvolve suas teorias sobre a burocracia, dominação, autoridade, ação social e tipos ideais. Ele distingue entre três tipos de autoridade legítima: tradicional (poder por herança ou tradição – familiar, religioso ou hierarquia), carismática (sem imposição, consentido) e racional-legal (construção lógica democrata). Essa distinção é crucial para a análise de estruturas de poder e administração na sociedade.

Demorando-se mais sobre o carisma, Weber o define como uma qualidade extraordinária de um líder que inspira devoção e obediência nos seguidores. A liderança carismática é baseada na crença das qualidades excepcionais do líder, contrastando com a autoridade tradicional ou a racional-legal. O estudo do carisma é relevante para a análise de movimentos sociais e revoluções.

Metodologia

O conceito de Verstehen (Compreensão) é central na metodologia weberiana. Nele, à compreensão interpretativa dos significados subjetivos que os indivíduos atribuem às suas ações. Weber argumenta que, para entender os fenômenos sociais, os sociólogos devem interpretar o comportamento humano a partir do ponto de vista dos próprios atores. Essa abordagem destaca a importância da subjetividade e da interpretação na análise sociológica.

Weber defendia a neutralidade valorativa (Wertfreiheit) na pesquisa sociológica. Ele acreditava que os sociólogos devem separar seus julgamentos de valor pessoal de suas análises científicas para evitar preconceitos e distorções. A neutralidade valorativa permitiria uma análise objetiva e imparcial dos fenômenos sociais, focando nos fatos e nas relações causais em vez de avaliações morais.

Outra ênfase era na análise causal. Ele argumentava que os sociólogos devem buscar entender as causas e consequências dos fenômenos sociais, examinando as relações entre diferentes fatores. A análise causal envolve tanto a identificação de relações empíricas quanto a interpretação dos significados subjacentes às ações humanas.

46 – Fiedrich Nietzsche

Nietzsche se propõe a fazer uma crítica dos valores morais que compõem a cultura. Mais do que isso, ele coloca em questão esses valores e sugere transformá-los por completo. Ao proceder à transvaloração dos valores, Nietzsche os entende como "humanos, demasiado humanos". Isso significa que é o homem que deve dar sentido à própria vida. Até porque, afirma o filósofo, divindades não existem. A vida é aqui. E agora.

Sören Kierkegaard

Um contraponto à crítica à religião feita por Nietzsche é a religiosidade do dinamarquês Sören Kierkegaard (1813-1855). Educado num austero ambiente protestante, Kierkegaard é um dos principais precursores do existencialismo, em consequência de sua afirmação a respeito da superioridade da existência sobre a essência e a sua constante preocupação com o indivíduo, o que levou à crítica aos materialistas Hegel e Marx.

Em uma tentativa de entender a existência do homem, indicou as três vias de seu desenvolvimento: a estética, a ética e a religiosa, ressaltando a superioridade desta última. O grande paradoxo da religião cristã consiste em que o homem, ser finito, aspira a alcançar a essência divina, ou seja, o infinito, levando a entrar em conflito com a Igreja Católica. Entre suas principais obras estão *Sobre o Conceito de Ironia* (1840), *Ou Isto ou Aquilo* (1843), *O Conceito de Angústia* (1844), *As Etapas no Caminho da Vida* (1845) e *A Doença Mortal* (1849).

Contribuições

O alemão Friedrich Wilhelm Nietzsche (1844-1900), filho de pastor protestante, formou-se como filólogo clássico em Bonn. Chegou à filosofia por meio da leitura de Schopenhauer, o que, com a admiração pelo compositor Richard Wagner e a paixão pelo mundo grego, determinou, em boa parte, seus primeiros escritos. Sua filosofia constitui uma exaltação de todos os valores vitais e é uma crítica da cultura, especialmente da tradição filosófica e do cristianismo – que, segundo ele, levaram o homem à submissão e impediram-no de se desenvolver como um "espírito livre", tornando-se parte da "moralidade do escravo" – alguns colocam a hostilidade de Nietzsche com a religião fruto da má relação com o próprio pai. Centralizou sua doutrina em quatro pontos fundamentais: a vontade de potência, o super-homem, a autossuperação da moral e o eterno retorno. A obra de Nietzsche supôs um ponto de inflexão na história da filosofia, uma vez que deu lugar ao desenvolvimento de uma corrente de pensamento que teve uma enorme importância no século XX. Em 1889 sofreu colapso mental, permanecendo insano num hospício até a morte. Algumas de suas obras mais decisivas são *A Origem da Tragédia* (1872), *A Gaia Ciência* (1882 e 1887), *Assim Falou Zaratustra* (1883-1891), *Além do Bem e do Mal* (1886) e *Genealogia da Moral* (1887).

Aforismos

Nietzsche, como Bento de Espinosa – de quem foi leitor entusiasmado e com cujo sistema rompeu, posteriormente –, faz de sua filosofia uma afirmação da vida, da vontade de viver. Em torno desse núcleo ele desenvolveu um pensamento demolidor em relação à tradição, em todas as suas manifestações: moral, religiosa, científica e filosófica. Para Nietzsche, todas elas deram sua contribuição para oprimir o ser humano das mais diversas maneiras.
Suas críticas à tradição não se limitaram, porém, ao conteúdo da filosofia que produziu. Elas também se apresentam no aspecto formal dessa produção. Nietzsche não elaborou um sistema filosófico no sentido tradicional do termo. Seus textos, de reconhecido valor literário, são, em parte, fragmentados. Pode-se dizer que Nietzsche fala por aforismos, sem a preocupação de elaborar conceitos e encadeá-los. Mas esses fragmentos compõem uma unidade, uma filosofia de novo tipo, liberada das amarras do encadeamento de razões.

Natureza e Valores

Estudioso da física, da química e principalmente da biologia, Nietzsche se baseia nelas para compreender o homem, seu comportamento, suas ações. Interessa-lhe o ser humano partícipe da natureza, submetido a suas forças e as suas leis, componente do mundo. Assim, não é de um homem abstrato ou idealizado que ele fala, mas do homem real.

Esse homem real, desde o nascimento, é submetido a valores – o elemento formador da cultura. Os valores da cultura europeia, expressos no cristianismo, no socialismo e no igualitarismo democrático, compõem uma moral que precisa ser superada. Essa superação, por sua vez, não pode se dar na esfera limitada pelas noções de bem e de mal – para Nietzsche, manifestações de uma "vitalidade descendente"; deve ir além dessa esfera, alcançando a "vitalidade ascendente", identificada com a vontade de viver ou vontade de potência.

Super-Homem

Superar os valores significa também superar o homem submetido a eles. Preso à suposta objetividade da ciência e ao ressentimento moral cristão, o homem está sob o domínio da "moral do escravo", em que se prezam os valores que Nietzsche denomina "inferiores": humildade, bondade, piedade, satisfação, amor ao próximo.
Esses valores são falsos e, ao contrário do que se acredita, controlam o homem em vez de libertá-lo.
A liberdade pressupõe o abandono da condição de escravo. É preciso tornar-se senhor, tornar-se potência. E isso implica a adoção de novos valores: a personalidade criadora no lugar da objetividade, a *virtù* em vez da bondade, o orgulho substituindo a humildade, o risco e não a satisfação, o amor ao distante e não o amor ao próximo.
O homem-senhor, o homem-potência, é o que Nietzsche chama de Super-Homem: aquele capaz de assumir riscos, ser criativo, orgulhar-se de si, amar o distante e ter a *virtù* renascentista. A moral do Super-Homem, assim, é a negação da moral do escravo. Ele tem a moral do senhor, isto é, a vontade de potência, que abole a culpa e o castigo, o poder de ser dono do próprio destino, que afirma e dá sentido à vida.
Nietzsche sustenta que o Super-Homem têm um dever em relação aos menos afortunados: "O homem de virtude também ajuda o desafortunado, no entanto, não, ou quase, por piedade, sim instigado por um impulso que é gerado pelo excesso de poder".

Deus Está Morto

Ao anunciar a morte de Deus em *A Gaia Ciência*, Nietzsche, na verdade, afirma a morte da metafísica, noção filosófica da qual o cristianismo se apossou e que postula a existência de outro mundo além deste, um mundo suprassensível que seria a origem, a referência e a finalidade de tudo aquilo que vive na Terra. A religião, ao prometer nele a redenção, segundo Nietzsche, manipula os fracos, impondo-lhes a resignação e a renúncia.

Em relação à filosofia, a afirmação da existência desse suposto mundo suprassensível, inacessível aos sentidos, desqualifica os sentidos, privilegiando a pretensa superioridade da razão. A esse procedimento racional, lógico, abstrato, Nietzsche opõe a criatividade afirmativa, a multiplicidade da vida, a vontade de potência.

Eterno Retorno

A doutrina do eterno retorno, explica Scarlett Marton em *Nietzsche, a Transvaloração dos Valores*, insere-se no contexto da cosmologia nietzschiana. Para Nietzsche, só há um mundo: este. E ele é eterno e infinito. Todavia, as forças que o compõem são finitas. Como o tempo é infinito, só duas possibilidades se abrem: "ou o mundo atingiria um estado de equilíbrio durável ou os estados por que ele passasse se repetiriam", escreve Scarlett.

No sistema do filósofo, porém, a força é dinâmica: busca tornar-se ainda mais forte a cada instante. Por isso, não pode haver equilíbrio nem estabilidade. O que há é o combate incessante, com a vontade de potência impulsionando a força ao domínio sobre as demais. Diante desse quadro, resta a alternativa da repetição.

Ao homem – que pela doutrina do eterno retorno está condenado a viver repetidas vezes, sem razão ou objetivo – não cabe reclamar desse destino, mas aceitá-lo e amá-lo. Nietzsche chama essa aceitação de amor fati (amor ao destino), pelo qual o ser humano, ciente de que não há poder transcendente que o ampare, dá sentido à própria vida. Isso implica amar cada momento como ele se apresenta, "eternizando" o presente.

É desse modo que o homem supera as antigas oposições metafísicas (essência / aparência, sensível / inteligível, mutável / permanente) e se torna consciente de estar integrado ao cosmo. Esse processo o conduz à criação de novos valores, ascendentes, e ao fazer isso, recriar o passado e transformar o futuro.

47 – Miguel de Unamuno

Miguel de Unamuno lançou-se ao conhecimento da realidade e acabou constatando algo que já tinha lido em Kierkegaard: a existência é pura facticidade.

Contribuições

O espanhol Miguel de Unamuno (1864-1936) permaneceu em sua cidade natal, Bilbao, até 1880, instruindo-se com a leitura de autores como Balmes e Donosco Cortés. Entre 1880 e 1884, estudou filosofia e letras em Madri. A partir de 1891, ano em que tomou posse da cátedra de grego, foi professor e reitor da Universidade de Salamanca, onde permaneceu até 1934, ano em que foi nomeado "reitor perpétuo".

Desterrado entre 1924 e 1930, viveu em Fuerteventura, Paris e Hendaya. Voltou à Espanha depois da queda da ditadura de Primo de Rivera. Socialista na juventude, defendeu o republicanismo e, posteriormente, apoiou os militares rebeldes, embora seu relacionamento com eles fosse conflituoso. Suas ideias polêmicas sofreram grande influência de Kierkegaard.

Unamuno entende a existência humana como um conflito permanente entre, por uma parte, o sentimento da imortalidade e a fé em Deus e, por outra, a razão, que a cada passo invalida esse sentimento e essa fé. Em suas obras, de estilo contido e preciso, utiliza uma linguagem que reflete seu pensamento paradoxal e antiético. É autor de obras como *Vida de Dom Quixote e Sancho* (1905), *Do Sentimento Trágico da Vida* (1912) e *A Agonia do Cristianismo* (1924); das novelas *Névoa* (1914), *A Tia Tula* (1921) e *São Manuel Bueno, Martir* (1933); e dos dramas *Fedra* (1921) e *Solidão* (1921).

Sentido da Existência Humana

Unamuno expõe a dificuldade do debate sobre a existência na obra *Do Sentimento Trágico da Vida*. Por um lado, a filosofia responde à necessidade humana de uma concepção unitária e total do mundo e da vida e, em consequência dessa concepção, provoca um sentimento que gera uma atitude íntima e até mesmo uma ação.

Por outro lado, esse sentimento, em lugar de ser decorrência de tal concepção, é a causa dela. A filosofia, isto é, o modo de entender o mundo e a vida, nasce do sentimento em relação à própria vida. É esse tipo de dificuldade e de paradoxo que está na origem da valoração que Unamuno faz da filosofia e da poesia como "irmãs gêmeas", ou de sua resistência a ser considerado filósofo no sentido estrito do termo.

Portanto, o aspecto existencialista proporciona uma primeira chave para a leitura de Unamuno, uma espécie de eixo temático para o conjunto de questões que ele formula.

Subjetividade

A obra *Do Sentimento Trágico da Vida* começa com uma passagem famosa em que Unamuno declara qual o tipo de homem que lhe interessa: "O homem de carne e osso, aquele que nasce, sofre e morre, aquele que come, e bebe, e joga, e dorme, e pensa e quer; o homem que é visto e que é ouvido, o irmão, o verdadeiro irmão". Em síntese, o indivíduo concreto.

Dessa afirmação da individualidade surgem as melhores incitações e as maiores limitações da formulação de Unamuno. Esse Eu tão vigorosamente afirmado nunca é visto como um ente solitário e satisfeito. Em primeiro lugar, porque o solitário leva a sociedade inteira dentro de si (é legião). Em segundo lugar, porque não existe satisfação possível.

O homem é homem na medida em que quer, em que tem fome de realidade. Renunciar a isso, abandonar-se ou conformar-se significa deixar de ser homem. Afirmar a individualidade é, portanto, afirmar a universalidade de maneira veraz, real e não abstrata. Os Eus comunicam-se por fora, por meio da palavra, e por dentro, perseverando no seu ser, correndo tenazmente atrás daquilo que querem. Eus materiais, corporais, que pensam, querem e sentem. Em suma, que estão decididos a viver, porque viver, é "fazer-se sujeito".

Unamuno herdou de Kierkegaard o repúdio a toda verdade abstrata e objetiva, considerada inoperante e estéril. Esse repúdio explica em que medida a ida de Unamuno ao existencialismo era, em suas circunstâncias, quase inevitável.

O cientificismo tinha pretensões totalizadoras que Unamuno julgava inaceitáveis. Antecipando uma postura teórica que alcançaria sua apoteose no neopositivismo do Círculo de Viena, os positivistas do final do século XIX fizeram da razão discursiva e da ciência empírica algo absoluto, no qual não havia lugar para mais nada. Isso, porém, não explica totalmente a atitude de Unamuno.

Mais grave ainda, para ele, era o fato de a fé católica também ter ido na direção da racionalização do mistério da salvação, na direção da escolástica. A teologia tomista convertera a religião em uma cadeia de silogismos, em algo quase inteiramente justificável pela razão. O resultado final desse duplo movimento era o império consistente da razão.

48 – José Ortega y Gasset

Para José Ortega y Gasset, a vida é aquilo que o homem faz e aquilo que lhe acontece. É a dinâmica tarefa de lidar com o mundo, de dirigir-se a ele, de atuar nele, de ocupar-se dele.

Contribuições

Nascido na capital espanhola, filho do jornalista José Ortega y Munilla, José Ortega y Gasset (1883-1955) estudou na Universidade de Madri e, em 1905, foi a Marburgo (Alemanha), onde, em contato com a escola neokantista, adquiriu um profundo conhecimento do pensamento alemão. De volta a Madri, incorporou-se à universidade. Em sua cátedra de metafísica, nos jornais e revistas em que foi colaborador assíduo (ou que ele mesmo fundou, como a *Revista do Occidente*), Ortega procurou tirar o pensamento espanhol da "esterilidade" em que se encontrava e formar um núcleo de intelectuais ativos. Participou da vida política espanhola e apoiou a proclamação da Segunda República, mas abandonou a Espanha quando a Guerra Civil estourou, em 1936. Morou na França, nos Países Baixos, em Portugal, na Argentina e na Alemanha. Voltou à Espanha no ano de sua morte.

Ortega entende o conhecimento filosófico como uma reflexão sobre a própria vida, como um diálogo com o entorno, com base na circunstância concreta em que cada homem se encontra imerso. O instrumento dessa reflexão é a razão, mas não a razão abstrata que a ciência utiliza, e, sim a razão vital ou razão histórica. Entre suas obras mais importantes figuram *Meditações de Quixote* (1914), *O Espectador* (oito volumes, publicados entre 1916 e 1934), *Espanha Invertebrada* (1922), *O Tema de Nosso Tempo* (1923), *A Rebelião das Massas* (1930) e *Ideias e Crenças* (1940).

Adanismo

Ortega y Gasset inventou um termo para definir algo de que os espanhóis deviam afastar-se definitivamente: o adanismo. Consiste no erro de pretender começar tudo de novo sem seriedade intelectual, sem a continuidade de um projeto, sem cooperação.

Num trabalho de 1910, intitulado *Adão no Paraíso*, ele critica essa ideia. Para alguns estudiosos, a crítica prenuncia sua posterior etapa filosófica, habitualmente denominada "perspectivista", iniciada em 1914 com as *Meditações de Quixote*, seu primeiro livro. Nele aparece, já conceitualizada, uma noção que se converteria quase num tópico: "Eu sou eu e minha circunstância". Ela é considerada o núcleo do pensamento de Ortega y Gasset durante os anos perspectivistas.

Em *Adão no Paraíso*, Ortega utiliza o termo vida, por um lado, em sentido estrito, no sentido de vida humana, de vida biográfica, e não no sentido da ciência da biologia; por outro lado, insiste na importância de tudo aquilo que está ao redor do homem. *Adão no Paraíso* significa, portanto, o homem no mundo, um mundo que não é propriamente uma coisa ou um somatório de coisas, mas um cenário no qual o "eu" atua.

Quefazer

Segundo Ortega y Gasset, a vida é dada a todos nós não como uma coisa feita, mas como uma coisa a ser feita ou, utilizando a frase cotidiana do autor, como "quefazer". A vida é um permanente fazer-se, uma "autofabricação".

Trata-se de uma nova "metafísica" da vida, de um novo pensamento sobre a mobília do mundo, de uma nova ontologia – entendendo-se por ontologia essa parte do discurso filosófico que fala daquilo que existe e do qual deriva uma renovada ideia da moral.

Homem Como Protagonista

O homem não pode se colocar no lugar de espectador da própria vida. Ao contrário, o protagonista do drama não está fora dele, nem antes dele: é a representação do drama. A identidade do homem tem como conteúdo seu próprio projeto, ou seja, o papel que decide representar no drama de sua existência – drama que, por sua vez, consiste e se esgota no argumento. O argumento e somente o argumento é a substância da vida.

Atirado em meio às circunstâncias, o homem tem de pré-determinar o que ele vai ser. Nem a vida pode ser pensada como substância, como Parmênides fez, nem o ser do homem é diferente do simples acontecer. E se é assim – se o homem é o que lhe acontece e aquilo que realiza –, então o homem tem história.

49 – Gottlob Frege

Gottlob Frege era filósofo e matemático, cuja obra só seria percebida após sua morte para se tornar uma das maiores influências no pensamento do século XX. Elaborou o logicismo, reduzindo a aritmética à lógica: definiu e deduziu conceitos e axiomas aritméticos com base apenas em noções e princípios lógicos.

Contribuições

O alemão Gottlob Frege (1848-1925) fez seus estudos universitários em Jena e Göttingen entre 1869 e 1873. Nesse último ano obteve o título de doutor. Em 1874, iniciou-se na docência na Universidade de Jena, onde trabalhou até 1918, ano de sua aposentadoria.
Em Jena, logo se interessou pelos fundamentos da matemática e pelo importante papel que a lógica desempenha nisso. Em 1879 publicou *Conceitografia*. Apesar do grande valor de sua obra e de suas expectativas, tanto esse como seus outros textos foram praticamente incompreendidos pela comunidade matemática.
Seus livros foram julgados desfavoravelmente pelos mais importantes matemáticos da época; seus artigos não foram aceitos pelas revistas especializadas e os editores examinavam seus projetos com desconfiança. Ele teve de pagar do próprio bolso a edição do segundo volume de suas *Leis Básicas da Aritmética*.

Primeira Etapa

Nesta fase inicial que vai até 1883, Frege desenvolve sua lógica, baseada num formalismo que permitia expressar enunciados científicos e mostrava os princípios da inferência dedutiva válida.
Os especialistas concordam em considerar que o sistema simbólico desenhado por Frege é a virada linguística sobre mais de vinte séculos de tradição aristotélica e inaugura a lógica contemporânea, daí também o nome de "fundador da lógica moderna", pelo qual Frege é chamado habitualmente. Pertence a esta etapa sua obra *Conceitografia*.

Segunda Etapa

A base da segunda etapa de Frege, que vai de 1884 até 1890, é a obra *Os Fundamentos da Aritmética*, publicada em 1894. Nela, o filósofo dá mais um passo em seu programa logicista, procurando definir o conceito de número com base em noções lógicas.

Para Frege, os números não são abstrações das coisas, como seriam a cor ou a dureza, como sustentara John Stuart Mill, nem simples signos, da tese formalista, nem algo subjetivo, como defendiam os psicologistas, mas propriedades de algo de natureza objetiva, embora não física: os conceitos.

Quando se diz que a Terra tem um satélite ou que o sistema solar tem oito planetas ou que Marte não tem habitantes, trata-se de conceitos. Por exemplo: o conceito "satélite da Terra" significa um indivíduo, o conceito "planeta do sistema planetário" significa oito indivíduos, e o conceito "habitantes de Marte" significa nenhum indivíduo. Os números, então, não se referem às coisas, mas aos conceitos.

Terceira Etapa

Nesta fase que dura de 1891 até 1905, em uma série de artigos, Frege desenvolve e torna mais precisas suas ideias sobre semântica. Além disso, procurar aprimorar seu programa logicista, deduzindo as leis fundamentais da matemática com base em princípios lógicos. Essa elaboração, porém, não durou muito.

Em 1902, quando dava os últimos retoques ao segundo volume das *Leis Básicas da Aritmética*, recebeu uma carta de um jovem lógico inglês, Bertrand Russell, que, depois de elogiar seu trabalho, indicava nele um paradoxo. Com admirável espírito de autocrítica, Frege reconheceu seu erro e começou a trabalhar para solucionar o problema que fazia cair por terra todo o programa logicista. Infelizmente a solução proposta fracassou, e o próprio Frege reconheceu isso.

Quarta Etapa

A quarta e última fase de Frege foi a menos fecunda. Bastante afetado pelo fracasso de sua construção logicista, Frege praticamente limitou seu trabalho a uma polêmica com o matemático David Hilbert sobre a fundamentação da geometria e a três artigos escritos pouco antes de sua morte. Nesses textos, ele desenvolve os componentes ontológicos de sua teoria semântica. Frege acabou encontrando uma solução para o problema apresentado por Russell e, pouco antes de morrer, chegou a renunciar à tese logicista, começando a explorar a possibilidade de encontrar o fundamento da aritmética na geometria.

Sentido e Referência

Os aportes teóricos de Frege erigiram-se em princípios fundamentais da semântica atual. Particularmente nos artigos de 1892, como *Sobre Sentido e Referência* e *Sobre Conceito e Objeto*, ele apresenta algumas ideias sobre a linguagem que, mesmo indissoluvelmente unidas a sua filosofia da lógica e da matemática, propiciam considerações de grande importância para a filosofia analítica contemporânea, relacionadas à natureza dos signos linguísticos.
O ponto de partida das reflexões fregeanas sobre a linguagem é a relação de igualdade (entendida no sentido de identidade), relação que tem uma especial relevância lógica e formula uma série de perguntas. A igualdade é uma relação? É uma relação entre objetos? Ou é uma relação entre nomes e signos de objetos? O que está em jogo nas respostas é o tipo de conhecimento que se espera obter.
Segundo Frege, a conexão regular entre o signo, seu sentido e sua referência é tal que ao signo corresponde um sentido e, ao sentido, uma determinada referência. À referência (um objeto), porém, não corresponde somente um signo. Um exemplo: quando se diz "o autor da *Divina Comédia*", "o autor da *Vida Nova*", "o maior poeta italiano", está-se referindo a Dante Alighieri. Ou seja, essas frases são sentidos diversos de um único objeto, Dante. Toda expressão nominal, gramaticalmente correta, tem sentido, mas isso não significa que, ao sentido, corresponda sempre uma referência.

Alfred Tarski

Estudante de matemática, biologia, filosofia e linguística na Universidade de Varsóvia, Alfred Tarski (1902-1983) tem seus principais trabalhos fundamento sobre semântica.
Desde a Grécia Antiga, a verdade era assentada naquilo que era factual. No entanto essa correspondência sem se debater o conceito de verdade é algo notoriamente difícil, porém Tarski propõe um exercício matemático para contorná-lo: Uma sentença S é verdadeira em uma linguagem L se, e somente se, P, uma tradução de S numa outra língua. Este processo Tarski batizou de Convenção T. Ou seja, "A neve é branca" é verdadeiro em português se, e somente se, a neve é branca ter um correspondente em inglês.

Para Tarski, linguagens como português, alemão e inglês são semanticamente fechadas. Já as linguagens formais na lógica, na matemática e na programação podem ser semanticamente abertas apenas na medida em que nenhuma sentença que mencione outra na mesma linguagem seja considerada uma fórmula bem-formada. Apenas as linguagens semanticamente abertas podem ter uma definição de verdade porque quando a linguagem e a metalinguagem são idênticas, como nas semanticamente fechadas, gera-se o Paradoxo do Mentiroso como algo insolúvel. Supondo que a sentença "A neve é branca" em inglês seja falsa é irresolúvel ao referir-se ela em português como verdadeira e vice-versa.

Uma vez que a verdade é, segundo Tarski, uma propriedade de sentenças, não do mundo ou de estados de coisas, então qualquer definição da verdade deve imputar essa propriedade a uma sentença, apenas na medida em que essa sentença diga como as coisas são no mundo. Ironicamente, sua visão de verdade como correspondência entre linguagem e mundo alinha-se com a dos antigos gregos.

Kurt Gödel

Kurt Gödel (1906-1978) produziu teorias que tiveram repercussões importantes não só na matemática como também na filosofia.

O Teorema de Gödel baseia-se em dois enunciados de incompletude relacionados. O primeiro enuncia que, em qualquer sistema formal (matemático ou lógico) internamente consistente, haverá alguma proposição que não pode ser provada como verdadeira ou falsa, ou seja, que será formalmente indecidível, algo semelhante ao Paradoxo do Mentiroso ("esta sentença não pode ser provada", se verdadeiro, é falso, e, se falso, é verdadeiro). O segundo enuncia mostra que não se pode provar, dentro do sistema, que o sistema é mesmo consistente.

Matematicamente falando encerrou-se o formalismo derivado de Kant, que tentou demonstrar que a matemática clássica é uma construção descritiva do real e descritiva da experiência perceptiva, em prol de uma matemática indefinida de quantidades infinitas.

Filosoficamente, Gödel reafirmava o platonismo, onde as ideias abstratas existem num "terceiro plano" descrito pela matemática e lógico, entremeado pelo esforço do intelecto. O próprio Gödel era um plantonista fervoroso. É a partir desse abstracionismo platônico que Gödel reconhece a limitação humana e, mais recentemente, esta seria a prova da impossibilidade de inteligência artificial.

Alan Turing

Alan Turing (1912-1954) foi fundador da ciência da computação, legando a humanidade a possibilidade da inteligência artificial e o critério para a filosofia da mente. Sua definição para um mecanismo computacional universal, a Máquina de Turing, fez com que diversas gerações de cientistas trabalhassem no desenvolvimento de algoritmos que descrevessem o pensamento humano. Seu Jogo de Imitação, também chamado de Teste de Turing, demanda esforços de compreensão de conceitos como inteligência, consciência e mente. Durante a Segunda Guerra, Turing atuou como principal criptógrafo inglês, ajudando a desvendar o código Enigma nazista.

A obra de Turing está contida no artigo *Máquina Computacional e Inteligência*, no qual ele inicia com a pergunta "Podem as máquinas pensar?". A resposta depende da definição dos termos "máquina" e "pensar". Contudo, qualquer análise dos termos pressupõe, provavelmente, uma resposta à pergunta, só que Turing propõe substituir a pergunta por um jogo hipotético em vez respondê-la.

Suponha que um jogo com três jogadores, o jogador A vai atuar como interrogador, e o objetivo para ele será adivinhar o sexo dos outros dois jogadores, um homem e o outro mulher. Todos estão em salas separadas, e enviam e recebem perguntas e respostas pelos terminais. Para o jogador B, o objetivo será confundir o interrogador e esconder sua identidade. Para o jogador C, será ajudar o interrogador a adivinhar corretamente. Evidentemente, como o interrogador não sabe qual jogador está tentando ajudá-lo e qual está tentando enganá-lo, ele deve ser sagaz no questionamento.

Turing questiona o que acontecerá se a máquina ocupar o lugar do jogador B. O interrogador vai acertaria caso ambos fossem pessoas? A resposta resolveria a questão se a máquina pode pensar. Por quê? Porque qualquer máquina suficientemente sofisticada para substituir alguém no jogo, sem a detecção do interrogador, deve possuir exatamente a mesma inteligência que um jogador humano. A hipótese, em outras palavras, é de que tudo o que responde de forma inteligente é, por esse próprio fato, inteligente.

O Jogo de Imitação levanta uma série de questões. A imitação é suficiente para nos deixar satisfeitos em relação a uma máquina pensar? Uma criança pode imitar o comportamento de um adulto, mas não é, por isso, um adulto; nem um homem, no caso do jogo, torna-se mulher, mesmo conseguindo enganar o jogador. Assim, por que deveríamos supor que um computador que imita o comportamento de um ser pensante esteja realmente pensando?

Por outro lado, se o único critério para o pensamento consciente é como ele se manifesta no comportamento, inclusive o verbal, pode não fazer sentido chamar uma coisa de "pensamento" e outra de "não pensamento" se os comportamentos não podem ser distinguidos por um juiz competente.

50 – Bertrand Russell

A obra de Bertrand Russell é regida por uma espécie de princípio tutelar: antes de chegar a uma decisão sobre algum problema filosófico, devem-se consultar minuciosamente as últimas descobertas da ciência.

Alfred North Whitehead

Filósofo inglês e coautor com Russell de *Princípios da Matemática*, Alfred Whitehead (1861-1947) rejeita o materialismo em prol da filosofia do processo, centrada em todo dos "conceitos de vida, organismo, função, realidade instantânea, interação e ordem da natureza".

Whitehead afirmava que o materialismo era hipócrita e inconsistente, pois ao deixar em segundo plano os valores sociais como coisas imateriais e não factuais, o materialismo sustentaria um sistema de valores. Além disso, a história da ciência não poderia ser separada do ambiente cultural, social e político, já que a própria história evidencia que os valores da sociedade e o resultado da pesquisa científica não se delineiam tão claramente como afirmam um materialista. No lugar do materialismo, Whitehead sugere que as a ciência faça parte das ciências sociais, invertendo a noção do século XIX ao pensá-las como teorias científicas que aguardavam por desenvolvimento.

Contribuições

Nascido no País de Gales, Bertrand Russell (1872-1970) centrou seus interesses filosóficos em questões científicas e epistemológicas, embora não tenha se reconhecido como filósofo, somente como um "ser humano que sofreu pelo estado do mundo, desejando melhorá-lo". Seu pensamento recebe o nome de atomismo lógico. Partiu do postulado de que existe uma correlação total entre a linguagem e a realidade e afirmou que os pilares básicos do conhecimento são a lógica e a experiência.

Em sua obra *Princípios da Matemática* (1910-1913), estabeleceu, em colaboração com Alfred North Whitehead, os fundamentos da lógica matemática. Outras obras importantes são *Ensaios Filosóficos* (1910), *Os Problemas da Filosofia* (1912), *A Filosofia do Atomismo Lógico*

(1918), *História da Filosofia Ocidental* (1945) e *Ética e Política na Sociedade Humana* (1955). Recebeu o Prêmio Nobel de Literatura em 1950.

Filósofo da Lógica

No trabalho intitulado *Sobre o Método Científico na Filosofia*, Russell explica que existem duas maneiras pelas quais a filosofia pode basear-se na ciência: prestando atenção aos resultados ou aos métodos. A primeira convocou o desaparecimento de muitas teorias filosóficas. Por isso, "é necessário transferir proveitosamente da esfera das ciências especiais para a esfera da filosofia não os resultados, mas os métodos".
Que método são esses? Segundo Russell, aqueles das ciências formais, como a lógica e a matemática.

Análise Lógico-Formal da Linguagem

Para Russell, a análise deve ser lógica, isto é, deve mostrar a estrutura formal dos enunciados e das séries de enunciados. Esse é um trabalho árduo em certas ocasiões, uma vez que a linguagem utilizada na formação do pensamento, na escrita e na comunicação – denominada linguagem natural ou ordinária – não costuma mostrar sua estrutura de maneira transparente.
Admitindo que essa linguagem tenha erros, a questão inicial pode ser formulada assim: em que tipo de erros se deve prestar atenção? Para Russell, a resposta é muito clara: as características sintáticas da linguagem ordinária são as causas da maior parte dos "enganos" filosóficos, pois o filósofo não dispõe de outra linguagem, diferente da comum.
Além disso, os erros sintáticos contêm erros semânticos, mas a inspeção semântica somente pode ser realizada mediante uma análise lógico-formal das expressões. Por quê? Porque, no fundo, o que a linguagem ordinária oculta é a estrutura formal dessas expressões.

Linguagem Ideal

A proposta de Russell é a seguinte: as análises filosóficas devem ser instrumentalizadas com a lógica matemática. Dessa maneira, é possível encontrar o modo de representar qualquer declaração expressa na linguagem natural, por meio de termos que evidenciam a estrutura ou a forma lógica subjacente. Essa linguagem é denominada linguagem ideal.

Atomismo Lógico

Segundo Russell, o mundo compõe-se de uma série de entidades diferentes, que ele denomina fatos atômicos. Um fato atômico consiste em algo particular ao qual é atribuída uma propriedade – do tipo "isto é grande" –, ou dois ou mais particulares vinculados por uma relação – como "a é menor do que b". Esse algo particular não se identifica com uma coisa individual de nossa experiência cotidiana. Na realidade, todo fato atômico só tem em comum com os outros o fato de não ser analisável.

Proposição Atômica

É uma proposição que expressa que uma coisa tem determinada propriedade ou que algumas coisas têm uma determinada relação.

Proposição Molecular

É uma proposição constituída a partir de proposições atômicas unidas mediante palavras que expressam conectivos lógicos ("se", "então", "e") e quantificadores ("para todo x", "existe um x tal que"). Por exemplo, uma proposição do tipo "se fizer frio, colocarei meu agasalho" exemplifica esse tipo de proposição molecular, na medida em que inclui fatos atômicos – a temperatura e o fato de haver uma determinada peça de roupa –, e uma conexão entre esses fatos que não pode ser reduzida, ela mesma, a um fato atômico.

A verdade ou falsidade das proposições moleculares encontra-se totalmente determinada pela verdade ou pela falsidade das proposições atômicas, se qualquer uma das proposições por falsa, independentemente de outros elementos serem tratados como verdadeiros.

51 – George Morre

No início do século XX, vários pensadores, entre eles George Morre, desenvolveram severa crítica ao idealismo e à metafísica, dando início à filosofia analítica.

Contribuições

Nascido na Inglaterra, George Edward Moore (1873-1958) foi precursor da filosofia analítica. Sua obra faz a defesa do senso comum através da linguagem. As análises éticas, que constituem uma das partes mais destacadas de seu pensamento, estão desenvolvidas em uma de suas obras mais importantes, *Princípios Éticos* (1903).

Dados dos Sentidos

A partir do trabalho *A Refutação do Idealismo* (1903), Moore propõe-se a desenvolver uma crítica elaborada às teses idealistas e, particularmente, à tese de que "ser é ser percebido". Centra-se nessa tese, e não na clássica "a realidade é espiritual", porque acredita que ela tem um erro conceitual simétrico.

A palavra "sensações" é um termo equivocado que pode significar, por exemplo, ou a percepção de alguém de uma mancha, ou a própria mancha.

Moore aprofunda-se na rejeição do psicologismo e sugere que se fale de sense-data (dados dos sentidos) em lugar de falas de sensações. Argumenta que a essência de um dado no sentido (mancha colorida, no exemplo) não se funda em ser percebido.

Objeções à Tese

Duas objeções podem ser formuladas à tese proposta por Moore sobre os "dados dos sentidos":

Como ter certeza de que nos encontramos fora do círculo de nossas ideias ou sensações?

A resposta de Moore é representativa de seu temperamento, que o fez famoso: tal problema não existe. Ter uma sensação já implica estar fora do círculo. Ser consciente é ter consciência de algo: deve existir algo no exterior que ative a consciência. De outro modo, esta apenas se perceberia uma mesma, idêntica forma. Seria um registro permanente, contínuo, que não serviria nem para afirmar que o ser humano é consciente da própria consciência. As diferenças entre os estados de consciência originam-se nos vários objetos exteriores, que a ativam. A única questão que merece ser formulada é a da correlação entre esse objeto exterior e o suposto conhecimento que se tem dele.

A segunda objeção é, na verdade, a pergunta feita por George Berkeley a John Locke: que prova se pode ter da existência de objetos físicos tridimensionais?

Moore dirá que não necessitamos de provas de que os objetos físicos existem, porque já os conhecemos. E por que podem ser conhecidos? Porque formam a visão do mundo do senso comum. Moore não acredita que essa seja uma resposta menor a um problema maior. Ao contrário, está persuadido de que as crenças que o senso comum inspira são mais dignas de crédito do que as afirmações metafísicas.

Senso Comum

A perspectiva do senso comum adquire um caráter mais claramente antimetafísico em *Uma Defesa do Senso Comum* (1925) e *A Prova do Mundo Exterior* (1939).

Moore ressalta o valor das coisas da vida cotidiana, que todos têm como certas diante das afirmações – algumas chocantes – às quais, ao longo da história, os filósofos não fizeram nenhuma objeção. Alguns exemplos: negar o movimento; não ter nenhuma boa razão para crer que o sol sairá amanhã; imaginar que a vida não é mais do que um sonho; supor que os componentes do mundo deixarão de existir quando não percebidos.

Entretanto, fatos como ter certeza da ocorrência do próprio nascimento; de que se era menor ao nascer do que no curso do crescimento; de que a Terra existe faz muito tempo; de que o sujeito conhece outras pessoas além dele mesmo são verdades que todos compartilham.

Diante disso, Moore afirma que a verdade das crenças de senso comum está fora de qualquer dúvida. Porém, a correta análise de tais crenças, isto é, sua exata interpretação, está longe de ser fácil.

Moore defende as crenças ordinárias, não o uso ordinário. Reconhece que, se o senso comum precisa de defesa, é porque não é suficiente por si mesmo – não é autossuficiente nem transparente.

Exemplo maior é a definição de "bem", um conceito tão simples quanto "amarelo", mas não se pode, de nenhuma forma, explicar a alguém que já não saiba o que é "amarelo", do mesmo modo não se pode explicar o que é o "bem". Porém, o que for "amarelo" sempre será amarelo, e a definição de o que é "bem" já é relativa.

52 – Círculo de Viena

O Círculo de Viena foi um grupo de jovens doutores que se reuniam num café de Viena para discutir questões de filosofia da ciência, inspirados pelo positivismo de Ernst Mach.

Ernst Mach

O filósofo da ciência Ernst Mach (1838-1916) ficaria famoso com a seguinte declaração: "Só conhecemos uma fonte que revela diretamente os fatos científicos – nossos sentidos". Para ele, tudo que pode ser dito da realidade é a completa experiência dos sentidos. Tudo que não pode ser apreciado pelo sentido está além da justificativa, portanto, a ciência deveria ser reconstruída como um relato dos fatos baseado na experiência sensorial.

Ecoando William James, Mach afirma que as leis da natureza são produto de nossa necessidade em sentir-nos à vontade com a natureza. Para Mach, não há provas de uma teoria científica, mas sim o ordenamento do conhecimento de mundo que nos ajudaria a "controlar e predizer" nosso redor.

O empirismo extremo de Mach nega a metafísica e a capacidade humana de que em algum momento possamos ter conhecimento de tal mundo, retomando os postulados Kantianos.

Origens do Círculo

Antes da Primeira Guerra Mundial, um grupo de "jovens doutores de filosofia, dos quais a maioria tinha estudado física, matemática ou ciências sociais", reunia-se em um café de Viena para discutir questões de filosofia da ciência, inspirados pelo positivismo de Ernst Mach. Entre esses jovens encontravam-se Philipp Frank (1884-1966), físico; Hans Hahn (1879-1934), matemático; e o sociólogo e economista Otto Neurath (1885-1945).

Mais tarde, em 1924, por sugestão de Herbert Feigl (1902-1988) – físico e filósofo, assistente do também físico e filósofo Moritz Schlick (1882-1936), considerado o fundador do Círculo de Viena –, criou-se um grupo de debate que se reunia às sextas-feiras à noite. Esse grupo, cujas propostas filosóficas foram batizadas de "positivismo" ou "neopositivismo lógico", foi o início do Círculo de Viena, que alcançaria reconhecimento internacional. Outros simpatizantes do movimento foram Alfred Ayer (1910-1989), que escreveu a obra *Linguagem, Verdade e Lógica*, defendendo o princípio da verificação, e Hans Reichenbach (1891-1953), que introduziu a teoria da probabilidade no critério de demarcação.

Os membros do Círculo de Viena identificaram Albert Einstein, Bertrand Russell e Ludwig Wittgenstein como os principais representantes da concepção científica do mundo. Sua projeção internacional deveu-se à impressionante produtividade entre os anos 1928 e 1938, quando transformaram a revista *Annalen der Philosophie* na famosa *Erkenntnis*, dirigida por Rudolf Carnap e Reichenbach, e que se converteu no veículo de expansão das ideias do grupo.

Teoria Verificacionista

Um dos membros fundadores do Círculo, Moritz Schlick, através da Teoria Verificacionista afirmava que um enunciado tem sentido de verdadeiro, por definição, se verificável por existência. Assim, os enunciados da ciência têm sentido apenas na medida em que existe algum método, a princípio, pelo qual podem ser verificados. O termo "a princípio" é necessário, a fim de permitir que enunciados falsos, que a princípio nascem verdadeiros, possam depois serem demonstrados como falsos. Schlick afirma a existência de um terceiro enunciado, o sem sentido, onde nenhuma experiência poderia levar à confirmação, exemplificando com frases famosas da filosofia metafísica: "Tudo é Uno"; "Deus é onisciente e benevolente" ou "A alma sobrevive após a morte".

Porém com o advento das teóricas da relatividade de Einstein e da mecânica quântica de Schroedinger, a Teoria Verificacionista passou a andar numa área nebulosa. Isso levou Schlick e outros a tentar salvar o verificacionismo, enfraquecendo ou modificando o princípio, mas nenhuma de suas tentativas se provou convincente.

Filosofia

O programa dos neopositivistas aprofundava-se em assuntos tão diversos como a psicologia, a análise lógica (seguindo a filosofia de Frege, do Wittgenstein dos primeiros tempos, de Whitehead e outros), a metodologia das ciências empíricas (baseada em Riemann e Einstein, por exemplo) ou a sociologia positivista (com influências que iam de Epicuro e Jeremy Bentham a John Stual Mill e Karl Marx). Como características do grupo, destacavam-se sua posição antimetafísica, sua análise da linguagem, o recurso à lógica e sua defesa dos métodos das ciências naturais e da matemática. As raízes dessas posições encontram-se fundamentalmente no empirismo de Hume e Locke, no positivismo de Comte e no empiriocriticismo de Mach, que baseiam toda fonte de conhecimento na experiência. Isso significa que rejeitavam todo tipo de conhecimento apriorístico (anterior à experiência) e qualquer proposição que não pudesse ser confrontada com a experiência. Para determinar quais enunciados poderiam ser aceitos como científicos, propuseram o princípio de demarcação ou de verificabilidade. Esse princípio estabelece que um enunciado será considerado científico somente se puder ser constatado por fatos verificáveis. Daí se deduz que os enunciados somente podem ser assumidos como verdadeiros depois de comparados com fatos objetivos. O princípio de demarcação eliminou a pretensão de um conhecimento teológico ou metafísico. Até mesmo a ética foi reconfigurada pelo grupo, que a considera um conjunto de enunciados sobre as emoções.

Carnap acabou, mais tarde, revendo o princípio da verificabilidade, substituindo-o pelo princípio da confirmabilidade. Isso ocorreu principalmente porque ele aceitou as críticas a sua tese – críticas que o alertavam de que leis gerais e proposições protocolares nunca podem ser totalmente verificadas.

O novo princípio propõe o que Carnap chama de "confirmação gradual". Segundo essa proposta, uma proposição científica pode ser confirmada, em maior ou menor grau, pela experiência – sem, contudo, ter a possibilidade de confirmação absoluta. A variação dependerá da quantidade de evidência empírica que valide a proposição. Uma vez confirmada, ela poderá então constar provisoriamente da teoria que ajuda a sustentar.

Além disso, a linguagem utilizada para expressar esses fatos empíricos deve usar símbolos que, por sua vez, relacionam-se entre si formalmente. Para eles, a única linguagem aceitável é a da física.

Dissolução

Em 1936, Schlick foi assassinado por um estudante nazista. Hahn tinha morrido dois anos antes, e quase todos os membros do Círculo eram de origem judaica. Isso produziu, com o advento do nazismo, uma diáspora que levou a sua dissolução. Feigl foi para os Estados

Unidos, juntamente com Carnap, mesmo destino de Gödel e Ziegel; Neurath exilou-se na Inglaterra. Em 1938, as publicações do Círculo foram proibidas na Alemanha. Em 1939, Carnap, Neurath e Morris publicaram a *Enciclopédia Internacional da Ciência Unificada*, que pode ser considerada a última obra do grupo.

Posteriormente, muitas de suas teorias fundamentais foram revisadas. O próprio Carnap reconheceu que o postulado da simplicidade do Círculo de Viena provocava "certa rigidez, pela qual nos vimos obrigados a realizar algumas modificações radicais para fazer justiça ao caráter aberto e à inevitável falta de certeza em todo conhecimento fatídico".

É paradoxal observar que, enquanto estava influenciado pelo *Tractatus Logico-Philosophicus*, do "primeiro" Wittgenstein, esse autor (que prosseguiu seu trabalho filosófico em Cambridge) analisava a linguagem com base nos jogos linguísticos apresentados no livro *Investigações Filosóficas*. Segundo a *História da Filosofia* de Giovanni Reale e Dario Antiseri, a filosofia do "segundo" Wittgenstein afirma que a linguagem é "muito mais rica, mais articulada e mais sensata em suas manifestações não-científicas do que jamais imaginaram os neopositivistas". O Círculo de Viena também se confrontou com as críticas de Karl Popper, para quem o critério da verificabilidade era contraditório e incapaz de encontrar leis universais.

53 – Rudolf Carnap

Rudolf Carnap entrou para a história da filosofia do século XX como o representante de maior destaque do Círculo de Viena, grupo que elaborou uma corrente de pensamento batizada de positivismo lógico.

Contribuições

Filósofo e lógico alemão nacionalizado norte-americano, Rudolf Carnap (1891-1970), aluno de Frege, foi membro destacado do Círculo de Viena. Emigrou em 1935 para os Estados Unidos. Aprofundou-se na obra de Wittgenstein, aplicando os *Princípios da Matemática* de Russell à lógica. Fruto disso foi *A Construção Lógica do Mundo* (1928). Escreveu, também, *Introdução à Semântica* (1942) e *Fundamentos Lógicos da Probabilidade* (1951), entre outras obras.

Círculo de Viena

O Círculo de Viena nasceu na década de 1920 em volta de Moritz Schlick, tendo como principais componentes, além do próprio Rudolf Carnap, Olga Hahn-Neurath, Herbert Feigl (filósofos) e Phillipp Frank, Karl Menger e Kurt Gödel (físicos-matemáticos). Começou como um centro de reuniões e terminou como um movimento organizado: em 1929 apareceu o manifesto intitulado *O Ponto de Vista Científico do Círculo de Viena*.
A partir dessa data, seus membros realizaram congressos internacionais, que difundiram o positivismo lógico, ao mesmo tempo em que estabeleceram vínculos com a Escola de Berlim (Hans Reichenbach e, depois, Carl Gustav Hempel), com os empiristas de Uppsala, com os lógicos polacos (Ignacy Lukasiewicz, Kazimierz Adjukiewicz e Alfred Tarski), com os simpatizantes americanos (Thomas Nagel, Charles William Morris e Willard Quine) e com os analistas britânicos (Gilbert Ryle e Alfred Jules Ayer), entre outros.
Em 1930 fundaram a revista *Erkenntnis* (dirigida por Carnap e Reichenbach), uma série de monografias com o lema "Ciência Unificada" e uma série de livros. O decênio 1930-1940 foi o da difusão internacional, porém o nazismo dissolveu o grupo e seus

membros refugiaram-se nos Estados Unidos e na Inglaterra, dando lugar a diferentes versões do positivismo lógico.

Positivismo Lógico

Denomina-se filosofia analítica ou tradição analítica ao conjunto de subgrupos ou correntes que vão de Mach e Avenarius (empiriocriticistas da primeira geração: físicos e filósofos da ciência, que fizeram da crise da física do último terço do século XIX seu principal tema) à denominada, em sua época, "nova filosofia da ciência" com Kuhn, Feyerabend e Hanson como nomes mais destacados, passando por Wittgenstein e os wittgensteinianos, Popper e seus seguidores etc. Reserva-se o título positivismo lógico, considerado mais adequado do que empirismo lógico, para os autores do Círculo de Viena, junto aos da Sociedade de Filosofia Empírica de Berlim.

Negação da Metafísica

A enérgica rejeição à metafísica é o traço mais característico do filósofo positivista Rudolf Carnap. E isso se deve não só a razões polêmicas – pois a oposição à metafísica equivale à oposição a quase toda a filosofia precedente –, mas também a motivos metodológico-historiográficos. O positivismo acredita que descartar o discurso metafísico é a única maneira de acabar com as polêmicas filosóficas tradicionais, que, ao contrário do que pensam seus defensores, demonstraram ser tão inúteis como insolúveis.
O fato de as disputas sobre certas questões persistirem durante séculos e de existirem poucas possibilidades de que elas possam ser resolvidas levou o positivista a duvidar-se, efetivamente, os participantes das disputas entenderem uns aos outros.
Portanto, o núcleo da argumentação ou da exclusão é o seguinte: somente a ciência pode falar do mundo real com conhecimento de causa. Qualquer tentativa de transcender os limites do conhecimento científico do mundo acaba no absurdo.
Nesse ponto, aparece, sem dúvida, a crítica kantiana à metafísica, só que adequadamente atualizada. As hipóteses metafísicas podem ser rejeitadas por não terem utilidade, porém nunca por serem falsas, pois, se fossem falsas, não seriam metafísicas.

Bases do Positivismo Lógico

A base teórica do positivismo lógico é constituída, fundamentalmente, pelas seguintes teses: a negação da metafísica; o fisicalismo e a unidade das ciências; a verificabilidade empírica.

Fisicalismo

Carnap entende por ciência uma ciência fisicalista, isto é, uma ciência baseada exclusivamente no padrão metodológico da física. Levando-se em conta que a física é uma ciência natural, tomá-la como modelo significa assumir uma atitude naturalista. É naturalista, então, a atitude de considerar que as ciências da natureza constituem o modelo de toda cientificidade.

Partindo do princípio de que as ciências da natureza constituem o critério de toda cientificidade, os procedimentos das ciências humanas que não concordarem com isso tenderão a ser desprezados, como se fossem imperfeições ou carências que demonstrassem falta de maturidade científica, porém suscetível de ser sanada. Assim, se uma ciência humana, como a psicologia, aspira a ser considerada científica, deverá apresentar-se, estritamente, de maneira comportamentalista (um dos trabalhos mais célebres de Carnap, intitula-se, precisamente, *Psicologia em Linguagem Fisicalista*).

Verificabilidade Empírica

A tese da verificabilidade empírica oferece duas frentes de desenvolvimento: por um lado, vai na direção das questões de fundamentação metacientífica e, por outro, aborda os problemas de significado dos enunciados. Na realidade, não são duas linhas completamente separadas, e, sim, em algum sentido, complementares, como é resumido na afirmação positivista: "O significado de uma proposição consiste no seu método de verificação".

Para Carnap, os enunciados elementares são registros de experiências imediatas. O problema que surgem dessa afirmação é o de como passar as experiências privadas, de uma só pessoa, às demais.

Tentar responder à questão anterior remete à problemática do significado dos enunciados. Para evitar que as controvérsias próprias da metafísica se repetissem, os positivistas lógicos introduziram o princípio de que, para que alguém pudesse falar com sentido, deveria ser possível especificar uma maneira de verificar empiricamente o que se está dizendo.

Alfred Jules Ayer

Filósofo de Oxford e famoso como radialista, Alfred Jules Ayer (1910-1989) foi um positivista lógico, pai do fenomenalismo e considerado por muitos como um socialista radical. Suas obras de destaque são *Linguagem, Verdade e Lógica* e *Os Problemas do Conhecimento*.
O fenomenalismo linguístico de Ayer demonstra seu ceticismo com a identidade pessoal. Na visão fenomenalista, falar em objetos materiais é legítimo, mas mal-entendido, devido a existência de expressões como "atrás" e "além". Ayer esclare como funciona: qualquer enunciado S pode ser reduzido a uma classe de enunciados K apenas se K esteja, epistemologicamente, abaixo de S. O enunciado S Ayer chamaria de imput sensorial. Se afirmar que uma árvore está no jardim, o indivíduo saberá o que encontrará no jardim, mas o significado desse enunciado não consegue ir além de que há uma árvore.

Quine

Nascido no estado de Ohio, nos EUA, W. V. O. Quine (1908-2000) é considerado por muitos o maior filósofo estadunidense do século XX. Visto como um Neopragmatisma, tornou-se proeminente com seu artigo *Dois Dogmas do Empirismo* (1951), onde criticava as teses de seu amigo e mentor Rudolph Carnap.
A visão de que a ciência é "o árbitro final da verdade" é o cerne de seu pensamento. Só a ciência explica o mundo, e algo que ela nos diz é que nosso conhecimento é restringido e limitado por estímulos sensoriais. Quine rejeita a síntese empirista de Kant em suas obras *Palavra e Objeto* (1960) e *A Busca da Verdade* (1990).
Em seu artigo de 1951, Quine ataca as teses positivistas das proposições analíticas (verdadeiras apenas pelo seu significado) e sintéticas (verdadeiras ou falsas dependendo das condições factuais), ao apontar que o significado de algo pode ser reduzido pelo estímulo sensorial. Quine evidência, de maneira convincente, que nenhuma proposição pode ser verdadeira independente da experiência, mas também que o significado de uma proposição não pode ser verificado isolado da "rede de crenças" de que ela faz parte. Esta rede de crenças é, ela própria, condicionada pela experiência sensorial. No entanto, a experiência não pode ser divorciada da teoria do mundo utilizada para descrevê-la. A teoria e a experiência caminham juntas, e o que há, o existe é o que nossa melhor teoria do mundo diz que

existe. A conclusão é que a ciência é, essencialmente, um exercício pragmático, preocupado em predizer a experiência sensorial futura.

Em *Mundo e Objeto*, Quine desenvolve sua concepção de filosofia e epistemologia como construção de teoria científica condicionada, mas não determinada pela experiência sensorial. Quine imagina um cenário radical, onde um linguista em campo, diante de uma linguagem completamente desconhecida, precisa importar seu próprio esquema conceitual como hipótese a fim de dar sentido ao comportamento dos nativos, uma vez que, lamentavelmente, só o comportamento indica os possíveis significados de suas elocuções. Caso se requeira importar um esquema conceitual para a tradução, segue-se que o significado se relaciona com o tradutor, e a ideia de mesmidade do significado nos diferentes manuais de tradução evapora-se.

54 – Henri Bergson

Henri Bergson aceita e incorpora os resultados da ciência e a existência do corpo e do universo material para entender a vida da consciência, reinstalando-a assim em sua existência concreta, que é condicionada e problemática.

Contribuições

Francês de origem judaica (seu pai, Michael Bergson, era músico, compositor e pianista de procedência polaca), Henri Bergson (1859-1941) acabou se aproximando do catolicismo – em especial após a publicação, em 1932, de seu livro *As Duas Fontes da Moral e da Religião* –, no qual via o complemento do judaísmo. Porém, como aparece numa passagem de seu testamento, escrito em 1937 e revelado por sua esposa, renunciou à conversão diante do antissemitismo que se espalhava pelo planeta.

Bergson considerou a realidade um "impulso vital", uma energia criadora que segue, em sua evolução, dois caminhos: o ascendente, que dá origem à vida, e o descendente, que se concretiza na matéria. O homem, por sua vez, possui dois tipos de conhecimento: o intelectual, que conhece mediante a análise e capta a exterioridade transmissível das coisas, e o intuitivo, que penetra no interior do real e capta o que ele tem de único, de inexpressável.

Algumas de suas mais importantes são *A Evolução Criadora* (1907) e *A Intuição Filosófica* (1911). Em 1927 obteve o prêmio Nobel de Literatura.

Consciência

Para Bergson, a duração real revela-se na vida interior, lugar a que se tem acesso por meio da experiência interna. A duração, afirmou o filósofo, é "de essência psicológica", caracterizada por mudança incessante, uma corrente contínua e ininterrupta que varia sem trégua. Não é espacial nem calculável. Não é possível reduzir a duração da consciência ao tempo homogêneo do qual fala a ciência, constituído por instantes iguais e sucessivos.

A contínua sucessão dos estados de consciência não pode ser refletida na imagem dos degraus de uma escada, de uma linha de pontos ou dos anéis de uma corrente. Ao contrário, os estados de consciência não podem ser substituídos uns por outros (são heterogêneos); desenvolvem-se em uma continuidade fluida.

A consciência não é uma multiplicidade numérica de estados, e, sim, uma "multiplicidade indistinta ou qualitativa" (expressão de Bergson) de um só estado, que, como uma forte corrente, dura e flui sem interrupção.

Inteligência

A inteligência é a faculdade humana que capta a matéria espacial. Ela mantém uma afinidade essencial com seu objeto, o que de alguma maneira determina sua grandeza e sua miséria. Em *A Evolução Criadora*, Bergson atribui à inteligência a capacidade não só de captar os fenômenos, mas também de penetrar na essência das coisas.

A estrutura da inteligência encontra-se perfeitamente adequada à função que, por natureza, já vem encomendada: utilizar e fabricar instrumentos inertes. A ciência obtém seus resultados mais exitosos no mundo da natureza inorgânica, no qual a duração real da consciência é substituída por um tempo homogêneo e uniforme (constituído por instantes iguais), que, na realidade, não é tempo, e, sim, espaço.

Intuição

Segundo Bergson, o único meio pelo qual podemos compreender aquilo em que a inteligência e sua análise (o movimento real) fracassam é a intuição. Dessa maneira, o homem acaba desdobrado nas suas potencialidades de relação com o mundo, adaptando-se à dualidade ontológica da própria realidade: a matéria inorgânica de um lado, o espírito e a vida de outro. Percebe-se a inutilidade de tentar contrapor a inteligência e a intuição. Ambas respondem a funções vitais opostas.

A inteligência foi dada ao homem para dirigir sua conduta. É um conhecimento fundamentalmente prático. Capta a matéria para transformar os corpos em instrumentos. A intuição, ao contrário, opera com a duração: objetiva captar a duração constitutiva das coisas. Todas elas são impulsos ou tensão dinâmica interna: ser é sempre, de uma ou outra maneira, duração, essa específica determinação espiritual que tudo absorve. Daí a frase de Bergson: a intuição consiste na "visão do espírito pelo espírito".

Assim, a intuição bergsoniana é, ao mesmo tempo, faculdade do espírito e da experiência metafísica, que exige uma atitude, uma purificação do espírito para libertar-se das amarras que o impedem de alcançá-la. Requer, por exemplo, considerar a validade da linguagem, na suspeita de inadequação ao novo objeto; ao contrário da análise intelectual, que precisa de símbolos, Bergson defende que a intuição capta a realidade independentemente de toda expressão, tradução ou representação simbólica.

55 – Edmund Husserl

Edmund Husserl procura resolver o problema de como justificar filosoficamente a existência de um mundo objetivo e comum. E faz a ligação entre a consciência e o mundo objetivo por meio da ideia de intersubjetividade.

Contribuições

Alemão de origem judaica, Edmund Husserl (1859-1938) foi vítima do antissemitismo, tendo sido destituído de sua cátedra em Freiburg, na Alemanha, por volta de 1930. Discípulo do filósofo Franz Brentano, desenvolveu suas pesquisas no campo da fenomenologia, a análise descritiva dos processos e eventos subjetivos que está no cerne de todas as correntes existencialistas. Sua obra objetiva analisar e conhecer a experiência imediata por meio dos atos da consciência, que ele denominou vivências, especificando as distintas formas de essa experiência apresentar-se ao sujeito. Chamou o objeto conhecido de noema e a consciência desse conhecimento de noesis, que pode adotar formas como a percepção, a lembrança, o desejo ou a necessidade.

Entre suas principais obras destacam-se *Pesquisas Lógicas* (1901), *A Filosofia como Ciência Rigorosa* (1911) e *Ideias e Diretrizes para uma Fenomenologia* (1913).

Intersubjetividade

A intersubjetividade é introduzida no esquema de Husserl de maneira gradual. O "eu" – que, no início, é como uma mônada, como um átomo isolado – termina por encontrar-se com outros "eus". Não se trata de um encontro acidental, contingente, que poderia não ter acontecido; um encontro é sempre relativo a algo essencialmente próprio do "eu" que participa dele. Claro que esse encontro tem um caráter natural, físico: o "eu" que se encontra com outro "eu" é um corpo que se encontra com outro corpo.

No pensamento husserliano, a autêntica individualidade não é a individualidade natural, dependente das condições reais, e sim a espiritual (porque o indivíduo espiritual é aquele que "tem em si mesmo a sua motivação"). Husserl pensa que o "eu" tem o direito de

supor que os corpos com os quais continuamente se encontra possuem um modo de ser análogo ao seu. Para ele, não se pode ter, do outro, uma intuição direta, e sim uma "apreensão por analogia".
O "eu" a que se refere Husserl só pode ser, a priori, aquele que experimenta o mundo "enquanto está em comunidade com outros semelhantes e é membro de uma comunidade de determinadas mônadas, orientada a partir dele". Dito de outra maneira, um pouco menos técnica: o "eu" pressupõe que existem outras pessoas no mundo; não só como corpos e entre objetos, mas também como dotados de consciência essencialmente igual à do "eu" que as percebe.
Voltando à terminologia leibniziano-husserliana: a justificativa do mundo da experiência objetiva implica uma justificativa igual da existência das outras mônadas. A própria ideia de um único mundo objetivo refere-se à comunidade intersubjetiva. Os outros, os demais, não são um elemento exterior, prescindível. Ao contrário, ao longo da obra de Husserl vão adquirindo importância, ganhando densidade até, finalmente, serem vistos quase como algo transcendental que torna possível e pensável cada "eu", cada sujeito.

Fenomenologia

A questão que Husserl apresenta na obra *A Crise das Ciências Europeias e a Fenomenlogia Transcendental* é a profundidade da crise das ciências.
O problema é o modelo de objetividade adotado em certo momento pelo pensamento ocidental e que se tornou um verdadeiro obstáculo para um adequado tratamento do subjetivo.
Não basta debater as funções ou a utilização da ciência. Não se trata de centrar a discussão no terreno de como a ciência é usada ou se os cientistas são responsáveis por algo, deixando de lado a questão do que é a ciência. O que está em jogo é o seu sentido, como conhecimento, e sua importância para a vida humana.
Husserl acusa a ciência de ter renunciado à própria cientificidade, reduzindo a verdade à pura facticidade. Em outras palavras, acusa-a de defender uma imagem insustentavelmente estreita da racionalidade, a ciência filosófica é ciência, mas não é empírica.
Para Husserl, o ideal da razão é a atitude que define a filosofia autêntica. Todo ideal, precisamente pela ambição histórica que o define, precisa ser conciliado a cada momento. O problema está em como conciliar o racionalismo de modo que, aplicado ao saber, permita superar a crise da ciência europeia.

Intencionalidade

Segundo Brentano, o "pai" filosófico de Husserl, a intencionalidade diz que todos os estados conscientes se referem a um conteúdo, embora este conteúdo possa ou não existir, ser abstrato ou particular. Por exemplo, o medo de fantasma é algo dirigido aos fantasmas, e isso é verdade queira o fantasma existe ou não. A possibilidade, antes que a realidade, deve existir como conhecimento. Husserl iria sugerir que a intencionalidade da mente acarreta o fato de que não se pode separar o estado consciente do objeto num sentido ontológico. Eles só podem existir juntos, como dois aspectos de um único fenômeno, o ato intencional. Então, para Husserl, a consciência é apenas "direcionamento em relação a um objeto".

Isso seria a ciência não empírica, uma investigação pura dos vários elementos dos processos mentais. A pesquisa não precisa considerar aquilo que está por trás das aparências, se algo houver. As especulações sobre o que existe além da aparência estão abertas à dúvida e ao ceticismo. Qualquer ciência do conhecimento deve começar com o intencional, com o que pode ser assimilado sem questionamento. Somente os fenômenos que formam as precondições da experiência podem satisfazer a ciência.

56 – Sigmund Freud

As ideias de Freud influenciaram e influenciam toda a cultura do mundo contemporâneo. No início, porém, elas causaram forte impacto, sobretudo pela reformulação radical na imagem do sujeito. No esquema freudiano, o inconsciente não deve ser considerado uma espécie de "depósito" das lembranças incômodas ou conflituosas, e sim como um mecanismo de defesa da psique humana.

Início de Carreira

Sigmund Freud nasceu em Freiberg (atualmente Pribor, na República Tcheca), em 6 de maio de 1856. Seus pais mudaram-se para Viena em 1860, onde ele estudou medicina e fez alguns cursos de filosofia com Franz Brentano, que também influenciou decisivamente Husserl e a fenomenologia. Brentano considerava os fatos psíquicos imediatos e seguros, diferentemente dos fatos físicos e externos, questionados pela teoria do conhecimento.

A partir de 1876, Freud trabalhou com Ernst Brücke, que defendia uma ciência positiva, rigorosa e experimental. Em 1885 foi para Paris a fim de estudar com Jean-Martin Charcot, psiquiatra famoso por aplicar a hipnose para a cura da histeria, fato de grande importância no posterior desenvolvimento das ideias e dos métodos freudianos.

Psicanálise

Em 1886, Freud regressou a Viena e abriu seu próprio consultório. Nesse período, colaborou com o médico Josef Breuer, com quem publicou, em 1895, *Estudos sobre a Histeria*, obra centrada no caso de Anna O. Com ela Freud testou o método que Breuer denominava "catártico" (a purificação, ou purga, dos fatos escondidos na mente). Breuer constatou que, quando submetida ao sono hipnótico, Anna O. contava, com detalhes, as circunstâncias que cercavam a aparição de diversos sintomas, circunstâncias que, em situação normal, ela resistia em evocar ou, segundo suas próprias palavras, "esquecera".

Assim que a jovem evocava uma sequência de fatos precisos, os transtornos cessavam, o que chamou a atenção de Freud. Daí em diante ele concederia grande importância à expressão verbal dos transtornos. Em 1896 criou o termo psicanálise para designar o que a própria Anna O. tinha chamado de "cura pela fala".

A publicação das primeiras obras – *A Interpretação dos Sonhos* (1900), *Psicopatologia da Vida Cotidiana* (1901) e, em especial, *Três Ensaios sobre a Teoria da Sexualidade* (1905) – provocou uma enorme revolução nos ambientes burgueses de Viena e propiciou o surgimento de um grupo de seguidores e discípulos que formaram a escola psicanalítica e contribuíram de forma notável para a difusão das ideias freudianas.

Essas três obras continham elementos inovadores. Na primeira, partindo do princípio de que os sonhos existem para assegurar e reforçar o descanso daquele que dorme, Freud apresentava a possibilidade da aparição de desejos e temores, liberados da repressão da vigília. Na segunda, ele se ocupava desses erros e distrações, especialmente na comunicação oral (naquilo que mais tarde seria conhecido como "lapso freudiano"); para Freud, tais lapsos revelam coisas que, no fundo, sentimos e pensamos, embora não queiramos reconhecer. No terceiro, de grande repercussão, a saída do conteúdo guardado no inconsciente para o consciente era considerada de cunho sexual. Freud concebeu a ideia, central na psicanálise, do complexo de Édipo (o filho sente-se atraído pela mãe, ao mesmo tempo em que deseja eliminar o pai, visto como rival).

Interpretação da Personalidade

Em 1909, Freud viajou para os Estados Unidos, onde realizou diversas palestras. Em 1910 foi fundada a Associação Psicanalítica Internacional (da qual Carl Gustav Jung, fundador da psicologia analítica, foi o primeiro presidente). No período de 1911 a 1913, vários dos mais importantes discípulos de Freud separaram-se dele por divergências teóricas e pessoais (Alfred Adler em 1911, Wilhelm Stekel em 1912 e Jung em 1913). Nessa mesma época, a obra freudiana seguiu um novo rumo, em direção à interpretação da personalidade e da cultura, como em *Totem e Tabu* (1913), *Metapsicologia* (1915-1917), *Além do Princípio do Prazer* (1920) ou *O Ego e o Id* (1923).

Freud começou a ter problemas com o crescimento do nazismo, em 1933. A origem judaica e o conteúdo de suas obras provocaram-lhe crescentes dificuldades. Em 1938, em consequência da ocupação de Viena pelos nazistas, ele foi obrigado a fugir, mudando-se para Londres, onde morreu em 23 de setembro de 1939.

O conjunto da obra freudiana pode ser considerado uma crítica profunda a um dos conceitos-chave do pensamento moderno: o de consciência. Desde o começo, ele promoveu uma reformulação radical da imagem do sujeito ou do eu, característica da filosofia ocidental, reformulação que aprofundou ao desenvolver seu pensamento. Freud afirmaria que a mente consciente não é "mestre em sua própria casa".

O caso de Anna O. levou a elaborar a hipótese do inconsciente, na tentativa de encontrar uma terapêutica adequada para os fenômenos histéricos. Acreditou que todo ser humano possuía tensões contrárias entre representações que reapareciam na consciência (especialmente por meio da lembrança) e forças repressoras que não se tornavam conscientes. Esse conjunto de forças psíquicas em que se encontram as imagens não aceita pela consciência recebeu o nome de "inconsciente".

Inconsciente

O inconsciente é um sistema, um mecanismo pelo qual algo vivo e presente em cada um é excluído da atividade consciente: um desejo, algo que o próprio sujeito é incapaz de assumir. Para enfatizar que o inconsciente não é um simples esquecimento, Freud introduziu a noção de "pré-consciente", que designa o conjunto de representações que, não estando presentes na consciência, podem ser levadas a ela através da memória, uma vez que não estão afetadas pela ação da repressão.

Para Freud, algumas experiências da infância são "reprimidas" no inconsciente pelo ego. Basicamente, essas experiências provocariam, de alguma forma, uma desaprovação ligada à identidade sexual da criança com um ou ambos os pais, podendo levar a rupturas fisiológicas, particularmente doenças no sistema nervoso, como o caso de Anna O.

Primeira Tópica

Os níveis inconsciente, pré-consciente e consciente constituem a primeira tópica. O mecanismo de censura que torna inconscientes certos conteúdos psíquicos não se referem a situações patológicas, anormais. Ao contrário, serve para explicar o funcionamento do psicológico humano. O inconsciente faz parte da estrutura psíquica de todas as pessoas. Isso significa que em todas elas encontra-se o mesmo núcleo que vai ser objeto de repressão: um impulso sexual,

tendência básica da espécie humana denominada libido. Esse impulso sexual não equivale a um impulso orientado para a reprodução; ele afeta o conjunto da vida pessoal.
Assim, é possível analisar a sexualidade infantil e constatar seu desenvolvimento em fases. Na época, a análise feita por Freud resultou no exemplo mais escandaloso. O tópico do patológico foi destruído. Os casos patológicos são uma manifestação normal, mas que atinge um grau de exasperação insustentável para o indivíduo. Trata-se da mesma autocensura, da mesma repressão da qual padece o comum dos mortais, só que levada ao limite do tolerável.

Id, Ego e o Superego

A tópica definitiva, proposta por Freud em 1923 no texto *O Ego e o Id*, é a tentativa mais elaborada do autor em resolver algumas das dificuldades abertas pela primeira tópica. Nessa obra, considera-se que a estrutura psíquica do homem tem três instâncias: o id, o ego e o superego.
O id representa o mundo pulsional orgânico, o substrato biológico no qual se assenta a existência humana como espécie. É o inconsciente.
O ego é uma espécie de "administrador" das forças do id para a oportuna inserção do sujeito na realidade. Adapta o homem para viver no mundo. É consciente em um amplo sentido.
Finalmente, o superego representa tanto o conjunto de ideais do ego, aos quais procura ajustar-se, como as normas morais, reflexo das regras morais da cultura.
O ego torna-se, assim, o espaço de um conflito. Nitidamente diferente do Eu de alguns idealistas, o ego é fundamentalmente um corpo vivido, carregado de múltiplas tensões. Por exemplo, a tensão natureza-cultura ou a tensão desejo-moralidade, que são duas maneiras de expressar a relação id-superego.
Esse novo esquema incorpora aspectos pouco destacados na primeira tópica. Com pouco rigor, poderia ser dito que essa segunda tópica permite a entrada de todas as dimensões relacionadas com os variados mecanismos de socialização do indivíduo. A interiorização das normas sociais de conduta passa a ser essencial no processo de constituição da identidade, concorrendo com o fundo natural que acompanha permanentemente o ser humano.

Discípulos

Psicanalista e escritor norte-americano de origem alemã, Erich Fromm (1900-1980), influenciado por Freud e por Marx, estudou a influência da sociedade e da cultura no indivíduo. Entre seus livros destacam-se *O Medo a Liberdade* (1941) e *A Arte de Amar* (1956).
Psiquiatra e escritor suíço, Carl Gustav Jung (1875-1961) rompeu com o mestre, Freud, em 1913. Discordava da excessiva importância que Freud dava aos aspectos sexuais em sua análise do comportamento humano. As ideias freudianas seriam combinadas com a mitologia, religião e filosofia, vindo a surgir o conceito de inconsciente universal, que se revelava em torno dos sonhos, do misticismo e das religiões. Introduziu o conceito de inconsciente pessoal e coletivo, conjunto de experiências da humanidade acumuladas no curso do tempo, que se manifestam em um número reduzido de imagens ou arquétipos. O melhor exemplo de arquétipo é o da "mãe", onde Jung demonstra a necessidade psicológica do ser em ter alguém em nossas vidas para preencher o papel de nossa criação e nos acalentar em momentos difíceis. Normalmente a mãe biológica exerce esse papel, mas quando não ocorre, o indivíduo buscará o substituto.
Propôs uma tipologia de formas psíquicas da personalidade, baseada na introversão e na extroversão. A introversão era o ego voltado em direção ao interno e ao inconsciente, ao passo que os extrovertidos eram mais orientados em direção à realidade e as atividades externas. Para Jung, o homem por excelência não deve ser introvertido ou extrovertido totalmente, ele deve equilibrá-los. Em síntese, para Jung, isso só aconteceria na morte.
Muitos criticam a psicologia freudiana e junguiana pelo excesso de subjetividade, que parece incapaz de falsificação. Porém, a psicologia junguiana desenvolveu traçados de perfis como o Indicador de Tipo Myer-Briggs e da testagem psicométrica.
Entre suas obras destacam-se *Psicologia do Inconsciente* (1942), a autobiografia *Memórias, Sonhos, Reflexões*, *O Homem e Seus Símbolos* (1964) *Desenvolvimento da Personalidade* (póstuma, 1967).

Lev Semenovich Vygotsky

O psicólogo soviético Lev Vygotsky (1896-1934) teve trabalhos publicados sobre linguagem e pensamento, embora suprimido em seu país, exerceu forte influência na filosofia na década de 60.
Sua obra mais famosa, *Pensamento e Linguagem*, foi publicada postumamente, onde evidencia seus estudos nas áreas da linguística, psicologia, filosofia e estética. Nela o soviético questiona a visão

tradicional agostiniana de que o discurso é a expressão exterior do pensamento. Para ele, o pensamento é reestruturado à medida que é transformado em fala; ele não é expresso, mas completado na palavra.

Em termos psicológicos, o filósofo argumenta que a criança aprende por estímulos sociais que serão internalizados, portanto a criança atua em nível social (interpsicológico) para depois ter individualidade (intrapsicológico).

Na parte da linguística, Vygotsky é adepto da Hipótese Sapir-Whorf ou Determinação Linguística, o argumento de que o esquema conceitual da língua afeta diretamente o modo como os indivíduos percebem o mundo.

57 – Ludwig Wittgenstein

Ludwig Wittgenstein estava especialmente interessado na problemática da linguagem e em como ela representa o mundo. Afirmava que o mundo é formado pela totalidade de fatos atômicos e não de coisas.

Contribuições

O austríaco Ludwig Wittgenstein (1889-1951) era o caçula de oito irmãos. Seu pai, Karl Wittgenstein, protestante de origem judaica, chegou a ser uma das figuras-chave da siderurgia europeia. Ludwig foi educado por preceptores em sua casa até os 14 anos (conhecida como Palácio Wittgenstein, a moradia era frequentada por personalidades como Johannes Brahms e Pablo Casals). Fez três anos de estudo secundário em Linz, na Áustria e seguiu para Berlim no intuito de tornar-se engenheiro, assim como seu pai.

Em 1908, mudou-se para Manchester a fim de ampliar seus estudos e chegou a realizar um trabalho de vanguarda em aeronáutica, basicamente relacionado com o desenho de um motor a reação. Seu interesse pela matemática aproximou-o do lógico alemão Gottlob Frege, que o aconselhou a ir à Universidade de Cambridge para estudar com Russell. Mais tarde Wittgenstein acabaria se tornando professor dessa universidade.

Ele entendeu a filosofia não como um saber, mas como uma atividade, cuja finalidade é esclarecer proposições. Por isso circunscreveu sua análise à linguagem. Em seu pensamento, distinguem-se duas etapas: a primeira, marcada pela publicação do *Tractatus Logico-Philosophicus* (1921-1922), no qual trata dos problemas da fundamentação da lógica e da matemática, escritos durante sua participação na Primeira Guerra Mundial; a segunda, definida por *Investigações Filosóficas* (póstuma, 1953), caracteriza-se pelo estudo dos usos linguísticos, concebidos na forma de diferentes jogos. É também autor da *Gramática Filosófica* (1931-1934).

Após a publicação de *Tractatus*, pôs em exílio voluntário, doando sua fortuna e indo morar e trabalhar na Áustria, primeiro como professor em escolas particulares e depois como jardineiro. Em 1929, insatisfeito com as posições austríacas, retornou para a Inglaterra.

Wittgenstein vai à Guerra

Wittgenstein não foi aceito pelo exército austríaco por causa de problemas de saúde. Entretanto, decidido a não se distanciar do destino de seus compatriotas, se alistou, como voluntário, no exército austríaco na Primeira Guerra Mundial.
O filósofo tinha certa fascinação pela morte, segundo anotações em seu *Diário Secreto*: "15 de abril de 1916. Dentro de 8 dias marcharemos para a posição de combate. Torço para que eu possa pôr minha vida em risco numa tarefa difícil!". No mesmo sentido, anotava em 2 de abril de 1916: "Tenho ficado doente. Hoje, ainda estou muito debilitado. Hoje, meu comandante me disse que me enviará para a retaguarda. Se isso acontecer, eu me matarei".
Ele combateu na frente russa, chegou a oficial e foi enviado para a frente sul, onde terminou o *Tractatus*. Com a queda dessa frente, foi feito prisioneiro na Itália em 1918.

Limites da Linguagem

Para Wittgenstein, as proposições atômicas representam fatos atômicos no sentido de que são "quadros" ou "pinturas" desses. Proposições atômicas e fatos atômicos possuem a mesma estrutura: são isomórficos, ou seja, a linguagem em seu conjunto é um mapa da realidade. As proposições atômicas que não representam fatos atômicos carecem de sentido.
Diferentemente de Russell, Wittgenstein não dá exemplos daquilo que considera fatos simples ou elementares. Em última análise eles devem existir, porém o filósofo não afirma ter identificado algum. Entretanto, dá exemplos da correlação fatos-proposições: a partitura musical é uma figura da melodia executada. É disso que surge sua tese de que os limites da linguagem são os limites do "meu mundo", tese denominada "solipsista".

Valores da Linguagem

Segundo Wittgenstein, além do uso figurativo e das tautologias (tão legítimas quanto vazias), não existe nenhum uso aceitável da linguagem, e qualquer tentativa de empregá-la de modo diferente do habitual não fará sentido ("o sentido do mundo deve ficar fora dele"). Em particular, todos os enunciados éticos ou metafísicos não são mais do que pseudoproposições, violações sem sentido do uso adequado da linguagem. Wittgenstein estava convencido de que não há nenhum valor no mundo (e chegou a acrescentar, por via das dúvidas: "mesmo que houvesse, não teria valor algum"), daí a existência do silêncio.

Defende a impossibilidade das proposições éticas, dado que as proposições não podem expressar nada que pertença ao âmbito superior. O resultado final não pode ser mais claro: "Está claro que a ética é inexpressível".

Finalmente, a respeito da linguagem cotidiana, Wittgenstein reconhece seu caráter imperfeito. É necessário ir até o fundo dela, até sua estrutura, até seu esqueleto, até aquilo comumente chamado de linguagem ideal.

Objetividade da Linguagem

Wittgenstein em *Investigações Filosóficas* atacou suas próprias teses fundamentais de *Tractatus Logico-Philosophicus*. Assim, criticou a tese do significado-figura por apoiar-se num duplo preconceito: aquele pelo qual os elementos últimos da linguagem (os nomes próprios) possuíam uma univocidade referencial ao objeto e aquele pelo qual a estrutura da proposição era uma projeção da estrutura do estado dos fatos.

A base da compreensão da linguagem não está na "relação figurativa", e sim na objetividade de seus usos. Além disso, a relação figurativa gerou uma linguagem incomunicável, privada, na medida em que seu fundamento são os dados sensíveis, criados como um fato estritamente privado.

Também abandonou a velha crença no caráter único e completo da análise. Essa ideia baseava-se na superstição de que, na linguagem, há uma essência oculta que a análise consegue descobrir, embora o verdadeiro seja que a linguagem não possui outra realidade senão a de seus usos, variados e múltiplos. A descrição é um deles, nas mesmas condições de qualquer outro (esse foi o erro do neopositivismo: identificar significado com significado descritivo).

Só existe o que está diante de nós, jogos da linguagem, que são, no limite, forças da vida. Não se pode falar numa função da linguagem, assim como não se pode falar na função de uma caixa de ferramentas. O mundo é feito de inumeráveis tipos de expressões e inumeráveis modos de usá-las.

John Langshaw Austin

Professor de filosofia em Oxford, as obras de John Langshaw Austin (1911-1960) são *Sentido e Percepção* e *Como Fazer Coisas com Palavras*.
Durante muitos anos, a linguagem foi usada para representar o mundo como ele é, todavia, Austin, assim como Wittgenstein, apontou a capacidade da linguagem de questionar, dar ordem, contar piada, fazer promessa, dar conselho, insultar, persuadir e intimidar.
Austin distingui três atos de fala. Primeira as palavras têm significado do Ato Locutório: "o gato sentou-se no tapete" refere-se exatamente ao animal acima do tapete; o Ato Ilocutório aponta que expressões como "Você vai" sofre alterações de sentido caso apresentem sinais como "?" ou "!"; o último seria o Ato Perlocutório, aquele que convence, intimida o ouvinte "minha oferta é melhor que a sua". Essas funções não são excludentes e Austin cita que muitas elocuções podem envolver os três tipos de atos, pois a frase "está frio" pode ser um ato locutório ao descrever como o indivíduo se sente, mas também pode ser tomado como um ato ilocutório como um pedido para se fechar a janela. Se houver resposta de fechamento da janela, haverá um ato perlocutório.

Gilbert Ryle

Outro filósofo linguístico de Oxford que procurou resolver os problemas metafísicos, afirmando que haveria uma confusão de categorias logicamente distintas, ideia que levou à discussão do que chamou de erro categorial.
Na sua obra mais famosa, *O Conceito de Mente*, Gilbert Ryle (1900-1976) retoma o dualismo cartesiano de corpo e mente como coisas separada, sendo um material e outra imaterial. Ryle acreditava que o conceito de mente como entidade não física é um erro categorial, um equívoco ao se presumir que a mente ou as propriedades mentais podem ser entendidas em termos não físicos. O conceito de mente como não físico é sempre definido negativamente, algo não espacial, não observável, nem em movimento, nem em repouso. Ryle notou que os dualistas não definem a mente como "peças de mecanismo de relógio... apenas como pelas de um não mecanismo de relógio".
Ryle nota que a maioria das palavras quase nunca descreve o estado mental de alguém, mas sim a disposição do comportamento. Dizer que alguém está zangado não é descrever sua mentalidade, mas apenas sua condição atual. Essa ideia influenciaria bastante a linguagem da psicologia behaviorista e os filósofos da linguagem de Oxford.

58 – Karl Popper

Karl Popper opôs-se à tese de que o método mais firme da ciência fosse o indutivo. Ele não acreditava que a observação pudesse servir como base para a elaboração de leis válidas universalmente. Segundo Popper, as teorias científicas são hipotéticas ou conjecturais. Elas exigem um método que consiste em aprender sistematicamente com base nos erros cometidos.

Contribuições

Filósofo britânico de origem austríaca, Karl Raimund Popper (1902-1994) foi um dos mais célebres pesquisadores da filosofia da ciência. Partidário de um racionalismo crítico, ele atacou algumas das teses defendidas pelos membros do Círculo de Viena, especialmente a da verificabilidade dos enunciados. Sustentou que uma teoria é científica não porque explica mais ou menos fatos, mas porque suas hipóteses podem ser falseadas ou contrastadas pela experiência.

Popper também se destacou na filosofia política pela oposição a todo tipo de totalitarismo e a todo uso dogmático da razão. Em 1991 foi nomeado doutor honoris causa pela Universidade Complutense de Madri. Entre suas obras mais relevantes estão *A Lógica da Pesquisa Científica* (1934), *A Sociedade Aberta e seus Inimigos* (1945), *A Miséria do Historicismo* (1957) e *Conjecturas e Refutações* (1962).

Insuficiência da Lógica Indutiva

Popper defende que é necessário examinar até que ponto o proceder da ciência fornece uma posição firme e sólida, teoricamente, para edificar sobre ela uma metodologia científica. Contraria, assim, os partidários da indução, para os quais sem um princípio que permita a transformação das observações de dados sensíveis particulares em generalizações, ou leis gerais, não há como identificar a verdade ou a falsidade das teorias científicas.

A rejeição popperiana à lógica indutiva acontece precisamente pelo fato de a lógica indutiva não proporcionar um critério adequado para diferenciar o caráter empírico, não metafísico, de um sistema de teorias. Popper contesta a aparente evidência de que todo conhecimento científico se inicia nas observações empíricas e de que

tais observações constituem o fundamento de toda elaboração teórica, apoiando-se igualmente no senso comum: basta apresentar um único caso contrário para desmentir um enunciado geral.
Nem do mais óbvio podemos estar completamente seguros. "Todos os homens são mortais", por exemplo, não deixa de ter um caráter provisório. Ninguém pode garantir que não exista alguém que não conhecemos e que não possa ser incluído na categoria "imortal". Porém, mesmo que dispuséssemos de todas as informações e que elas nos dessem garantia de que não existiu, até o momento, tal indivíduo imortal, continua sendo impossível garantir que, no futuro, não venha a existir um ser humano que escape da morte. O centro da argumentação de Popper poderia ser enunciado desse modo: a única coisa de que se pode ter certeza é do erro.
Popper chama de "asserção metafísica" o enunciado de que "existe um espírito onipotente, onipresente e onisciente" e o questiona da seguinte maneira: o enunciado é suscetível de reformulação numa linguagem de tipo fisicalista, que atribua coordenadas espaço-temporais a todas as supostas qualidades daquele espírito. O enunciado, portanto, ficaria assim: "Existe uma pessoa que está em toda parte, capaz de qualquer coisa em qualquer lugar, que pensa tudo o que é verdadeiro e somente isso, de tal maneira que ninguém sabe tudo sobre seu próprio pensar".
O que chama a atenção na objeção é que, cumprindo esses requisitos, Carnap, filósofo do Círculo de Viena, vê-se obrigado a aceitar esse enunciado como significativo e, portanto, não-metafísico. Isso convida a pensar que os critérios, usados pelos neopositivistas para recortar os supostos fatos com os quais trabalhar, indutivamente oferecem espetaculares aspectos para serem criticados.

Critério da Falseabilidade

Se não existe nada que possa ser chamado de indução, é inadmissível, pela lógica, inferir teorias a partir de enunciados singulares. Assim, as teorias nunca são verificáveis empiricamente. O critério para diferenciar ciência de pseudociência, segundo Popper, é a falseabilidade. Uma teoria é científica quando, sendo em princípio falsificável, não está de fato falseada, apesar de tentarmos falseá-la por todos os meios disponíveis. Por conseguinte, uma teoria não refutável não pode ser considerada científica.
A irrefutabilidade, assim, não é uma "virtude", mas um "vício". Entretanto, é preciso esclarecer que, nesse caso, "vício" não é

sinônimo de "falsidade" ou de falta de significados, mas de descontrole. Só é controlável uma teoria que afirme ou implique que certos acontecimentos concebíveis não acontecerão de fato. Em outras palavras, toda teoria que possa ser submetida ao controle "proíbe" certos fatos. Popper, nesse sentido, foi extremamente claro: "Sempre que um cientista pretenda que sua teoria esteja apoiada pela experiência e pela observação, devemos apresentar-lhe a seguinte questão: Você pode descrever alguma possível observação que, se de fato acontecer, refutaria a sua teoria?".

Marx e Popper

No livro *Conjecturas e Refutações*, Popper explica seu desencanto com as doutrinas de Marx. Aquilo que a princípio fez com que, na perspectiva de Popper, a teoria de Marx fosse atrativa – explicar praticamente tudo que acontecia – foi o que o levou a rejeitá-la. Ele percebeu o frenesi confirmatório no qual incorriam os partidários das teorias marxistas: o mundo estava cheio de verificações. Todos os acontecimentos davam razão a eles. Porém, essa incessante corrente de confirmações e observações que "verificavam" as teorias em questão (aspecto constantemente destacado pelos marxistas) era, precisamente, o que mais revelava a sua debilidade.

Se todas as observações concebíveis proporcionam conteúdo para a concordância de uma teoria, não se deve pretender que uma observação particular qualquer ofereça apoio empírico para essa teoria. Em poucas palavras: só se pode aceitar que uma teoria seja considerada empírica se for possível dizer de que modo ela pode ser refutada ou falseada. Os partidários das teorias de Marx, como os de Freud ou de Adler, não entenderam a relação com o mundo que devemos exigir de nossos discursos para que possamos chamá-los de "conhecimento". O argumento que eles consideram mais fortes a favor de tais teorias – sua ótima adaptação à realidade – é justamente o que mais as fragiliza.

Verificabilidade do Conhecimento

Antes de Popper, o desenvolvimento das ciências poderia ser comparado ao avanço contínuo de conquistadores em terras desconhecidas. Tudo aquilo que se descobria, e que ficava comprovado, ganhava para sempre a condição de "verdadeiro".

O racionalismo crítico de Popper apontou os problemas que cercam esse tipo de postura. Sua insistência na precariedade das teorias científicas tem relação direta com a escassa garantia que ele concede à aprovação positiva dos fatos. Isso não significa que Popper se distancie da exigência de comprovação, pela experiência, dos dados científicos. Significa, isso sim, que essa comprovação deve ser feita de outra maneira.

Fragilidade das Teorias Científicas

Em *A Lógica da Pesquisa Científica*, Popper sustenta que o critério de demarcação que deve ser adotado na ciência não é o da verificabilidade, e, sim, o da falseabilidade dos sistemas. Para Popper, o conhecimento é hipotético ou conjectural. O avanço do conhecimento, em especial do conhecimento científico, depende da aprendizagem possibilitada pelos erros cometidos.

Duas Maneiras de Aprender

O método da ciência, segundo Popper, consiste em aprender sistematicamente, com base nos erros, de duas maneiras: em primeiro lugar, atrevendo-nos a cometê-los, ou seja, propondo arbitrariamente novas teorias. Em segundo lugar, buscando sistematicamente os erros cometidos, ou seja, buscando erros mediante a discussão crítica e a análise crítica das ideias.

Experimento e Teoria

Para Popper, os experimentos são guiados constantemente pela teoria, por semideias teóricas, por hipóteses sobre as possíveis origens de certos erros experimentais, por esperanças e conjecturas sobre qual experimento terá êxito, ou seja, por semideias de que o experimento de certo tipo será teoricamente frutífero.
Todos esses elementos dificultam e condicionam a relação dos sujeitos com o mundo. Mais do que isso, advertem que a pretensão de que as próprias coisas possam ser constituídas em tribunal de decisão, em caso de conflito entre teorias, é totalmente equivocada.
Aqui está um dos aspectos em que a proposta popperiana é mais atual, na medida em que anuncia, mediante múltiplas diferenças, uma tese que posteriormente teve sucesso: a da carga teórica da linguagem observacional. Ou, em outras palavras, a ideia de que não se pode sustentar que existam fatos neutros e fixos, em relação aos quais as teorias seriam somente interpretações. Ao contrário, tais

fatos vêm carregados de elementos teóricos, que lhe dão o status de realidade.

Feyerabend

Paul Feyerabend (1924-1994) ficou famoso por seu anarquismo epistemológico por atacar a metodologia racional. Apoiador fervoroso do positivismo lógico e do falsificacionismo de Karl Popper, viria a rejeitar ambos em sua principal obra *Contra o Método*.
Através da tese da incomensurabilidade de Thomas Kuhn, Feyerabend rejeitou Popper, mas ao contrário de Kuhn, afirmou que a ciência é sempre revolucionária, pois a prática científica caracteriza-se pela pluralidade de hipóteses concorrentes, incomensuráveis entre si. O que move a pesquisa é a competição propiciada pela pluralidade das teorias alternativas. Mesmo se estivermos confiantes na adequação de uma teoria, é saudável encorajar alternativas para desafiá-las, pois estas ajudarão nossa compreensão da teoria favorecida quanto aumentarão nossa justificativa para ela.
Essa visão seria batizada de Pluralismo Teórico pelo próprio Feyerabend, abandonando a concepção tradicional de que uma teoria é boa na medida em que se "adapta aos fatos". Não há fatos uma vez que todos os enunciados factuais são carregados de teoria. O homem escolhe a teoria que melhor contribui para nossa compreensão, não aquela de "acordo com os fatos".
Seu Pluralismo Teórico estende-se num pluralismo metodológico ou, como ele denominou, num Anarquismo Metodológico. Ele argumenta que, na busca por uma pluralidade de teorias, não há um método único garantido no qual possamos nos basear para produzir bons resultados. Na verdade, ele afirma, sobre a prática científica: "Não há uma única regra, não importa o quão plausível... que não seja violada em algum momento ou outro... há sempre circunstâncias em que é aconselhável não apenas ignorar a regra, mas adotar seu oposto". Uma vez que não existe um conjunto de regras, a ciência é anárquica por natureza. Prosseguindo, ele afirma: "Só existe um princípio que pode ser defendido sob todas as circunstâncias e em todos os estágios do desenvolvimento humano. É o princípio de que tudo funciona".

59 – Antonio Gramsci

A filosofia da práxis gramsciana representa o esforço de contrapor o marxismo dialético à tradição idealista da filosofia de Benedetto Croce, que predominava na Itália do tempo de Gramsci.

Contribuições

O italiano Antonio Gramsci (1891-1937) foi membro do Partido Socialista e um dos fundadores, em 1921, do Partido Comunista Italiano. Criou os jornais *L'Ordine Nuovo L'Unità*. Em 1926, foi preso pelo regime fascista e condenado a 20 anos de prisão, dos quais cumpriu 11 porque foi libertado já muito doente, uma semana antes de falecer.

No cárcere escreveu a maior parte de sua obra, compilada postumamente com o título de *Cadernos do Cárcere* (1948-1951). Neles, refletiu principalmente sobre temas filosóficos, destacando a importância da práxis como maneira de superar a ruptura entre a sociedade e a cultura, e sobre questões políticas, nas quais antecipa conceitos que influíram no marxismo dos anos 60 e 70 do século XX e na estratégia dos partidos eurocomunistas.

Papel da Filosofia Marxista

Gramsci define a filosofia como concepção do mundo, como atividade conceitual cujo objeto é a ação política sobre a realidade, que integra tanto a teoria quanto as normas de conduta que derivam dela. Portanto, a filosofia é, a um só tempo, conhecimento, moral e política.

Para Gramsci, a filosofia é reflexão, conhecimento que o homem vai adquirindo progressivamente sobre si mesmo. Em suma, autoconsciência. É aqui que a dimensão histórica aparece: se o homem não é algo já pronto – ao contrário, desenvolve suas características no percurso da história –, a autoconsciência virá indissoluvelmente ligada à autoprodução como ser humano. A autoconsciência, produzida no coletivo, haveria de preparar a revolução para a "nova ordem", ou seja, para o advento do socialismo.

Gramsci nega que o materialismo mecanicista seja a filosofia do marxismo, cortando as tradicionais ligações dele com a história da filosofia precedente. Para ele, apenas o materialismo dialético seria capaz de unir teoria e prática. Sob esse aspecto, nota-se a influência de suas leituras das obras de Lênin e a refutação da filosofia especulativa típica do idealismo de Benedetto Croce.
Em consequência, a tarefa primordial da filosofia marxista em formação será a de proporcionar o conteúdo correto para essa dimensão ativa, para a esfera da intervenção humana que o idealismo não soube colocar. A filosofia do marxismo, assim como é entendida por Gramsci, não é só uma concepção do devir histórico. É principalmente uma teoria do real ou uma concepção do mundo.

Função Política do Intelectual Orgânico

A revolução socialista não seria levada a efeito por uma elite, e sim por conselhos constituídos pela massa de trabalhadores da sociedade, entre os quais se formariam os "intelectuais orgânicos". Tradicionalmente os intelectuais são concebidos como sujeitos pensantes que toda classe possui, mas Gramsci ressalta que os novos intelectuais seriam os "edificadores práticos da sociedade".
Para melhor entender o poder do intelectual orgânico, Gramsci utiliza o conceito de hegemonia, talvez a sua contribuição mais importante. É pela hegemonia que o Estado exerce o poder não só pela força, mas pelo consentimento de todos, o duplo aspecto que garante a ordem social. Em outras palavras, é dessa maneira que no regime capitalista a classe dominante impõe sua ideologia às classes subalternas. A tarefa do proletariado seria, portanto, assumir sua consciência de classe e buscar uma nova hegemonia que absorvesse as ideias e práticas populares.

Teoria e a Prática

Gramsci parte do princípio fundamental da unidade entre teoria e prática. Segundo ele, o conhecimento não pode ser separado da transformação da realidade pelo homem. Como a prática é histórica, a teoria também virá dotada desse caráter de historicidade.
Assim, a validade da teoria em questão aparecerá indissoluvelmente ligada a práxis histórica da qual surge. Aqui, não há lugar para um conhecimento fora do âmbito histórico, fora do âmbito do homem. Isso, porém, de maneira alguma conduz a um retorno ao individualismo, uma vez que o homem aqui tratado não é o indivíduo

isolado do discurso social burguês conservador. Ao contrário, representa as massas humanas organizadas segundo um modo de produção determinado, ou seja, em classes sociais.

60 – Louis Althusser

Louis Althusser propõe a releitura do pensamento marxista. Baseia-se, para isso, nas obras da maturidade de Karl Marx, e analisa, nelas, as relações entre marxismo, ciência e filosofia.

Contribuições

Francês de origem argelina, considerado um dos renovadores do pensamento marxista, Louis Althusser (1918-1990) foi membro do Partido Comunista Francês. Estudou e foi professor de filosofia da prestigiosa Escola Normal Superior de Paris. Escreveu obras importantes como *Para Ler "O Capital"* (1965), em colaboração com Étienne Balibar; *A Revolução Teórica de Marx* (1966); *Aparelhos Ideológicos de Estado* (1970) e *Resposta a John Lewis* (1973).

Em 1980, após assassinar a esposa, foi declarado irresponsável por seus atos e colocado em um centro psiquiátrico. Em 1992 foi publicado *O Futuro Dura Muito Tempo*, texto autobiográfico.

Recuperação de Marx

A contribuição filosófica mais importante de Althusser talvez seja aquela que supõe, na verdade, a existência de dois Marx, um jovem e outro maduro, separados por aquilo que Althusser chamou "ruptura epistemológica", datada de 1845. Toda a produção anterior (desde sua tese de doutorado até *A Sagrada Família* inclusive) compõe o que se denomina, costumeiramente, as "obras da juventude de Marx".

A seguir vêm as "obras da ruptura" propriamente ditas (*Teses sobre Feuerbach* e *A Ideologia Alemã*) e, depois, as "obras de maturidade". Dentre estas, Althusser destaca *O Capital*.

A ruptura de 1845 é o abandono de uma problemática na qual o conceito de homem era o fundamento da filosofia, da história e da política, e a passagem para uma nova problemática científica – o materialismo histórico – que gera uma nova filosofia, o materialismo dialético.

Marxismo como Teoria e Método

Segundo Althusser, Marx descobriu um novo continente teórico, a história, fundando, assim, o materialismo histórico. Essa ciência tem como objeto os modos de produção que surgiram e surgirão na

história. Estuda sua estrutura, sua constituição e as formas de transição que permitem passar de um modo de produção a outro. Ao afirmar isso, Althusser opõe-se àqueles que apresentaram Marx exclusivamente como crítico da sociedade capitalista.
É verdade que *O Capital* desenvolve a teoria de um só e único modo de produção, porém é igualmente verdade que oferece os conceitos para elaborar as teorias dos restantes e da totalidade. Conceitos como modo de produção, formação social e conjuntura política (em ordem de abstração decrescente) e, dentro de cada um deles, a específica relação que se apresenta entre as estruturas regionais (econômica, jurídico-política e ideológica) são aqueles que Althusser destacou como principais, além dos já clássicos, forças produtivas e relações de produção, entre outros.
O materialismo dialético é uma filosofia da ciência, mais precisamente a filosofia do materialismo histórico, e ainda se encontra em desenvolvimento. Os textos filosóficos de Marx são, para Althusser, frequentemente enigmáticos, deliberadamente polêmicos ou muito elípticos. A filosofia marxista nunca é dada de forma adequada a seu objeto. Está contida em *O Capital* e nos resultados da atuação dos partidos comunistas, assim como nas reflexões políticas dos grandes dirigentes, como Lênin. Em 1969, Althusser publicou um texto intitulado *Lênin e a Filosofia*.
Na segunda metade do século XX, a tarefa do filósofo marxista seria a de extrair a filosofia dos textos que a contêm, deduzi-la mediante um profundo trabalho crítico e uma análise rigorosa dos textos e das obras, teóricas e práticas.

Ideologia

Althusser retoma de Gramsci alguns temas, sobretudo aqueles relativos à ideologia, mas os amplia, ao dizer, em *Lênin e a Filosofia*: "O que o marxismo introduz de novo na filosofia é uma nova prática da filosofia. O marxismo não é uma (nova) filosofia da práxis, e sim uma prática (nova) da filosofia".
Algo, entretanto, pode dizer-se sobre seu conteúdo. Por exemplo, que a filosofia marxista, diferentemente da ideologia filosófica com a qual rompe, tem elementos que a tornam comparável à ciência. Como tal, manifesta-se sob dois aspectos: uma teoria que contém o sistema conceitual teórico, com o qual é pensado seu objeto, o materialismo; um método que, aplicado a esse objeto, expressa a relação que a teoria mantém com ele, a dialética.

Duas das propostas mais controversas de Althusser, a noção de causalidade estrutural e sua ideia da dialética como processo sem sujeito e sem fins, relacionam-se a este último aspecto.

O debate sobre a ideologia permite à crítica penetrar no coração da argumentação de Althusser, fundamentalmente naquela que aponta para o tratamento racionalista que se opunha à ciência, entendida como verdade, e à ideologia, entendida como erro, que se consagrava na tese especulativa que definia a filosofia como "teoria da prática teórica".

Althusser observa que, na "ruptura epistemológica" com os escritos da maturidade, o marxismo passa a ser "anti-humanista" no sentido de abandonar a noção de "essência humana", de sujeito como centro responsável da vida social. Por isso, não se deve partir do "homem", mas de forças sociais que, sem que ele saiba, o determinam. Dando realce à ilusão ideológica, Althusser compara essa posição ao pensamento de Bento de Espinosa, Sigmund Freud e Jacques Lacan, mestres da suspeita.

Ao analisar o poder coercitivo do Estado, Althusser explicita como essa força se exerce pela violência, ao passo que na sociedade civil existe uma pluralidade de aparelhos ideológicos de Estado que se impõem predominantemente pela ideologia.

Definitivamente, e não somente por uma questão terminológica, Althusser não pode aceitar a proposta de colocar a consciência como categoria central para pensar a ideologia. A linguagem filosófica tradicional, sua gnosiologia e sua ontologia são abaladas pela concepção de Althusser da ideologia.

61 – Martin Heidegger

Martin Heidegger propõe a existência humana como ponto de partida da reflexão filosófica. O mundo, para ele, não é um conjunto de objetos, mas um traço fundamental, constitutivo, do homem. O medo da morte leva o homem a uma existência inautêntica. Ao entender o fim da vida como uma possibilidade – a última – do ser, o homem é capaz de ter uma existência autêntica.

Contribuições

O alemão Martin Heidegger (1889-1976) cursou teologia e filosofia para se tornar professor titular em Marburg e depois na Universidade de Freiburg, onde substituiu Husserl, a quem dedicou a obra *Ser e Tempo* (1927). Nomeado reitor em 1933, abandonou o cargo pouco tempo depois. Essa escolha e seu discurso de posse foram interpretados como uma adesão ao regime de Hitler e provocaram seu afastamento da universidade até 1952.

Sua obra, influenciada por Husserl, Kierkegaard e Wilhelm Dilthey, foi, mesmo contra sua vontade, considerada uma das mais elaboradas expressões do da fenomenologia e do existencialismo.

Heidegger, sem abandonar um ponto de vista crítico, manifestou que a cultura ocidental supunha a realização dos ideais metafísicos, cuja história estendia-se desde os gregos antigos até a atualidade. Em sua filosofia podem ser distinguidas duas fases: na primeira delas, representada pela obra *Ser e Tempo*, a ideia central é o questionamento do ser; na segunda, seu pensamento aparece formulado de maneira mais assistemática e a reflexão sobre o ser encontra-se indissociavelmente unida à reflexão sobre a linguagem. Um texto característico desse período é *A Caminho da Linguagem* (1959). Heidegger publicou numerosos trabalhos, como *O Que é a Metafísica?* (1929), *Introdução à Metafísica* (1953), *Sobre o Problema do Ser* (1955) e *O Princípio da Razão* (1956).

Homem, Ser-no-Mundo

Heidegger não se limita a constatar que o homem está no mundo. Afirma que ele é um ser-aí (Dasein), isto é, um ser-no-mundo. Essa afirmação não deve ser entendida como uma simples localização num

espaço, e, sim, como uma característica fundamental da existência humana, como algo que a constitui. Heidegger reclama que os filósofos tem questionado sobre o que é o ser e o que podem saber sobre, mas ele volta a questão de Nietzsche, "O que é o ser?".
O ser-no-mundo envolve o ser-com-outros, ou seja, com quem também está no mundo. Não se está falando de mera coexistência exterior, de compartilhar acidentalmente o mesmo cenário, mas de algo fundamental: faz parte da natureza da existência humana o fato de ser uma existência compartilhada. Para Heidegger, não é possível pensar separadamente no homem e no mundo porque a mundanidade é um traço da existência.
O mundo, entendido dessa maneira, não é o conjunto de objetos – entre os quais se encontraria o homem –, e, sim, o traço fundamental do ser humano. Cada homem encontra-se sempre e necessariamente inserido no mundo das coisas e das outras pessoas. "Inserido" significa estar vinculado por meio de uma complexa rede de preocupações, tarefas, interesses e cuidados, rede que proporciona a configuração inicial do real. O que existe, em primeiro lugar, é o meu mundo, e não o suposto mundo objetivo proposto pela ciência.
O problema, para Heidegger, foi que a filosofia sempre confundiu "ser" e "ente". O ente é, na visão heideggeriana, um modo de ser – portanto, é o ser que determina o ente. O homem, lançado no mundo para cumprir a existência, projeta-se em seus atos. Por isso, existir é projetar-se continuamente, é fazer da vida sempre um projeto. Nesse sentido, o homem é um ente inacabado, um ser em estado de carência que procurar mascarar a angústia que essa condição provoca.

Coisas "Objetivadas"

Heidegger vê as coisas como objetos pelos quais o ser humano tem interesse, ou seja, coisas de uso específico ligadas sistematicamente a outras coisas a serviço dos interesses de cada pessoa. O objeto, como coisa útil, é constituído pelo sistema de relações em que ele, objeto, existe. Assim, ele nunca se encontra isolado. O simples fato de existir exige dele também a existência de uma totalidade de coisas dentro das quais ele se define (a agulha implica a linha, a roupa etc.).
O ser das coisas, portanto, não significa, como supõe a metafísica tradicional, mera presença, exterioridade, localização num espaço geométrico abstrato. Significa pertencer a essa totalidade

instrumental que é o mundo. É desse modo que a "utilidade" (disponibilidade) das coisas – ou seu significado em relação à vida de cada um – aparece, como forma de existência mais originária. Diante disso, a objetividade perde a velha condição que lhe atribuía a ciência – a de ser a perspectiva privilegiada a partir da qual se analisava o mundo – e passa a ser um ponto de vista limitado, determinado de antemão por outros interesses.

Para Heidegger, não há conflito entre a interpretação prática do mundo e a interpretação da ciência. Ambas são perspectivas coordenadas. Dizer que "o martelo é pesado" pode tanto significar que ele é de difícil manuseio como que ele tem um peso. Essa coordenação provaria, argumenta o filósofo, a superioridade teórica de seu ponto de vista. Isso porque ela mostra que a objetividade das coisas é uma forma de determinar própria da instrumentalidade. Caso a ciência aparecesse como a detentora do único olhar desinteressado sobre o mundo, a articulação entre as duas perspectivas resultaria impensável.

Existência Autêntica e Inautêntica

Para compreender-se, o homem pode adotar, como ponto de partida, a si mesmo ou os demais homens. No primeiro caso, tem uma compreensão autêntica, enquanto no segundo tem uma compreensão inautêntica, que é o fundamento da existência impessoal.

Adotar essa atitude significa aceitar uma das possibilidades que a existência humana oferece, considerando que a estrutura impessoal da vida social também é constitutiva da existência do ser humano, que também é ser-em-comum. Pode-se dizer que a existência inautêntica é uma tentação que espreita o homem que vive em sociedade. Abandonar-se a ela é tomar um caminho que, longe de permitir a realização das possibilidades que são próprias ao homem, colocam-no no mesmo nível das coisas do mundo. Quando isso acontece, podemos dizer que a existência se desprendeu de si mesma e caiu no mundo, ficou presa nele. O Eu foi sepultado dentro do um.

Ser para a Morte

Para Heidegger, a compreensão inautêntica do mundo é provocada pelo medo da morte. Essa compreensão não permite, ao homem, pensar na própria morte; é por esse motivo que ele fala do fim da vida de modo impessoal: "morre-se".

Já a existência própria ou autêntica, ao contrário, encara abertamente suas possibilidades e, ao fazê-lo, encontra-se diante daquilo que constitui sua última e definitiva possibilidade: a morte. Essa experiência revela a verdade da existência, isto é, sua niilidade (ela é feita de nada). Ser para a morte significa ser para o nada.

O nada apresenta-se, dessa maneira, como a possibilidade que define a existência: o homem está-aí para nada. A lucidez e a aceitação dessa verdade são características da consciência autêntica. Essa experiência provoca angústia, e a angústia não é um estado psicológico que logo se projeta a um mundo "exterior".

Pensar dessa maneira implicaria permanecer no interior de um esquema dualista sujeito-objeto totalmente alheio à perspectiva heideggeriana. A essa distinção (primeiro, a pessoa sente-se de determinada maneira e, depois, atribui esse estado de ânimo à realidade exterior), Heidegger opõe a ideia de que a existência é, sempre e constitutivamente, uma relação com o mundo. É nesse sentido que a angústia deve ser entendida.

Eu Autêntico

A angústia promove o acesso ao eu autêntico. Somente ela pode liberar a existência da impessoalidade inautêntica. Para Heidegger, a angústia não equivale a medo. A angústia distingue-se do medo porque nela não há ameaça.

O que causa a angústia é o reconhecimento, pelo ser humano, do sentido do estar-no-mundo. Esse sentido se produz quando o mundo é entendido em sua totalidade, não somente com base nas preocupações particulares de um indivíduo.

O acesso a essa totalidade única, que permite reconhecer a futilidade das coisas do mundo, acontece somente quando o homem antecipa a própria morte. E essa não é, certamente, uma tarefa fácil. A maioria dos homens prefere abandonar-se à vertigem da vida cotidiana, na qual o familiar e o próximo ocultam o estado de ânimo fundamental da angústia.

Essa atitude é compreensível: quando as preocupações habituais desaparecem do horizonte, revela-se à existência humana o estranhamento da solidão. É o momento em que o homem pode optar entre continuar na existência inautêntica, impessoalmente determinada, ou assumir a própria existência e entender que ela é projeto, é possibilidade.

Travessia Entre Nadas

A morte é o coração da existência. Para Heidegger, como se lê em *Ser e Tempo*, a morte é "a possibilidade da pura e simples impossibilidade da existência". Depois dela nada é possível para o ser-no-mundo.
A morte, ao constituir a possibilidade última de todas as demais possibilidades, atua sobre ela não somente no sentido de exercer um domínio (tem o poder de extingui-las), mas também no sentido de ser uma delas.
A morte revela a contingência das outras possibilidades. Considerando que o homem pode morrer, não seria necessário que ele existisse. Ninguém, na verdade, precisa existir. A existência é uma "travessia entre nadas": o nada do qual surgimos e o nada para o qual vamos. Se a impossibilidade da existência (a morte) é possível, isso quer dizer que nada é necessário.
Eis aqui aquilo que se revela à existência e é capaz de encarar a morte. O homem angustiado, dirá Heidegger, "sente-se na presença do nada, da possível impossibilidade de sua existência".

62 – Jean-Paul Sartre

Em uma obra ampla, que reúne ensaios, filosofia, teatro e literatura, Jean-Paul Sartre defendeu suas teses sobre o ser humano. Seu ponto de partida afirma que o homem vem do nada e é radicalmente livre para fazer a si mesmo. Condenado por ser livre, o homem é o único responsável por si e por seus atos. Por isso mesmo tem medo e angústia: sente-se sozinho, abandonado no mundo, sem saber o que fazer no instante seguinte.

Contribuições

O francês Jean-Paul Sartre (1905-1980) nasceu em Paris, estudando na Escola Normal Superior, onde conheceria Raymond Aron (1905-1983) e Simone de Beauvoir. Nomeado professor de filosofia em Havre em 1931, mas fixou-se em Berlim como professor do Instituto Frances, onde recebeu a influência de Husserl e Heidegger. De volta à França, lutou na Segunda Guerra Mundial, ficando prisioneiro entre 1940 e libertado no ano seguinte. A partir da década de cinquenta, adere ao comunismo.
Em 1960, visitou o Brasil, onde conferiu uma palestra na Faculdade de Filosofia, Ciências e Letras de Araraquara, interior do estado de São Paulo. Na plateia estava, entre outros, o então jovem sociólogo Fernando Henrique Cardoso, que viria a ser presidente do Brasil.
Desenvolveu uma filosofia existencialista em obras como *O Ser e o Nada* (1943) e *O Existencialismo é um Humanismo* (1946). Nela, aprofunda temas como a liberdade humana, a angústia e as paixões.
Interessou-se também pelo marxismo, cujo pensamento expressou em *Crítica da Razão Dialética* (1960). Em 1945, fundou, com Merleau-Ponty (1908-1961), a revista *Les Temps Modernes* e converteu-se em um dos principais teóricos da esquerda.
Entre sua produção literária, estão *A Náusea* (1938) e a trilogia "Os Caminhos da Liberdade", composta de *A Idade da Razão* (1945), *Sursis* (1947) e *Com a Morte na Alma* (1949), assim como suas obras de teatro *Mortos Sem Sepultura* (1946) e *Entre Quadro Paredes* (1945). Em 1964, foi-lhe concedido o prêmio Nobel de Literatura, que ele rejeitou, alegando que nenhum homem poderia ser transformado em instituição.

Intelectual Engajado

A figura de Sartre foi, na sua época, o paradigma do intelectual engajado.
Sua trajetória pessoal, desde os anos da participação na Resistência francesa até seus gestos públicos nos anos 1960 e 1970, rejeitando o prêmio Nobel de Literatura, colaborando com o Tribunal Russell ou vinculando-se a grupos de esquerda, está marcada de modo permanente pela decidida vontade de colaborar, em sua condição de homem público, em projetos e atividades de caráter progressista.
Sartre foi um intelectual no sentido amplo, porque sua atividade não ficou confinada ao discurso teórico especulativo, mas se desenvolveu também em outros âmbitos, como o da literatura ou do teatro, sem excluir os textos e a ação política.

Filosofia, Ensaio e Literatura

Uma das características mais marcantes de Sartre é sua versatilidade com os vários tipos de texto. Ao rigor dos conceitos filosóficos ele aliou o ensaio e a ficção. E foi bem-sucedido em todos esses gêneros. Não se pode, porém, separá-los no conjunto da obra sartreana. Romances, contos, crônicas, crítica literária, jornalismo, análise política e ensaios estão profundamente ligados, na temática, no desenvolvimento das tramas e na composição das personagens, à sua filosofia. São maneiras diferentes de expressar o tema principal da reflexão de Sartre: o homem.
Nessa reflexão, ele retoma a ideia de Heidegger, de que o ser humano vem do nada e se dirige também para o nada. Não há divindade criadora nem "essência" preexistente na origem do homem. Ele vem do nada e somente passa a ser, a existir, quando, já no mundo, começa a fazer-se, a construir-se, ou seja, vivendo. É nesse sentido que Sartre entende o homem como "ser para-si": dotado de consciência, ele se percebe (ou seja, ele percebe que "é", que "existe") e por isso pode fazer a si mesmo. E aqui Sartre também resgata outra noção de Heidegger: a de que a existência humana é sempre um projeto, uma reação a experiência. Existir é impelir-se na direção do futuro.
Assim, Sartre nega qualquer espécie de teoria sobre a natureza humana e até mesmo a crença em Deus, pois o homem existe para si, daí o seu existencialismo ser também um humanismo.

Ser em-Si e Ser para-Si

A característica mais fundamental do homem, aquilo que o diferencia de outros seres, é a consciência. E a consciência, a princípio, também é nada. É um vazio que começa a ser preenchido quando o ser humano nasce e passa a observar tudo aquilo que há no mundo (os fenômenos). O conteúdo da consciência, assim, é composto dos fenômenos que ela percebe da natureza.

A consciência – isto é, o ser humano –, porém, faz muito mais do que apenas registrar os objetos do mundo. O homem consegue organizar os fenômenos que observa, dando-lhes um sentido.

Ao fazer isso, ele se transforma num coautor do mundo, que passa a ser aquilo que cada um (e todos, numa perspectiva mais ampla) entende que o mundo seja. A essa capacidade de perceber as coisas, e dar-lhes sentido, Sartre chama "intencionalidade": a consciência sempre é consciência de algo.

O ser humano, que percebe, e os objetos, que são percebidos, mas não podem perceber, são os dois tipos de seres existentes no mundo. O homem, dotado de consciência, é o único capaz de perceber que percebe e de utilizar essa capacidade para decidir o que é, o que fará e como fará. Por isso ele é um "ser para-si".

Já os objetos, seres que são percebidos, mas não têm percepção, são "seres em-si": existem, estão no mundo, mas não têm, por princípio, a capacidade de reflexão e a autonomia que a consciência confere aos humanos.

Psicanálise Existencial

A psicanálise existencial, proposta por Sartre, diferencia-se da freudiana por rejeitar o determinismo como causa de acontecimentos passados. Uma psique que reage à pressão das circunstâncias permite descobrir a estrutura ontológica da escolha originária.

O para-si, que é por essência nada, procura abandonar essa condição de origem: deseja ser. Porém, não aspira a um ser na forma do em-si, isto é, uma coisa, um objeto qualquer do mundo. O que o homem quer é converter-se em um em-si que, ao mesmo tempo, seja seu próprio fundamento, ou seja, um em-si-para-si.

Liberdade e Ação

A teoria sartreana do ser para-si conduz a uma teoria da liberdade. Isso porque o ser para-si define-se como ação e a primeira condição da ação é a liberdade. O que está na base da existência humana é a livre escolha que cada homem faz de si mesmo e de sua maneira de ser.

Desse princípio decorre a afirmação de Sartre de que o homem é inteiramente responsável por aquilo que é; não tem sentido querer-se atribuir as falhas individuais a fatores externos como a hereditariedade, a ação do meio, a influência de outras pessoas.

A cada momento o ser humano precisa exercer sua liberdade absoluta, refazendo seu eu. É esse o processo de existir: uma relação indeterminada com esse refazer. Isso provoca angústia. Provoca também o medo de realizar as próprias possibilidades; há medo e angústia porque o homem não sabe o que será no momento seguinte.

A autonomia da liberdade, como determinação fundamental e radical do ser para-si, faz do existencialismo uma filosofia que prescinde da ideia de Deus. Para Sartre não há nenhum fundamento sobrenatural para os valores: é o homem que os cria. O valor da vida é o sentido que cada homem escolhe o melhor para si mesmo. Em síntese, o existencialismo sartreano é uma forma radical de humanismo, suprimindo a necessidade da metafísica e colocando o próprio homem como criador de todos os valores através da máxima "condenados a ser livres".

Má-Fé

Quando o ser humano se fixa numa personagem de si mesmo, rompendo com o fazer-se contínuo, ele deixa de usar sua liberdade. Cristaliza-se. Essa cristalização, esse parar de fazer-se livremente, tem um nome: má-fé.

O ideal perseguido pela má-fé é tornar-se coisa, ser em-si. A má-fé leva à reificação: o ser humano passa a considerar-se algo sólido (como um objeto), definitivo, contrariando a possibilidade do para-si – que é fazer-se – e desagregando a existência, pois desestruturou a liberdade. A conduta de má-fé é a fuga da liberdade. Não se pode se desculpar ou responsabilizar, seja um ser divino ou outros homens, o indivíduo é soberano.

Ser Para-Outro

O ser humano convive, no mundo, com outros seres humanos e com objetos. Difere, porém, o modo como se dá a interação com uns e outros. Se, diante de objetos, o homem não tem com que se preocupar, com outros seres humanos a preocupação aparece. O olhar do outro vê os demais como objeto a ser analisado, medido, avaliado, incorporado, anulando-os como sujeitos.

Como há resistência, por parte dos seres humanos, a ver-se relegados à condição de objetos, essa objetivação mútua não é capaz de converter o outro em mero em-si. Para escapar da objetivação, é preciso ver o outro como um traço estrutural e originário do para-si: o homem, ao saber aquilo que é, sabe também aquilo que não é (sabe que não é o outro). E pode, então, reconhecer no outro uma consciência, um sujeito como ele, não uma coisa.

Albert Camus

Celebrado escritor, dramaturgo e filósofo franco-argelino, Albert Camus (1913-1960) foi um grande amigo de Sartre, onde trabalharam juntos no jornal Combat. No entanto, romperam em 1951 e nunca mais voltariam a se falar. Suas obras mais conhecidas são *O Estrangeiro* (1942, *A Peste* (1947), *O Mito de Sísifo* (1942) e *O Homem Revoltado* (1951).

Em *O Mito de Sísifo*, Camus desenvolve o "absurdo" do ser humano dar sentido a um mundo sem sentido. Camus afirma que "o absurdo nasce da confrontação entre necessidade humana e o silêncio desarrazoado do mundo". Para ele, o "absurdo" é tomado em seu sentido original, que surge da comparação do ridículo com o sublime, tal como Sísifo, condenado pelos deuses gregos a empurrar uma enorme pedra montanha acima, só para que ela role montanha abaixo novamente quando ele alcança o topo.

O destino de Sísifo reflete a futilidade e a desesperança do esforço. Os humanos vivem a vida não realizando anda, uma vez que, retomando Russell, "todo o esforço de todas as épocas, toda devoção, toda a inspiração, todo o brilho do meio-dia do gênio humano estão destinados à extinção na vasta morte do sistema solar, e todo o templo de realização humana deve inevitavelmente ser enterrado sob os escombros de um universo em ruínas".

Diante dessa questão existencialista, Camus se pergunta "Por que não devo cometer suicídio?", algo que os outros existencialistas se esquivaram. Aqui reside o confronto filosófico com Sartre: não se deve solucionar o conflito, pois ele é insolúvel, porque pertencia à existência humana. Solucionar é negar o fenômeno e o suicídio é outra tentativa de solucioná-lo.

Camus reconhecia seu próprio beco sem saída: aceitar o absurdo é aceitar a morte; recusá-lo é aceitar uma vida no precipício, na qual não se pode encontrar conforto, apenas "viver num vertiginoso cume

– isso é integridade, o resto é subterfúgio". Então conclui que "ser consciente da própria vida num grau máximo é viver num grau máximo".

Karl Jaspers

Psiquiatra e filósofo alemão, Karl Jaspers (1883-1969) ficou conhecido por suas contribuições à filosofia existencial e à psicopatologia. Sua obra se destacou pela tentativa de integrar a ciência e a filosofia explorando a existência humana e a transcendência.

Nascido em Oldenburg, estudou direito na Universidade de Heidelberg, mas rapidamente mudou seu foco para a medicina, concluído seu doutorado em 1909. Sua carreira começou na psiquiatria, onde trabalhou como assistente clínico e pesquisador. Ganhou reconhecimento com a publicação da obra *Psicopatologia Geral* (1913), argumentando que a compreensão dos pacientes psiquiátricos exigia uma abordagem fenomenológica, buscando entender as experiências subjetivas dos indivíduos.

Durante a Primeira Guerra Mundial, Jaspers começou a se interessar mais pela filosofia. Em 1921, tornou-se professor de filosofia em Heidelberg, sendo fortemente influenciado por Nietzsche e Kierkegaard, enfatizando a importância da liberdade individual e a busca por significado em um mundo aparentemente irracional.

Associado ao existencialismo, o próprio Jaspers preferia o termo "filosofia da existência". Ele acreditava que a filosofia deveria ajudar as pessoas a entender a si mesmas e seu lugar no mundo. Alguns dos conceitos centrais de sua filosofia incluem:

- **Situações-Limite:** momentos de crise ou limite na vida que revelam a natureza fundamental da existência humana.
- **Liberdade e Transcendência**: a ideia de que os seres humanos têm a capacidade de transcender suas circunstâncias através da liberdade e da autodeterminação.
- **Comunicação Autêntica**: a importância do diálogo verdadeiro e aberto entre indivíduos como meio de alcançar a compreensão mútua.

Posteriormente publicou *Filosofia* (1932), uma exposição abrangente de sua filosofia existencial, e *A Questão da Culpa* (1946), um exame da responsabilidade moral dos indivíduos na Alemanha pós-Segunda

Guerra Mundial. Com a ascensão do nazismo, Jaspers e sua esposa, Gertrud Mayer, que era judia, enfrentaram perseguição. Destituído do cargo de professor em 1937 e proibido de publicar. Após a guerra, retornou à academia e continuou a lecionar até sua morte em 1969. Seu papel foi fundamental na reabilitação da filosofia alemã após o nazismo, defendendo uma postura de responsabilidade moral e política. Sua insistência na importância da liberdade e da responsabilidade individual influenciou muitos pensadores posteriores, tanto na filosofia quanto nas ciências sociais.

Gabriel Marcel

Filósofo, dramaturgo e crítico musical francês, Gabriel Marcel (1889-1973) é amplamente reconhecido como um dos principais representantes do existencialismo cristão. Nascido em Paris e órfão de mãe desde cedo, foi criado por seu pai, um diplomata. Estudou na Sorbonne, onde obteve seu diploma em filosofia em 1910.

Marcel começou a carreira como professor e editor, mas rapidamente se dedicou à filosofia e à dramaturgia. Durante a Primeira Guerra, trabalhou como oficial da Cruz Vermelha, uma experiência que o influenciaria ao falar da fragilidade humana e à solidariedade. Inicialmente um agnóstico, Marcel converteu-se ao catolicismo em 1929, influenciado por sua busca espiritual e suas reflexões. Essa conversão moldaria sua filosofia, levando-o a integrar sua fé com sua investigação existencial.

Diferente de Sartre, Marcel desenvolveu uma versão do existencialismo que estava enraizado na fé cristã. Ele enfatizava a dimensão espiritual do ser humano, destacando a importância da transcendência e da relação com o divino.

Os principais pontos do existencialismo cristão de Marcel são encontrados nas suas obras *Diário Metafísico* (1927), *O Ser e o Ter* (1935) e *O Mistério do Ser* (1951). São eles:

- **Ser e Ter**: Marcel fazia uma distinção fundamental entre "ser" e "ter". Para ele, a verdadeira existência está ligada ao "ser", que envolve relações autênticas e experiências profundas, enquanto o "ter" está associado à posse e ao materialismo superficial.
- **Mistério e Problema**: Problemas são questões que podem ser resolvidas através da razão e da ciência, enquanto mistérios são aspectos da vida que transcendem a

compreensão racional e exigem uma abordagem mais contemplativa e experiencial.
- **Encarnação e Participação**: a existência é fundamentalmente encarnada e que a verdadeira compreensão da vida vem da participação ativa nas experiências e nas relações com os outros.
- **Fidelidade e Esperança**: Marcel valorizava a fidelidade nas relações humanas e via a esperança como uma virtude essencial que nos conecta com o futuro e com a transcendência divina.

63 – Simone de Beauvoir

Simone de Beauvoir rejeita as teorias éticas que buscam a consolação do homem, sejam laicas ou religiosas. Para ela, o mundo masculino apropriou-se de ser homem e ser humano e considerou o feminino como algo negativo.

Contribuições

Simone de Beauvoir nasceu em Paris, em 1908, descendente de uma família católica e com uma boa situação econômica. Estudou filosofia na Sorbonne, onde conheceu Jean-Paul Sartre em 1929; desde então, suas vidas estiveram estreitamente unidas. Professora no Liceu Janson-de-Sailly, foi colega de Merleau-Ponty e Claude Lévi-Strauss. Mais tarde tornou-se docente em Paris, Marselha e Rouen. Em 1941 foi destituída do cargo pelo governo nazista. Durante a Segunda Guerra Mundial, Simone refletiu sobre os compromissos sociais e políticos dos intelectuais. Voltou a ensinar até 1943, data em que o sucesso obtido por sua primeira novela, *A Convidada*, permitiu-lhe dedicar-se profissionalmente a escrever. Nessa primeira obra, abordou temas existencialistas, como a liberdade e a responsabilidade.
Com Sartre, Merleau-Ponty, Raymond Aron e outros, fundou em 1945, a revista *Les Temps Modernes*. A publicação de *O Segundo Sexo* (1949) confirmou-a como figura representativa do feminismo. Em 1954 recebeu o prêmio Goncourt pela novela *Os Mandarins*. Em 1970, ajudou a lançar o Movimento de Liberação das Mulheres Francesas e, em 1973, inaugurou a seção feminista da revista *Les Temps Modernes*. Sua paixão por viagens levou-a aos Estados Unidos, a Cuba e, juntamente com Sartre, à China comunista e ao Brasil.
Em seus textos, Simone faz uma profunda análise de seu tempo e de sua própria vida, como em *Memórias de uma Moça Bem-Comportada* (1958) ou *A Velhice* (1970). Em *Cerimônia do Adeus* (1981), narrou os últimos dez anos que passou com Sartre. Simone de Beauvoir morreu em Paris em 14 de abril de 1986.

Ética Existencialista

No ensaio *A Ética da Ambiguidade* (1947), Simone de Beauvoir rejeita as teorias éticas que buscam a consolação do homem, sejam laicas ou religiosas. Depois da Segunda Guerra Mundial, diz ela, deve-se considerar a história humana um fracasso. Já não podem ser formulados imperativos éticos, considerando que estes não podem vincular toda a humanidade; portanto, a moral deve ser individualista, outorgando ao indivíduo o poder absoluto para fundamentar sua própria existência com base em sua liberdade de escolha.

O homem é livre porque é um ser-para-si, tem consciência e projeto. Ser livre é fazer coincidir consciência e liberdade, pois a "consciência de ser" é "consciência de ser livre". A liberdade obriga o ser humano a realizar-se e a fazer-se. Cada pessoa desenvolve-se estabelecendo seus próprios fins com base em sua liberdade, sem necessidade de apoiá-los em significados ou validações externas. As metas das ações humanas são estabelecidas como fins pela própria liberdade do ser que atua.

Deve-se assumir a absoluta liberdade de escolha com a responsabilidade que ela acarreta; os projetos devem surgir da espontaneidade individual e não de qualquer tipo de autoridade externa, seja individual ou institucional. Isso conduz Simone a rejeitar o conceito de Absoluto hegeliano, o conceito cristão de Deus e de entidades abstratas como a humanidade ou a ciência, que supõem a renúncia individual à liberdade.

Ela conclui que não existem absolutos aos quais os homens devam ajustar sua conduta. Portanto, ao levar adiante seus projetos, o ser humano assume o risco e a incerteza que eles acarretam. Por outro lado, as ações devem levar em consideração os outros seres humanos. Simone postula a necessidade de olhar o outro como o eixo da liberdade individual, porque sem os outros ninguém poderia ser livre.

O Segundo Sexo

Escrita em 1949, *O Segundo Sexo* é a obra mais conhecida de Simone. Sua publicação gerou um escândalo em diversos âmbitos como o da Igreja Católica (foi incluída na lista de publicações proibidas) e o do governo da União Soviética.

Quando o livro apareceu, já estavam superadas – por ter alcançado seus objetivos – as reivindicações sufragistas. Simone de Beauvoir expõe o desenvolvimento da opressão masculina por meio da análise da história, da literatura e dos mitos, atribuindo os efeitos contemporâneos dessa opressão ao fato de ter-se estabelecido o masculino como norma positiva.

O mundo masculino apropriou-se do positivo (ser homem) e do neutro (ser humano) e considerou o feminino como uma particularidade negativa, a fêmea. Em consequência, a mulher foi identificada como "o outro", o que levou a uma perda de sua identidade social e pessoal. O sexo feminino é limitado pelo conjunto inteiro do patriarcado.

A obra tem dois volumes. No primeiro, Simone apresenta fatos e mitos sobre as mulheres, analisando múltiplas perspectivas, incluindo a biológica, a psicanalítica, a materialista, a histórica, a literária e a antropológica. A autora esclarece que nenhuma delas é suficiente para definir a mulher, mas cada uma delas contribui para dar uma definição da mulher como a "outridade", "o outro" diante do masculino.

O segundo volume começa com a famosa afirmação: "Não se nasce mulher, torna-se mulher", frase que exemplifica o conceito de má-fé sartriana. Simone de Beauvoir procura mostrar o absurdo da afirmação de que as mulheres nascem "femininas" e devem ajustar-se ao que esse conceito supõe, em seu tempo e sua cultura. Beauvoir argumenta que assim como as crianças têm seu "despertar" da angústia existencialista na adolescência, as mulheres tiveram, historicamente, seu ser definido para elas pelas circunstâncias socioeconômicas geradas pelos homens.

Por meio da análise dos papéis de esposa, mãe e prostituta, ela mostra como as mulheres, em vez de realizar-se por meio do trabalho e da criatividade, são obrigadas a seguir vidas monótonas, tendo filhos, cuidando da casa ou sendo meros receptáculos da libido do homem.

A pensadora propõe uma série de demandas para conseguir a emancipação feminina. A mais importante é que se permita, à mulher, realizar-se por meio de projetos próprios, com todos os perigos e incertezas que eles possam acarretar. É inegável a influência de Simone como precursora do feminismo na filosofia política.

64 – Hans-Georg Gadamer

Para Gadamer, a tarefa da hermenêutica é abrir caminho para que pessoas historicamente situadas em contextos culturais diferentes possam compartilhar significados.

Contribuições

Conhecido principalmente pelos trabalhos sobre filosofia hermenêutica, que desenvolveu no livro *Verdade e Método* (1960), o filósofo alemão Hans-Georg Gadamer (1900-2002) foi aluno de Husserl e Heidegger. Para ele, todo acesso à verdade passa por um reconhecimento da tradição e da história do conhecimento. Algumas de suas obras mais importantes são *A Dialética de Hegel: Cinco Estudos Hermenêuticos* (1971) e *Pequenos Escritos* (1967-1977).

Gadamer sempre se interessou por temas contemporâneos. O mote de muitos de seus ensaios, por exemplo, foi o papel da Europa e da cultura europeia no mundo do final do século XX. Outros assuntos que o atraíram, e que derivaram de suas reflexões sobre o Velho continente, foram a ciência e a tecnologia – e, dentro delas, o lugar ocupado pelas humanidades e pela educação. Gadamer também escreveu sobre ética, direito, a estreita união entre filosofia e política, a natureza das práticas médicas e o conceito de saúde.

Hermenêutica

Interpretar um texto filosófico, para Gadamer, é sobretudo compreender que tanto o filósofo como o leitor estão imersos num contexto histórico e cultural que influencia o que eles sentem e pensam. O encontro entre ambos, portanto, é marcado por diferenças (de época, lugar, valores, costumes) que prejudicam o entendimento dos textos.

Essa dificuldade, que à primeira vista poderia impossibilitar a interpretação filosófica, é, para Gadamer, o ponto de partida para a compreensão de um texto. Reconhecer o "pré-juízo" – entendido como pré-compreensão – com que o leitor se aproxima de uma obra produzida em outro contexto histórico-cultural é o primeiro passo para manter o foco nessa dificuldade e procurar superá-la.

A chave dessa superação está no diálogo que deve ser estabelecido entre o leitor e a obra. Quanto mais aberto ao diálogo o leitor estiver, maior será sua compreensão do texto. É claro que, por vezes, os

"pré-juízos" levarão a interpretação incorretas ou distorcidas. Gadamer reconhece essa limitação. A favor do sistema dialógico, porém, ele argumenta que nem sempre isso acontece.
O método dialógico proposto por Gadamer prescinde de normas. A única atitude a tomar é, sempre, a do diálogo, da abertura, do reconhecimento dos limites do leitor.

Diálogo

O diálogo, para Gadamer, não é somente a categoria que permite compreender o conteúdo da tarefa hermenêutica, mas também o horizonte existencial a partir do qual se pode entender a comunicação humana e suas realizações culturais. Assim, é preciso integrar o monólogo das ciências particulares no diálogo da existência comunicativa.
A hermenêutica não recua ante situações em que a comunicação pareça impossível por se falar linguagens diferentes. Ao contrário, é nessas situações que a hermenêutica encontra o principal estímulo para sua tarefa interpretativa.
O diálogo tem uma estrutura precisa, que é o jogo de perguntas e respostas.

Pergunta

Perguntar é um modo inicial de produzir conhecimento. A pergunta configura, modela, estabelece o território no qual a resposta terá de resultar inteligível. Gadamer diz, em *Verdade e Método*, que "o sentido da pergunta é (...) a única direção que a resposta pode adotar, se quiser ser adequada ao sentido". Perguntar abre um caminho, propõe uma senda pela qual a resposta deve transitar. Com a pergunta, aquilo que se indaga é colocado sob uma determinada perspectiva.

Resposta

A resposta, por sua vez, não é o efeito inevitável da pergunta, o percurso forçado pela trilha mostrada nela. Quem pergunta de verdade, expressando na interrogação suas carências mais genuínas, corre o risco de surpreender-se com a resposta. Essa consideração tem fácil aplicação ao exercício interrogativo que é a leitura de um texto. Quando se pretende compreender um texto, deve-se estar disposto a deixar que o texto diga algo.

Uma consciência preparada para a interpretação de um texto, pensa Gadamer, há de ter uma sensibilidade prévia em relação à alteridade do que está escrito. O sujeito (leitor) deve estar disposto a escutar o que o objeto (o texto) diz. Somente assim o objeto se revelará para o sujeito que pergunta. Essa relação é aberta porque a resposta não fecha o círculo, mas o abre novamente: entender uma resposta leva, por sua vez, a outra pergunta.

Hermenêutica Histórica do Texto

Para Gadamer, os textos são inesgotáveis. Aquilo que é transmitido nunca deixa de mostrar novos aspectos significativos. Depois do leitor atual, outros entenderão o mesmo texto de uma nova maneira. Assumir essa condição histórica da tarefa hermenêutica implica aceitar que nenhuma resposta esgota a pergunta que a originou.

65 – Escola de Frankfurt e Annales

O núcleo dos filósofos da Escola de Frankfurt desenvolveu seu trabalho teórico mais significativo entre 1930 e 1945, ao questionar os desvios do marxismo soviético, os totalitarismos e a massificação do indivíduo, entre outros temas.

Origens

A Escola de Frankfurt originou-se no Instituto de Pesquisas Sociais, criado na Alemanha em 1923, mesmo ano em que apareceram duas obras fundamentais da filosofia marxista do entreguerras: *História e Consciência de Classe*, de Georg Lukács (1885-1971), e *Marxismo e Filosofia*, de Karl Korsch (1886-1961). A coincidência não é casual. É uma expressão de um clima político-cultural do qual, inicialmente, os membros da Escola de Frankfurt participaram.

Foi o segundo diretor do instituto, Max Horkheimer, quem conseguiu reunir na Escola, a partir de 1930, pensadores com interesses diversificados. Theodor Adorno chegou a encabeçar, com Horkheimer, a chamada "primeira geração", apesar de não ter se integrado oficialmente até 1938, quando o Instituto se viu obrigado a emigrar para os Estados Unidos (fechara em 1933, quando os nazistas tomaram o poder).

Além deles, outros membros da Escola que alcançaram grande notoriedade foram Erich Fromm – que se separou paulatinamente do grupo e é pai dos estudos sociológicos-psicanalíticos – e Herbert Marcuse, discípulo de Martin Heidegger, que se incorporou nos anos 1930 e desenvolveu uma tarefa essencial na fase estadunidense. Outro pensador importante foi Walter Benjamin, que, durante a Segunda Guerra Mundial, cometeu suicídio na fronteira franco-espanhola, fugindo da perseguição da Gestapo, a polícia política dos nazistas.

Em 1950, o grupo, ainda dirigido por Horkheimer, voltou a estabelecer o instituto em Frankfurt, apesar de alguns de seus membros, como Marcuse, terem permanecido nos Estados Unidos, onde publicaram suas obras mais influentes. Depois da morte de Adorno e Horkheimer, Jürgen Habermas foi reconhecido como importante representante da chamada "segunda geração" da Escola.

Protagonistas

O filósofo judeu-alemão Herbert Marcuse (1898-1979) foi professor em universidades dos Estados Unidos e um dos ideólogos do movimento parisiense de maio de 1968. Discípulo de Heidegger e membro da Escola de Frankfurt, procurou conciliar as teorias de Hegel e Marx com a psicanálise freudiana. Submeteu o marxismo soviético à crítica, assim como as sociedades industriais avançadas e os estados de alienação que elas produzem nos indivíduos. Entre seus livros estão *Razão e Revolução* (1941), *Eros e Civilização* (1955), *O Homem Unidimensional* (1964) e *O Fim da Utopia* (1968).

Membro da Escola de Frankfurt, o filósofo judeu-alemão Walter Benjamin (1892-1940) é autor de ensaios de crítica literária e artística, e sobre a sociedade de massa. Entre suas obras mais importantes estão *Origem do Drama Barroco Alemão* (1928), *A Obra de Arte no Tempo de suas Técnicas de Reprodução* (1936) e *Infância em Berlim* (1900). De origem judaica e ideologia liberal, buscou refúgio em Paris e depois na Espanha, mas, ante a perspectiva de ser entregue aos nazistas, cometeu suicídio.

Um dos fundadores da Escola de Frankfurt, o alemão Max Horkheimer (1895-1973) foi influenciado pela obra de Marx e Hegel. Com uma concepção dialética da realidade e em oposição ao positivismo e à sociologia acadêmica alemã, ele analisou aspectos da sociedade contemporânea, como a cultura de massa, o totalitarismo, o papel da ciência e da técnica, as origens da sociedade burguesa. Entre suas obras encontram-se *Eclipse da Razão* (1947), *Crítica da Razão Instrumental* (1967), *Teoria Crítica* (1968), *Razão e Autoconservação* (1970) e *Dialética do Esclarecimento* (1947), em colaboração com Theodor Adorno.

A obra do filósofo alemão Theodor Adorno (1903-1969), na qual se misturam influências de Marx, Hegel e Freud, abarca a filosofia, a sociologia, a música e a literatura. Ele é autor de *Minima Moralia* (1951), *Notas de Literatura* (1959) e *Dialética Negativa* (1966).

O pensamento de Jürgen Habermas (1929-) caracteriza-se pela crítica ao positivismo e por uma nova formulação da teoria marxista, ao mesmo tempo em que supõe importantes aportes à sociologia do conhecimento e dos meios de comunicação de massa. Ele é autor de *Teoria e Práxis* (1963), *Conhecimento e Interesse* (1968), *Para a Reconstrução do Materialismo Histórico* (1976), *Teoria da Ação Comunicativa* (1981), *Consciência Moral e Agir Comunicativo* (1983), entre outras obras.

Foram eles que definiram a cultura como "tudo que é fruto da produção humana além da condição natural, isto é, a produção de bens materiais e imateriais".

Teoria Crítica de Horkheimer

Em 1937, Horkheimer publicou o que, para alguns, é o verdadeiro manifesto da fundação da Escola de Frankfurt: *Teoria Tradicional e Teoria Crítica*. Nele, aparece pela primeira vez a expressão "teoria crítica", que logo ficaria conhecida como a proposta teórica do grupo. A teoria crítica tem, como tema de reflexão, as transformações nas sociedades desenvolvidas do século XX sob o prisma da variação das formas de dominação e de manipulação da consciência, características das novas fases do desenvolvimento capitalista.

Horkheimer não considera necessário discutir nem a eficácia nem a validade lógica da teoria tradicional. Não há dúvida de que o modelo tradicional de ciência funciona: "Os progressos técnicos da época burguesa são inseparáveis dessa função de cultivo da ciência". O que vale a pena discutir é, além da concepção da razão, o modo como a tradição entende a função social da teoria. Isso é precisamente o que, aos olhos de Horkheimer, é o mais característico e o mais criticável da teoria tradicional: sua pretensão de neutralidade. Ele pensa, com Hegel e Lukács, que a análise da sociedade existente é, em si, um elemento dessa sociedade, uma forma de autoconsciência. O que significa que não há uma teoria que permaneça à margem da realidade social, porque não existe esse lugar imaginário incontaminado.

Reflexão Crítica

No prefácio de *Dialética do Esclarecimento*, publicado na Alemanha em 1947, Adorno e Horkheimer resumem assim seu projeto: "(...) descobrir por que a humanidade, em vez de entrar em um estado verdadeiramente humano, está se afundando em uma nova espécie de barbárie". O livro, escrito durante a Segunda Guerra Mundial – durante a qual ambos os autores, fugindo do nazismo, exilaram-se nos Estados Unidos –, não limita a ela a barbárie citada na frase.

Ao terror da conflagração e da ascensão do nazifascismo, a dupla acrescentou os conflitos terceiro-mundistas e o avanço do totalitarismo para provar a tese de que, sem o elemento crítico, o pensamento esclarecido (racional) tende a destruir-se e a destruir o mundo que construiu. Há no progresso um fator demolidor que é preciso identificar e enfrentar, sob pena de sacrificar o que há de "verdadeiramente humano" nos homens.

Esse projeto, que guiou as reflexões dos membros da Escola de Frankfurt em especial no pós-guerra, foi o referencial da filosofia de Adorno. Ele se voltou sobretudo à crítica do mundo administrado e controlado pelo capital – e do pensamento que o aceita acriticamente. O que está em questão é a razão instrumental (termo cunhado por Max Weber), isto é, a racionalidade que, para os frankfurtianos, é utilizada como instrumento de dominação da natureza e do próprio homem.

"O saber que não é poder não conhece nenhuma barreira", escrevem Adorno e Horkheimer para definir a obra *Dialética do Esclarecimento*.

Indústria Cultural

Foi em *Dialética do Esclarecimento* que Adorno usou pela primeira vez o termo "indústria cultural" para indicar o sistema de comunicação de massas (rádio, cinema, revistas etc.) que dá suporte ao "poder que os economicamente mais fortes exercem sobre a sociedade". Segundo ele, em um mundo dominado pelo sistema de produção capitalista, a cultura, padronizada, torna-se mercadoria. Imposta ao consumidor, ela acaba por determinar-lhe o gosto e criar nele um desejo de consumo que, além de dar lucro ao produtor, repete na esfera do lazer a mecanização a que esse consumidor é submetido no trabalho.

Assim, o trabalhador nunca se livra efetivamente do mundo do trabalho, uma vez que ele se estende a seus momentos de suposto lazer. Entrelaçadas, as indústrias cultural, de bens e de produtos formam uma trama que manipula consciências, exerce o controle do aparelho social e mantém todos sob dependência, dando-lhes a ilusão de autonomia e de livre escolha, portanto, não é espontânea e não-cultural.

Ação Comunicativa

Embora concorde, em tese, com a análise de Adorno (do qual foi aluno), Habermas aponta outra saída para o impasse da racionalidade técnico-científica que, segundo o mestre, devoraria a si mesma se não acolhesse a própria crítica. Habermas também utiliza a noção de razão instrumental e, como os frankfurtianos que o antecederam, defende a crítica dessa razão.

Ele, porém, oferece uma definição própria de racionalidade: trata-se não da posse de um conhecimento, e, sim, do modo como as pessoas, empregando a linguagem e a ação, adquirem e usam esse conhecimento. Por meio da linguagem, os sujeitos podem expressar seus desejos e objetivos. E, quando entram em acordo sobre o mérito e a racionalidade de suas metas, colaboram uns com os outros, de livre vontade, para alcançá-las. É a essa prática consensual, na qual os sujeitos, segundo Habermas, "mobilizam seu potencial para a racionalidade", que ele dá o nome de ação comunicativa.

É essa a saída que Habermas apresenta para a razão instrumental: o resgate da interação entre seres humanos, o fazer coletivo. Com isso, assegura, é possível ao homem libertar-se da dominação técnico-científica e criar seus próprios espaços.

Escola dos Annales

A escola dos Annales surge em 1929 com a revista *Annales d'historie Économique et Sociale*. Está revista foi editada pelos historiadores Marc Bloch (1886-1944) e Lucien Febvre (1878-1956) que davam enfoque na história econômica e social. Diante do quadro da Quebra da Bolsa de Nova York, estes historiadores tentavam sanar as dúvidas de como o capitalismo chegou a essa crise econômica. Lembrando que antes a análise histórica partia para o lado político e este tipo de análise não sanava as dúvidas sobre a crise de 29.

Os Annales tentavam afirmar a História em frente às outras ciências sociais, principalmente a Sociologia. A Escola dos Annales critica a historiografia tradicional do século XIX (Historicismo, Positivismo e Escola Metódica) propondo novas abordagens temáticas para o estudo da História, além da interação com outras áreas das ciências sociais.

A historiografia tradicional possui três características marcantes: história dos fatos políticos, ênfase em personagens históricos e a temporalidade linear. A crítica dos Annales se pauta contra os heróis (fatos singulares) em prol das forças sociais (história total), contra os fatos históricos (não importa o fato e sim o problema causado pelo fato) e também contra o tempo cronológico em prol das múltiplas temporalidades históricas.

Os Annales não rompem com a Historiografia Tradicional porque utilizam as fontes, necessitam de métodos, principalmente da escrita narrativa, portanto a diferença principal é que eles fazem essas três de perspectivas diferentes dos tradicionais.

A forma de produção historiográfica dos Annales pode ser dividida em três ou quatro fases. Cada fase apresenta características distintas de produção historiográfica havendo continuidades e rupturas.

A primeira fase começa com a fundação da revista até os fins da década de 1950, promovendo um diálogo com outras áreas das ciências sociais (Sociologia, Geografia e Filosofia) buscando institucionalizar a História (buscando espaço nas universidades como a ciência social superior) a partir da proposição da História-Problema. Os temas abordados da primeira fase são econômicos, sociais e das mentalidades com base das obras *Os Reis Taumaturgos* de Bloch e *O Problema da Incredulidade no Século XVI* de Febvre.

A segunda fase se inicia no final da década de 1950 e vai até a década de 1970 tendo um enfoque no quantitativo, seriais e geográficos (quantidade de fontes e informações garantem a credibilidade). A obra que marca é *O Mediterrâneo* de Fernand Braudel (1902-1985). Braudel dá um foco na temporalidade: curta duração – tempo do fato histórico; média duração – das conjunturas (ou ciclos); longa duração – tempo das estruturas (transformações na mentalidade ou em aspectos geo-sociais).

A década de 1970 e 80 marcam a terceira fase (se considerarmos a quarta) que propaga a ideia da Nova História que dá enfoque em aspectos da vida cultural dos grupos sociais abandonando a ideia de História Total fragmentando os estudos históricos e seus temas. A obra de destaque é A Bolsa e a Vida de Jacques Le Goff (1924-2014).

A quarta se inicia na década de 1980 e se prolonga até hoje tendo como expoente Roger Chartier (1945-) que tem foco nos estudos históricos da linguagem e da leitura dando ênfase numa nova história política se pautando na dualidade Cultura Erudita X Cultura Popular.

Para os Annales a Filosofia dialoga com a História sobre as reflexões sobre o conhecimento histórico, a Psicologia se relaciona com a História a partir dos estudos psicológicos nas sociedades, como imaginário, medo da morte e etc. A relação com a Geografia se pauta na relação entre as sociedades humanas e o meio em que vivem, enquanto com a Antropologia é o conceito de estrutura. Com a Sociologia se pauta nas relações individuais e sociais com a História.

François Dosse (1950-) foi o crítico mais ácido da Escola dos Annales em sua obra *As Migalhas da História* criticando o uso das instituições para manter a visão hegemônica da História, fragmentando o saber histórico, além de não romper com alguns preceitos da historiografia tradicional.

66 – Estruturalismo

Para Claude Lévi-Strauss, é possível investigar uma estrutura comum sob as diferenças culturais existentes entre as diversas sociedades.

Conceito

O estruturalismo tem um traço característico: não surgiu como fruto do discurso filosófico, e, sim, do linguístico. O modelo de estrutura, no início, era a linguagem, como entendida por Ferdinand de Sausurre – que defendeu, na obra *Curso de Linguística Geral* (1916), a ideia de que "é necessário partir de um todo solidário para obter, por meio da análise, os elementos que ele contém", ou seja, "A linguagem, por sua vez, é bastante independente do indivíduo; ela não pode ser criação do indivíduo, é essencialmente social, pressupõe a coletividade".

O estruturalismo pode ser definido como uma atenta disposição a levar em consideração a interdependência e a interação das partes de um todo. Nesse sentido ele é aplicável à linguística, à economia, à estética etc.

Vários pensadores, de diferentes áreas do conhecimento, são considerados estruturalistas. Entre eles, encontram-se Claude Lévi-Strauss (antropologia), Michel Foucault (filosofia), Jacques Lacan (psicanálise) e Roland Barthes (sociologia e semiologia). Este último definiu o estruturalismo como "atividade teórica", isto é, "a sucessão regulada de certo número de operações mentais". Destacava que os estruturalistas apenas compartilhavam um vocabulário, ou um método, e que por isso não formavam uma escola ou um movimento.

Noção de Estrutura

O termo "estrutura" teve diversas acepções ao longo da história do pensamento. Aquela com a qual os estruturalistas operam é definida como o conjunto de elementos, ou sistemas, relacionados entre si de acordo com certas regras ou funções.

Isso significa que o conjunto, longe de ser uma simples "soma" de suas partes, é, na verdade, um todo em que as partes se correlacionam, estão em estreita ligação. Para descobrir uma estrutura é necessário efetuar a análise do todo, distinguindo todos os elementos e o modo como se correlacionam.

Ferdinand de Saussure

Linguista suíço, Ferdinand de Saussure (1857-1913) foi professor de gramática comparada em Paris e Genebra. A obra que foi o ponto de partida do estruturalismo linguístico e mais influenciou os estudos posteriores foi *Curso de Linguística Geral*, publicado por seus discípulos em 1916.

No livro, Saussure introduz conceitos e distinções que fixaram as bases da linguística moderna: a língua como um sistema no qual cada elemento somente tem valor por suas relações com o resto; a distinção entre língua e fala; o significante (o som do signo linguístico) e o significado (o conteúdo desse signo) e a fundamental diferenciação entre os dois planos de observação do fato linguístico: o sincrônico (o sistema da língua num certo momento) e o diacrônico (a perspectiva histórica desse sistema).

Roland Barthes

Escritor e ensaísta francês, Roland Barthes (1915-1980) foi influenciado pelo estruturalismo, investigou principalmente os campos da sociologia, da linguística e da moda. Entre suas obras destacam-se *O Grau Zero da Escrita* (1953), *Elementos da Semiologia* (1964), *Crítica e Verdade* (1966), *O Sistema da Moda* (1967) e *O Império dos Signos* (1970).

Claude Lévi-Strauss

Pensador francês nascido na Bélgica, doutor em filosofia pela Sorbonne, fundador da antropologia estrutural, Claude Lévi Strauss (1908-2009) foi influenciado pelas teorias de Roman Jakobson, aplicou o método estrutural da linguística no estudo de mitos, sistemas de parentesco, usos sociais etc. com a finalidade de estabelecer as pautas elementares do comportamento e as estruturas gerais das formações culturais. Lévi-Strauss foi professor na Universidade de São Paulo de 1935 a 1939 e realizou expedições para estudar tribos brasileiras, desenvolvendo suas teses sobre mitos e, por extensão, da mente humana. Entre suas obras, destacam-se *O Cru e o Cozido*, *As Estruturas Elementares do Parentesco* (1949), *Tristes Trópicos* (1955), *Antropologia Estrutural* (1961), *O Pensamento Selvagem* (1962), *Mitológicos* (1964-1971) e *A Via das Máscaras* (1975).

Lévi-Strauss tentou estender o estudo das estruturas linguísticas para outros sistemas, como os de parentesco, o do pensamento primitivo ou das narrações míticas. Em todos esses âmbitos, segundo Lévi-Strauss, era possível encontrar, por meio da análise, um mecanismo comum constituído por um conjunto de formas invariáveis – os mitos presentes em diferentes culturas, embora distintos em conteúdo, partilhavam uma estrutura universal. As diferentes combinações dessas formas deram origem às diversas configurações sociais.

Antropologia Cultural

Os sistemas estudados no livro *As Estruturas Elementares do Parentesco* (1949) são analisados a partir dessa perspectiva. A enorme variedade de regras que proíbem, obrigam ou favorecem os intercâmbios de parentesco nas mais diversas culturas, segundo Lévi-Strauss, são regidas por alguns princípios básicos.

Uma comunidade, ao limitar as possibilidades de combinação de parentesco, funda uma ordem social, conduz o fenômeno biológico da reprodução ao âmbito da cultura. Assim, regras como a proibição do incesto não são consideradas naturais, e, sim, endogâmicas, simetricamente opostas à prescrição exogâmica, de casar-se fora do grupo. A articulação de ambas cria as condições de possibilidade para a aliança entre grupos humanos.

Lévi-Strauss apresenta considerações parecidas em relação ao pensamento selvagem e aos mitos, as outras duas manifestações humanas estudadas em sua obra. Tanto num caso como no outro pode-se falar de uma lógica sob a aparente arbitrariedade de religiões e narrações míticas.

Nesses casos – sobretudo no dos mitos –, pode pensar-se que a expectativa de alcançar uma estrutura profunda comum seja exagerada. Nos mitos, qualquer relação pode ser formulada. Entretanto, destaca Lévi-Strauss, constata-se que os mitos das diversas civilizações apresentam semelhanças que comprovam a existência dessa estrutura.

Como explicar esse fenômeno? Entendendo as múltiplas combinações de um mito como mensagens de um mesmo código. As diversas manifestações humanas estudadas por Lévi-Strauss são consideradas, então, linguagens a decifrar, das quais é necessário conhecer a sintaxe.

Para concluir, Lévi-Strauss trás em *O Cru e o Cozido* a ressignificação desses mitos. Na Grécia Antiga, o Mito de Édipo e o Mito de Sísifo tinham significados ao que Strauss chamaria de estado cultural cru.

No século XX, Freud e Camus retrabalhariam esses mitos para a modernidade como forma de expressão da dualidade natureza e cultura, esse seria o estado cozido para Lévi-Strauss, onde o homem precisa suprimir os desejos naturais e conformar-se a regras, para criar uma sociedade estável.

Lévi-Strauss conclui que as dualidades ocidentais de sujeito/objeto e mente/matéria são apenas outra versão do mito, outro cru e cozido, que não nomeiam nada, mas apenas dão uma perspectiva antropológica ao homem perante o ambiente em que vivem. O que permanece diante da estrutura são dados sensoriais provenientes do ambiente.

67 – Jacques Lacan

Jacques Lacan procura estruturas que confirmam à psicanálise um estatuto científico. Ou, nas palavras de Althusser, "dar às descobertas de Freud conceitos teóricos adequados".

Contribuições

Médico e psicanalista francês, Jacques Lacan (1901-1981) fundou, como dissidente da Sociedade Psicanalítica de Paris (SPP), a Sociedade Francesa de Psicanálise (SFP), que abordou as teorias de Freud com base na perspectiva dos descobrimentos e avanços da linguística e da antropologia cultural.

Para ele, o centro do ser humano não está na consciência, e sim no inconsciente. Em 1964 criou a Escola Freudiana de Paris (EFP), dissolvida em 1980, ano da criação da Escola da Causa Freudiana (ECF). Entre suas principais obras figuram *Escritos* (1966), *Seminários* (a partir de 1951), *Os Quatro Conceitos Fundamentais da Psicanálise* (1973) e *Os Escritos Técnicos de Freud* (1975).

Estrutura "Linguística" do Inconsciente

Para Lacan, a melhor maneira de levar adiante a crítica sobre textos metodológicos ou sistemáticos é aplicar-lhe o método crítico que o próprio texto preconiza. Ele aplica a crítica freudiana aos textos do próprio Freud e, ao fazê-lo, acredita descobrir coisas relevantes. Comprova que, quando analisa o inconsciente, sempre faz análises linguísticas, o que lhe permite afirmar categoricamente que Freud inventou, sem saber, a nova linguística.

Lacan conhece linguística e nisso leva vantagem sobre Freud. Está em condições de nomear o que Freud praticava. É o caso da tese que deu fama a Lacan: a estruturação do inconsciente como linguagem. Ele diz ter encontrado essa tese em Freud, que já tinha observado que "a forma da linguagem constitui a lei da cultura". Lacan reforça tal tese ao destacar que não deve ser entendida como analogia, e, sim, como descrição: a estrutura do inconsciente é a mesma da linguagem.

Conclui-se, então, que a missão da "ciência do inconsciente", a psicanálise, é analisar seu objeto como linguagem, isto é, como linguística estrutural. Quando se analisam os sonhos, por exemplo, nota-se que todos eles têm a estrutura de uma frase ou, mais precisamente, de um enigma. Suas imagens, portanto, "não devem ser retidas senão por seu valor de significante", segundo Lacan.

Significado e Significante

O sonho mostra o funcionamento do inconsciente, cujo elemento constitutivo é o significante. A famosa distinção saussuriana entre significado (conceito) e significante (imagem fônica ou acústica) é assumida por Lacan, mas reformulada. Diferentemente do que sustentava Saussure – no qual esses termos eram pensados em relação paralela, como duas faces de uma mesma moeda –, no esquema lacaniano "significante" e "significado" não se encontram no mesmo nível. O significante tem autonomia e primazia em relação ao significado.

Cisão entre Cultura e Desejo

O problema é situar o sujeito, saber onde se encontra esse eu que o próprio Freud tinha definido como um núcleo de palavras ao redor do pronome "eu" que o paciente enuncia ao falar de si.
Quando Lacan aplica seus esquemas à análise do desenvolvimento da pessoa, o que aparece é um sujeito descentrado entre dois níveis, o consciente (da cultura) e o inconsciente (do desejo). A cisão dá-se entre âmbitos organizados estruturalmente e relacionados entre si mediante estruturas complexas, armadas conforme o modelo linguístico.
Assim, por um lado, o inconsciente é "esse capítulo da minha história que está marcado por um vazio ou ocupado por um embuste: é esse capítulo censurado. Porém, a verdade pode voltar a ser encontrada; muito frequentemente, já está escrita em outra parte". Por outro lado, a consciência humana não constrói a ordem simbólica, imposta a partir de uma lei que lhe é alheia: "A ordem do símbolo já não pode ser concebida como constituída pelo homem, e sim como constituinte". O homem "é falado"; não é ele quem fala. A essência de cada um está no conteúdo do inconsciente, como já destacara Freud.
A pretensão cartesiana de fazer coincidir o sujeito e sua reflexão não pode ser mantida. O sujeito não se identifica com a consciência. O que o determina não se encontra naquilo que ele pensa. A fórmula que melhor condensa essa atitude é a que Lacan propõe, invertendo o cogito cartesiano: "Penso onde não sou, logo sou onde não penso".

O sujeito é a ocasião de um conflito, é o espaço onde se desenvolve uma cisão.

Lacan alinha-se, nesse ponto, com seus companheiros estruturalistas, proporcionando argumentos com os quais podem ser atacadas todas as formas da velha subjetividade (ou seja, tanto a subjetividade representada por quem assume a ilusória pretensão filosófica do cogito, como a subjetividade que é suposta em todas as terapias centradas na construção ou no fortalecimento do "eu" pela análise).

68 – Michel Foucault

Um traço característicos de Michel Foucault é que sua obra não parece com a de um filósofo no sentido clássico. O autor enriquece sua análise com elementos procedentes de outros campos do conhecimento.

Contribuições

O filósofo francês Michel Foucault (1926-1984) procurou descobrir as estruturas subjacentes que determinam o modo de perceber ou pensar os objetos que aparecem na história de forma descontínua (cortes epistemológicos).
As investigações que realizou sobre a arqueologia do saber e sobre a ordem do discurso constituem a base de seu pensamento filosófico. Entre suas obras fundamentais encontram-se *História da Loucura* (1961), *Vigiar e Punir: História da Violência nas Prisões*, *As Palavras e as Coisas* (1966), *Arqueologia do Saber* (1969) e *História da Sexualidade* (1976-1984).
Foucault procura demonstrar em suas obras o caráter mutável da razão e da normalidade, ou seja, não há evolução em nome do progresso, mas sim modificações em resposta aos controles das autoridades para controlar e regular os comportamentos individuais. Apesar do pessimismo, o francês reafirmar o valor filosófico de entender os processos e lutar para construir uma sociedade onde minimizem os riscos da dominação política.

Conhecimento e Dominação

Para Foucault, nenhum saber é neutro, como não são neutros os discursos que os geram, expressam e articulam. A aparente neutralidade dos discursos e dos saberes funciona como uma capa que esconde o real objetivo deles: o jogo do poder. A produção dos saberes, assim, inscreve-se no campo político e é estratégica para o controle social.
Esse poder controlador não é exercido apenas pelo Estado, alerta Foucault. Ele se estende a toda a sociedade, apresentando-se em instituições como escola, igreja, família e ciência. Está em toda parte, formando uma rede de relações de força. A própria resistência ao poder é, ela mesma, jogo de poder. E "poder", aqui, é entendido não

como algo natural, mas como prática social, historicamente construída.

Arqueologia do Saber

A identificação dessa rede de saberes/poderes foi realizada ao longo dos muitos anos de pesquisa de Foucault. Em *História da Loucura*, por exemplo, ao mergulhar na história para estudar a loucura e o advento da psiquiatria, ele descobriu que desde a época clássica – muito antes, portanto, do estabelecimento da psiquiatria como campo médico – havia o controle sociopolítico da doença mental. Instituições como família, política, igreja e justiça já o exerciam, em geral com a internação ou com o afastamento do convívio social não só dos doentes, mas também dos pobres, sem-teto e, de fato, qualquer um cuja expressão da individualidade não fosse aceita pela sociedade, o que indica que a psiquiatria é uma espécie de produto final.

Foucault prossegue sua pesquisa com as prisões, que substituíram as execuções públicas na França, e argumenta que isso refletiu numa forma de controle das autoridades de controlar a mente do que punir o corpo. O conceito de punição estendida contém o terror do que aquela rápida, apesar de brutal, em uma execução.

Essa exaustiva pesquisa histórica dos discursos que em épocas e culturas distintas articularam, de modo não-linear e descontínuo, os saberes de diversos tipos compõe a arqueologia do saber.

Genealogia e Biopolítica

Enquanto a arqueologia foucaultiana procura entender o modo como saberes e discursos se formaram e se modificaram, a genealogia busca os motivos pelos quais as coisas se passaram dessa maneira.

Ao analisar genealogicamente o poder, Foucault desembocou na biopolítica – o objetivo do poder é disciplinar o corpo, tornando-o produtivo econômica e politicamente. Nesse sentido, o poder leva o corpo humano há um aumento de seu trabalho e a diminuição de sua capacidade de resistência contra as ordens de poder, isto é, tornar os homens dóceis politicamente.

Arqueologia Sexual

Em sua arqueologia sexual, Foucault relata que essa presunção de controle social como técnica efetiva para controlar o corpo prossegue. Desde a Idade Média, o sexo era uma preocupação inteiramente corporal, mas Freud a redefine como algo mental. Agora, a ênfase não está no comportamento sexual, mas nas suas intenções. Embora o indivíduo seja encorajado mais do que nunca na história da humanidade a falar de sexo, a liberdade é moderada pelo medo de revelar algo fundamental sobre sua personalidade. Como meio de controle sua eficácia é insuperável.

Guy Debord

O escritor, filósofo, cineasta e teórico político francês Guy Debord (1931-1994) foi o fundador da Internacional Situacionista (IS). Nascido em Paris, após a morte de seu pai, foi criado por sua mãe e avós. Desde jovem mostrou interesse por literatura e cinema, desenvolvendo uma visão crítica sobre a sociedade.
Debord começou a carreira intelectual na Internacional Letrista, um grupo vanguardista que criticava a sociedade contemporânea através da arte e da escrita. Em 1957, fundou a Internacional Situacionista, um movimento que buscava revolucionar a vida cotidiana e a sociedade por meio da criação de situações, da crítica cultural e da ação política direta.
Após a dissolução da IS em 1972, Debord continuou a escrever e a produzir filmes, mas manteve um perfil mais recluso. Em 1994, enfrentando problemas de saúde e depressão, cometeu suicídio.
Na sua obra *A Sociedade do Espetáculo* (1967), Debord expôs seu conceito, afirmando que a vida autêntica foi substituída por uma representação mediada por imagens e mercadorias. O espetáculo é uma relação social mediada por imagens, onde a realidade é substituída por uma aparência superficial e manipulada. A partir disso, Debord criticava o capitalismo por transformar todos os aspectos da vida em mercadorias. Ele argumentava que o capitalismo avançado cria uma falsa necessidade de consumo e aliena as pessoas de suas verdadeiras experiências e relações.
Entre as práticas situacionistas promovidas por Debord estavam à deriva e a psicogeografia. A deriva envolve um passeio sem destino específico pela cidade, permitindo que os participantes sejam guiados pelas paisagens urbanas e suas emoções. A psicogeografia estuda os efeitos do ambiente geográfico sobre as emoções e comportamentos das pessoas. A filosofia situacionista incentivava a criação de situações – momentos de vida deliberadamente construídos para quebrar a monotonia e a alienação da vida cotidiana. Estas situações

visavam provocar experiências autenticas e transformar a consciência das pessoas sobre seu entorno.

Além de *A Sociedade do Espetáculo*, outras obras importantes de Debord incluem *Comentários sobre a Sociedade do Espetáculo* (1988) e seus filmes, como *La Société du Spectacle* (1973), onde visualiza e expande suas ideias filosóficas.

Situacionismo

A Internacional Situacionista foi formada em 1957, reunindo diversos grupos vanguardistas europeus como a Internacional Letrista e o Movimento Internacional por um Bauhaus Imaginista. O movimento buscava superar a arte tradicional e integrar arte e vida, promovendo a crítica radical ao capitalismo e à sociedade de consumo.

A IS era conhecida por suas práticas subversivas, como a Detournement (Desvio), que envolvia a apropriação e alteração de imagens e textos da cultura dominante para subvertê-los e criticar suas mensagens originais. A IS teve um papel significativo nas revoltas estudantis e operárias de Maio de 1968 na França, onde suas ideias influenciaram os protestos contra a sociedade de consumo e a autoridade estabelecida.

O fim da IS chegou quando se dissolveu em 1972, mas suas ideias continuaram a influenciar movimentos anticapitalistas, culturais e artísticos. Seu legado pode ser observado em algumas obras de arte contemporânea, ativismo político e crítica cultural.

69 – Paul Ricoeur

Considerado um dos principais filósofos do pós-Segunda Guerra Mundial, o francês Paul Ricoeur ficou famoso pela expressão "filósofos da suspeita".

Contribuições

Filósofo francês, Paul Ricoeur (1913-2005) foi professor da Universidade de Paris. Seu pensamento é caracterizado por uma atitude afirmativa, que se concretiza na reconciliação do homem com o mundo mediante o reconhecimento da transcendência.

Destacou-se pelos estudos sobre a vontade, a liberdade e o mal, assim como pelas análises das teorias linguísticas e psicanalíticas da interpretação. Entre suas obras mais importantes encontram-se *História e Verdade* (1955), *Finitude e Culpabilidade* (1960), *Ensaios de Hermenêutica* (1969), *A Metáfora Viva* (1975) e *Tempo e Relato* (1981-1987).

Filósofos da Suspeita

A expressão "filósofos da suspeita" foi cunhada por Ricoeur, em 1965, para referir-se aos três pensadores que desmascararam a falsidade escondida sob os valores ilustrados de racionalidade e verdade. Com base na hermenêutica (teoria da interpretação), Ricoeur proporá uma arqueologia do sujeito, para desvendar o que há de autêntico sob os valores morais e a verdade (referindo-se a Nietzsche), a ideologia (referindo-se a Marx) e as ações do ser humano (referindo-se a Freud).

Karl Marx

Karl Marx engloba as ideologias ou formas de consciência na superestrutura; o conceito inclui qualquer forma de pensamento como ideias, imagens, símbolos e valores. A superestrutura vem determinada pela estrutura econômica (a infraestrutura), que é a base real da sociedade. Ela é composta pelas forças produtivas e pelas relações de produção. A ideologia, a filosofia e a religião de um dado momento histórico são impostas pela classe dominante e têm por finalidade mantê-la em sua situação privilegiada, justificando a

estrutura econômica do momento (que é a relação entre opressores e oprimidos).
Quando oprimido, o homem precisa da religião e cria a imagem de Deus. Assim, autoaliena-se. Na fase revolucionária, "depois de descobrir a família terrena como o segredo da família sagrada, tem de aniquilar teórica e praticamente a segunda". O erro da filosofia foi considerar que o homem é um ser abstrato e individual, quando não é nada mais do que um ser social.
Toda ideologia que não denuncie a situação de opressores e oprimidos ajuda a manter essa situação.

Sigmund Freud

Para Sigmund Freud, o homem constrói sua psique organizando as necessidades e pulsões em interação com o meio familiar, social e cultural, representado principalmente pelos pais.
No homem, produz-se uma série de conflitos entre o Eu e as pulsões sexuais. Ao ter de relacionar-se socialmente, ele se debate entre o que a realidade exige, as regras morais impostas e os desejos mais íntimos, que demandam satisfação.
O ser humano é um sujeito histórico tanto no aspecto social como no individual. Em seu interior existe uma luta constante entre os instintos, os impulsos agressivos e destruidores e seu ambiente cultural. Esse conflito encaixa-se no que Freud denomina "princípio do prazer" e "princípio da realidade". O princípio do prazer busca o que é prazeroso e foge do desprazer, enquanto a realidade impõe-se socioculturalmente.
Na obra *O Mal-Estar na Civilização*, Freud afirma que a sociedade e a cultura não são, para os seres humanos, mais do que uma combinação de pulsões e do complexo de Édipo (pelo qual a criança expressa desejo pela mãe e agressividade em relação ao pai). O homem persegue a felicidade, mas encontra muitas restrições; por isso, é antissocial. A insatisfação o leva a buscar a sublimação no trabalho, na arte, na ciência, na religião ou nas drogas. Por meio deles não se encontra o prazer, mas ao menos evita-se o desprazer.
Segundo Freud, "renuncia-se a um prazer momentâneo, (...) mas tão somente para alcançar, pelo novo caminho, um prazer posterior e seguro". Por isso, o homem assume as promessas das religiões, de renúncia ao prazer terreno, para desfrutar de uma recompensa que "não é nada mais do que uma projeção mística dessa transformação psíquica (a renúncia do prazer causada pelo princípio de realidade)".

Friedrich Nietzsche

Nietzsche afirma que a história da filosofia se baseou em uma grande mentira. Os valores herdados do Iluminismo têm, como característica, a rejeição da vida. Para descobrir onde se inverteram esses valores, devemos voltar à Grécia Clássica, onde coexistiam dois espíritos: o de Apolo, que representava a racionalidade e as artes figurativas, e o de Dionísio, que representava a música, a embriaguez e o impulso vital. Esses dois espíritos conviviam no mundo grego até que Sócrates e Platão exaltaram o intelectualismo e o apolíneo, eliminando a outra dimensão, dionisíaca, do ser humano.

A filosofia somente se ocupou em criar mundos ilusórios, caracterizados pela imutabilidade e pela imobilidade, como o ser de Parmênides ou o mundo das ideias de Platão. Tudo que supusesse mudança ou devir era considerado mera aparência. Por isso, Nietzsche resgata o pensamento de Heráclito, o filósofo pré-socrático que reivindicou a existência da mudança e do devir.

As explicações ontológicas convertem-se em explicações morais: o mundo imutável é bom e pode-se atingi-lo pela virtude, ao passo que tudo o que se relaciona ao mundo sensível é considerado aparente e mau por definição. É por isso que Nietzsche afirma: "Todos os problemas da filosofia não são nada mais do que um problema de valores".

É preciso desconfiar dos valores morais transmitidos pelo cristianismo, próprios de uma moral de escravos, que tem sua origem no ressentimento contra a vida. Porém, Nietzsche vai além e põe em dúvida o conceito de verdade. Para isso, realiza uma minuciosa análise linguística ou, como também a denominará, genealógica. Dessa maneira, descobre que os significados originais para o que consideramos bom ou verdadeiro mudaram. Surge então a necessidade de transmutar esses valores e instaurar uma nova axiologia que afirme a vida e tenha sua origem em uma autêntica moral de senhores.

Conclusões de Ricoeur

Ricoeur diz que, para compreender a conduta de um homem ou de um grupo social, não basta a explicação que eles possam dar. Deve-se entrar em outro nível de consciência. Trata-se de desmascarar ilusões e autoenganos dos quais nem sequer os homens são conscientes.

O que Ricoeur quer demonstrar é que esses três filósofos descobriram que a noção de sujeito criada na modernidade entrou em crise, e já não se pode falar de uma "consciência própria" do sujeito. O conceito de consciência é mascarado por:

- Elementos ideológicos que surgem de fatores econômicos;
- Uma consciência regida por um inconsciente constituído por pulsões sexuais;
- Valores morais baseados no ressentimento e no ódio à vida.

70 – Pragmatismo

Os neopragmatistas consideram como elemento central da experiência a linguagem, o elemento primordial da comunicação, procurando resolver as diferenças entre os pragmatistas que redefiniam entre si a noção de experiência.

Experiência

Pode-se apostar que tudo no mundo é material (da ordem do físico). Ou pode-se apostar que tudo no mundo é espiritual (da ordem do pensamento). Ou, ainda, pode-se optar por dizer que o mundo comporta o espiritual e o material.

Quando se adota a primeira aposta, pode-se ficar incomodado com a ideia de que se tem de fazer do pensamento uma forma do físico, ou manifestação do físico. Quando se fica com a segunda aposta, um incômodo equivalente surge, pois ninguém consegue se convencer de que tudo no mundo é, de certo modo, da ordem do pensamento. Bem, a terceira opção seria a mais razoável. O que é pensamento é pensamento, e o que é físico é físico. Acabaram-se os problemas? Claro que não. Aqui também há um incômodo: surge a dúvida de se o homem é capaz de explicar como ocorre a relação entre o físico e o pensamento. Começa-se com a célebre glândula pineal de Descartes e a partir daí vai-se de explicação em explicação que, cada vez mais, explicam menos.

O pragmatismo surgiu no momento em que essa terceira opção começou a parecer um caminho pouco promissor. Afinal, qual o benefício em dizer que o mundo é feito de uma coisa ou outra, ou de ambas? Qual o motivo de manter fidelidade à ideia de que o mundo tem de ser feito de uma substância? Por que Aristóteles teria de ainda estar vigente, com o conceito de substância? Não seria melhor mudar de pergunta em vez de tentar encontrar uma resposta para uma pergunta já desgastada?

O pragmatismo veio exatamente com essa proposta: parar de achar que o mundo tem de ser feito de uma substância, tomar o mundo segundo uma ideia menos atávica. Ele pode ser aceito como um conjunto variável de relações. Em vez de falar de coisas, fala-se de relações. Pode-se continuar usando os termos que até então estavam sendo usados, um tanto reificados, como pedra, homem, terra, elefante, computador e amor. Claro, não se vai abandonar de uma hora para outra a linguagem, que é o pensamento. Mas pode-se imaginar que cada uma dessas "coisas" é um feixe contingente de relações.

Quando se faz isso, liberta-se da ideia de substância – algo perene, imutável, que seria o núcleo de cada coisa – e passa-se a viver com a ideia de que tudo está em contínua mudança, segundo as relações que se vão estabelecendo. Essas relações podem ganhar nomes diferentes, segundo o campo que se recorta para conversar, falar, estudar ou investigar. Um desses nomes é "experiência".

Pragmatismo vem de *pragma*, que vem de *prasso*, que quer dizer "prática", "feito", "façanha" e similares (e que origina também a palavra práxis). Ora, o que é considerar a prática e o feito senão considerar a experiêcia? Experiência é exatamente isso: o que se monta conjunturalmente pela prática, feito, façanha – práxis. Assim, o mundo é um conjunto de relações, ou, falando de outro modo, um conjunto variável de experiências. Caso o homem queira tirar as melhores maneiras de se conduzir no mundo, ele que entenda essa característica relacional e prática do mundo, ele que dê atenção para a experiência. Essa foi a novidade do pragmatismo.

Método para a Verdade

Um caminho inicial para ter em mãos algo que se possa chamar de conhecimento é o de aceitar a definição de Platão; o conhecimento seria a "crença verdadeira justificada". Nessa acepção, para ter em mãos crenças que sejam conhecimento é necessário ter também enunciados verdadeiros. Tendo isso em mente, William James (1841-1910) definiu o pragmatismo como um "método para a verdade", não como uma "teoria da verdade".

A verdade é um qualificativo que podemos dar a determinados enunciados. Lógicos e epistemológicos dizem que é possível ser correspondentista e dizer que um enunciado X é verdadeiro se, e somente se, ele corresponde ao fato que descreve. Ou então que se pode ser coerentista e dizer que um enunciado X é verdadeiro se, e somente se, ele for coerente com outros enunciados (verdadeiros) que dizem respeito ao que ele trata.

Por sua vez, James disse que o pragmatismo não tinha que optar por uma ou outra postura desse tipo, e sim apenas mostrar como um investigador sério deve agir se quer ter conhecimento. Um investigador sério jogaria suas fichas no enunciado que, diante da experiência – do investigador e de outros –, estivesse mais cotado como candidato a ser verdadeiro. Assim, a experiência seria levada em consideração, de modo que não se jogasse fora a prática da vida e na vida a cada investigação científica ou corriqueira.

Pragmatistas Pioneiros

Charles Sanders Peirce (1839-1914), William James (1842-1910) e John Dewey (1859-1952) foram os três norte-americanos que criaram o pragmatismo como escola filosófica. As diferenças nucleares entre eles aparecem exatamente na noção de experiência. Peirce tendeu a considerar a experiência como experimento, dando ênfase para a prática controlada, como a que se faz em laboratório, ou seja, Peirce vê o conhecimento como um meio de estabilização do comportamento humano (homeostase), uma resposta à dúvida.

Irmão do romancista Henry James e formado em medicina, William James tendeu a ver a experiência como experiência de vida, em um sentido psíquico – vivência, como se poderia dizer. Escreveu *As Variedades da Experiência Religiosa*, onde investiga o papel da religião na psicologia humana chegando à conclusão pragmática de que as diversas matrizes religiosas têm um efeito pragmático: tornar a vida humana melhor do que se elas não existissem.

Dewey chegou a uma noção mais ampla, tomando a noção de experiência como experimental e vivencial, além de dimensioná-la historicamente. Por isso mesmo, em Dewey um enunciado verdadeiro passou a ser aquele apresentado como forte candidato à aprovação diante da "assertibilidade garantida" – isto é, a propriedade de um enunciado ser uma afirmação com o máximo de garantias possível, sabendo-se que toda garantia é válida apenas dentro de um tempo e de um lugar.

Dewey caracterizava cinco estados diferentes da racionalidade: quando os padrões habituais de ação do organismo são perturbados, ele continuará até resolvê-los; o segundo estágio é extrair os elementos significativos da situação para formular uma resolução do problema (intelecção); o passo seguinte é a construção de hipóteses, o uso criativo da imaginação para formular respostas possíveis; o quarto estágio é o uso da razão para ponderar e ordenar as hipóteses alternativas, consistindo nas diversas experiências em que cada hipótese pode realmente resultar; por fim, a experimentação é o processo da eliminação das hipóteses e o resultado bem-sucedido do problema com a adoção de uma nova hipótese funcional ("a verdade é aquilo que funciona").

Neopragmatismo

Os neopragmatistas – Richard Rorty (1930-2007) e Hilary Putnam (1926-2016) à frente – passaram a considerar como elemento central da experiência a linguagem. Mas não a tomaram como um código pré-instituído. Caso assim fizessem, estariam tratando a linguagem segundo uma visão essencialista, contrária à postura pragmatista. Eles a tomaram como comunicação.
Em suma, os neopragmatistas aprenderam com a filosofia analítica a dar a devida importância à linguagem, mas, entre dizer que nos comunicamos porque possuímos a linguagem ou que somos usuários de alguma linguagem porque nos comunicamos, ficaram com esta última acepção. Desse modo, endossaram uma perspectiva mais próxima daquela do "segundo" Wittgenstein e do pragmatista norte-americano que dominou a cena da filosofia analítica em meados do século XX: Willard Van Orman Quine (1908-2000).
Por isso, buscaram trazer Donald Davidson (1917-2003) para as fileiras do pragmatismo. Davidson foi o filósofo que, com base em Quine, insistiu na ideia de que a linguagem não é um clube ou um partido do qual nos filiamos: ela é um ser vivo em evolução darwiniana, que é feito e reconstruído sem direção predeterminada, e o que conta para tal é a nossa imaginação em comunicação.

71 – Teorias da Justiça

As principais teorias sobre justiça revelam-se em duas grandes categorias: para uma primeira corrente, a ideia de justiça relaciona-se diretamente com a ideia de equidade. Para uma segunda corrente, a ideia de justiça está mais ligada ao conceito de bem-estar.

História

Platão concebia a justiça como produto da harmonia, quando cada classe ocupava seu lugar e o filósofo-governante situava-se no cume da pirâmide social. Já Aristóteles realizou a distinção entre a justiça distributiva, o intercâmbio entre iguais (que supunha tratar os iguais como iguais e os desiguais como desiguais) e a justiça comutativa, aquela que um juiz dá ou a que se produz em intercâmbios comerciais.

Mais tarde, durante a Idade Média, distinguir-se-ia entre a lei eterna (plano de Deus para o governo do universo), a lei natural (reflexo da lei eterna) e as leis positivas, criadas pelos seres humanos para favorecer a convivência, que se devem ajustar às outras leis. Também será formulada a ideia de que o ser humano tem direitos naturais imutáveis e inatos.

Na Idade Moderna surgiram as teorias do contrato social e, no século XIX, o utilitarismo social, que defendia que a justiça consiste em conseguir a maior felicidade possível para o maior número de pessoas. As teorias modernas sobre "o justo" questionam a problemática do indivíduo dentro da sociedade.

John Rawls

Filósofo norte-americano, John Rawls (1921-2002) foi professor emérito em Harvard. Teórico do liberalismo, encaminhou suas investigações para fundamentar a ética e a teoria do direito numa perspectiva contrária ao utilitarismo. Sua obra principal é *Uma Teoria da Justiça* (1971).

Nessa obra, Rawls recupera o contratualismo, pois considera que o contrato social deve ser o fundamento ético de uma sociedade. Retomando a tradição contratualista de Locke, Rousseau e Kant, Rawls propõe um pensamento alternativo ao utilitarismo social.

Para explicar como deve ser realizado esse contrato, ele estabelece a hipótese de indivíduos que devem escolher em que condições gostariam de viver em sociedade. Essas pessoas situam-se no que Rawls denomina "posição original".

Como a natureza humana conduz inevitavelmente a conflitos de interesses, dado que o homem vincula o que considera bom aos planos de vida, e o juízo vê-se alterado pelo egoísmo ou pelos preconceitos derivados da situação social, econômica ou de sistemas de crenças aceitos, a "posição original" deve estar coberta pelo "véu da ignorância", segundo o qual as pessoas que estabelecerão o contrato desconhecem o lugar que ocuparão na sociedade. Isso suporia que, no marco do estabelecimento de uma empresa, os responsáveis devem decidir sem saber se serão operários, pessoal administrativo ou diretores dessa empresa. Em outras palavras, a "posição original" garante a superação do egoísmo.

Nessa perspectiva, qualquer pessoa desejaria que se garantissem dois princípios: as mesmas liberdades para todos; a igualdade entre todos os homens.

O segundo princípio é conflituoso porque nem todos os homens são iguais, portanto, o sistema somente deve aceitar as desigualdades quando favoreçam os menos afortunados: "As desigualdades têm de satisfazer duas condições: primeiro, devem estar associadas a cargos e posições abertos para todos, em condições de uma equitativa igualdade de oportunidades; segundo, devem procurar o máximo benefício para os membros menos afortunados da sociedade".

Rawls define os princípios de justiça "como aqueles que aceitariam como seres iguais, como pessoas racionais preocupadas em promover seus interesses, sempre e quando soubessem que nenhum deles está em vantagem ou desvantagem em virtude de contingências sociais e culturais". Acrescenta que devem escolher esses princípios "como pessoas racionais e independentes, em posição de igualdade".

Os princípios de justiça são, ao mesmo tempo, imperativos categóricos, o que supõe que, quando as pessoas os seguem, devem fazê-lo de modo autônomo, baseadas em sua própria racionalidade, sem pressupor nem se deixar levar por nenhum desejo ou propósito particular.

Robert Nozick

Na obra *Anarquia, Estado e Utopia* (1974), Robert Nozick (1938-2002) critica o estado do bem-estar social e considera que as teorias igualitárias da justiça são insuficientemente liberais.

Pensa que os homens em estado de natureza (tomando esse conceito de John Locke) possuem autonomia plena e sua liberdade somente está limitada pelo direito natural, que exige que ninguém possa causar dano a outro em sua vida, sua liberdade e sua propriedade. Ao estabelecer a supremacia dos direitos individuais, Nozick concede um caráter absoluto ao direito de propriedade, opondo-se às teorias da justiça distributiva.

O fato de o Estado estabelecer impostos parece-lhe um atentado aos direitos individuais. Dispor da riqueza de uma pessoa equivale a apoderar-se de seu tempo; é como obrigá-la a fazer um trabalho sem recompensa, de forma tal que outros "decidem o que você deve fazer, (...) independentemente de suas decisões".

Nozick propõe que o único Estado legítimo é o Estado mínimo, que tem o monopólio da violência e exerce-a para fazer com que se respeitem os direitos dos indivíduos. A justiça não deve ser distributiva, e sim justiça das pertenças, baseada em três princípios: princípio de justiça na aquisição original ou apropriação das coisas sem dono; princípio de justiça nas transferências baseadas no livre intercâmbio; princípio de retificação de injustiças que possam ter acontecido no passado, no reparto das pertenças.

Nozick critica a "posição original" de Rawls, dizendo que é improvável que todas as pessoas decidam atuar constantemente tendo como finalidade a igualdade. O questionamento de uma repartição igualitária dos bens econômicos, prescindindo da vontade das pessoas, supõe que não se é dono de si, e, sim, que o Estado tem direitos de copropriedade sobre as pessoas. O limite do direito de propriedade somente pode ser estabelecido por injustiças passadas ou quando o direito de propriedade de algo piorar a situação de outras pessoas. Um exemplo: o proprietário de uma ilha não pode expulsar os náufragos que porventura apareçam ali alegando que eles estão em uma propriedade privada.

Nozick defende, portanto, uma justiça baseada em uma "distribuição prévia justificada" e rejeita as teorias distributivas clássicas, pelas quais a redistribuição de bens é feita seguindo um padrão estabelecido de antemão (segundo as necessidades ou a condição social). Nozick chama essas teorias de "estruturadas".

O conceito de direito ilimitado à propriedade, porém, acaba limitando a liberdade dos demais. A defesa implacável dos direitos individuais e, principalmente, do direito à propriedade não deixa espaço para outros direitos e revela a proposta de Nozick como uma defesa do chamado "capitalismo selvagem".

72 – Pós-Modernidade

O termo pós-modernidade não faz referência a nenhum conteúdo teórico próprio, como estruturalismo ou existencialismo, mas à relação com a filosofia precedente. Trata-se de uma atitude de crítica à história do pensamento.

Debate Pós-Moderno

As suspeitas do passado tornaram-se certezas. As reservas em relação à bondade e à viabilidade do projeto ilustrado, levantadas ao longo dos últimos séculos, hoje são convencimentos negativos. Nesse sentido, os pós-modernos inscrevem-se em uma tradição crítica. Os últimos anos trouxeram um número tão grande de transformações, em todos os âmbitos da vida coletiva e individual, que é necessário atualizar as antigas críticas à modernidade.

Albert Einstein

Alemão com ascendência suíça, Albert Einstein (1879-1955) naturalizou-se estadunidense em 1935 para evitar ser perseguido pelo estado nazista por ser judeu. Não tendo uma carreira acadêmica promissora, trabalhou no Departamento de Patentes de Berna, onde conceberia as teorias da relatividade, que fundaria a física moderna. Atuou ativamente politicamente como defensor da paz mundial e do sionismo. Em 1952 lhe foi oferecida o cargo de líder israelita, mas ele não aceitou, alegando "ingenuidade" política, afirmando que "As equações são mais importantes para mim porque a política é para o presente, enquanto a equação é algo para a eternidade".

Filosoficamente a contribuição de Einstein é enorme. Sua teoria da relatividade atribui uma importância sem precedentes ao papel do observador em sua descrição do mundo físico, ameaçando, em sua descrição, as noções herdadas de espaço e tempo como ditas por Newton, Locke e Kante. Pela equação $E = mc^2$, onde E é energia, m é massa e c é a velocidade da luz, e a lei de que nada pode mover-se mais rápido do que a velocidade da luz.

Essas ideias têm, ao menos, duas consequências filosoficamente importantes. Primeiro, segue-se da relatividade que não se pode falar de um evento ocorrendo precisamente ao mesmo tempo para observadores diferentes. O espaço de tempo de cada observador é

relativo a ele próprio. Um evento em Júpiter e outro na Terra seriam observados simultâneos segundo Newton, mas é descartado pela teoria da relatividade. Espaço e tempo não são dimensões independentes, e, sim, formam uma unidade quadrimensional, espaço-tempo, na qual todo evento só pode ser registrado em relação a um espaço de tempo local.
A segunda consequência é que, embora a velocidade da luz seja constante, sua frequência varia próximo a objetos maciços, como planetas. Isso significa que o tempo parece passar mais lentamente quando perto de um corpo maciço do que quando longe dele. Em 1962, físicos confirmaram tal predição utilizando dois relógios bastante precisos, um na base e outro no topo de uma torre de água. Constatou-se que o relógio da base andou mais devagar que o outro. Isso origina o famoso Paradoxo dos Gêmeos. Suponha que um gêmeo embarque numa viagem para o espaço, enquanto o outro ficará na Terra. Quando o viajante retornar, parecerá mais jovem que seu gêmeo. A tese da relatividade mostra que cada corpo carrega consigo sua própria escala pessoal de tempo, que não concorda, em geral, com a escala de tempo de outras entidades.
Essas duas ideias foram vitais para a redefinição, não só do pensamento da Física, mas também da Filosofia, principalmente para os pensadores pós-modernos.

Propp

Folclorista e estudioso russo, Vladimir Yakovlevich Propp (1895-1970) ficou conhecido por suas contribuições à morfologia dos contos de fadas e pela análise estrutural da narrativa folclórica. Sua obra seminal *Morfologia do Conto Maravilhoso* (1928) revolucionou o estudo dos contos de fadas, oferecendo uma metodologia sistemática para entender suas estruturas e componentes básicos.
Ao estudar os contos de fadas, Propp identificou 31 funções narrativas que compõem a estrutura básica dos contos. Essas funções são ações típicas que os personagens realizam como "partida do herói", "proibição", "violação da proibição", "auxílio mágico", entre outras. Essas funções ocorrem em uma ordem previsível e são independentes dos personagens que as executam.
Além das funções narrativas, Propp também identificou sete esferas de ação ou papéis recorrentes nos contos de fadas: o herói, o vilão, o doador (fornece um objeto mágico ao herói), o auxiliar (ajuda o herói em sua missão), a princesa (e seu pai), o mandatário (envia o herói em sua missão) e o falso-herói. Esses papéis são preenchidos por

diferentes personagens em diferentes histórias, mas suas funções permanecem consistentes, o que permite uma análise comparativa das narrativas folclóricas.

O trabalho de Propp é frequentemente associado ao estruturalismo ao buscar entender a estrutura subjacente dos fenômenos culturais. Embora Propp não tenha se identificado explicitamente como estruturalista, suas ideias influenciaram Lévi-Strauss e Barthes, que aplicaram princípios semelhantes à mitologia e à narrativa literária. Sua metodologia permite que os estudiosos descomponham e analisem narrativas complexas em seus componentes básicos, facilitando a comparação e o estudo das histórias através das culturas.

Skinner

Psicólogo behaviorista, Burrhus Frederic Skinner (1904-1990) procura evitar a explicação do comportamento humano por meras propriedades mentais. Suas principais obras são *O Comportamento dos Organismos, Ciência e Comportamento Humano* e *Para Além da Liberdade e da Dignidade*.

As raízes do pensamento behaviorista residem na rejeição do dualismo cartesiano, de uma mente não física alojada num corpo físico. Se a psicologia é concebida como a ciência que prediz e explica o comportamento humano, todo o projeto poderia ser empreendido prestando-se atenção apenas aos padrões de respostas físicas a estímulos físicos, os processos internos não seriam domínio do psicólogo segundo Descartes.

O behaviorismo sustenta que todo comportamento humano pode ser explicado em "condições operativas" que são estímulos ambientas com efeitos reforçadores ou adversos acerca do comportamento futuro do indivíduo na presença desses estímulos. Skinner conclui que não há criminosos, heróis ou gênios, há simplesmente homens determinados pelo ambiente.

Em *Para Além da Liberdade e da Dignidade*, Skinner afirma que criminosos e sociopatas, cujo comportamento é desviante do imposto pela sociedade, reflete a ignorância social em relação aos fatores que causaram seu comportamento. Esta visão é realçada pelo fato de que, claramente, não responsabilizamos pessoas quando compreendemos as causas de seu comportamento.

Houve e há várias objeções válidas as ideias de Skinner, como a ignorância ao papel causal de nossa própria experiência psicológica.

Hannah Arendt

Filósofa e teórica política de origem alemã, Hannah Arendt (1906-1975) abordou em suas obras temas como totalitarismo, autoridade, democracia e a natureza do poder e da liberdade. Ela é amplamente reconhecida por suas análises profundas e inovadoras sobre a política contemporânea e os eventos históricos do século XX.

De origem judaica, Arendt cresceu num ambiente intelectual e politicamente engajado. Estudou filosofia na Universidade de Marburg com Martin Heidegger, com quem teve um relacionamento pessoal e intelectual complexo. Posteriormente, estudou com Karl Jaspers na Universidade de Heidelberg, onde completou seu doutorado com uma tese sobre o conceito de amor em Santo Agostinho.

Com a ascensão do nazismo, Arendt fugiu da Alemanha em 1933, incialmente para a França, onde trabalhou ajudando refugiados judeus. Em 1941, emigrou para os Estados Unidos, estabelecendo-se em Nova York. Tornou-se cidadã estadunidense em 1951 e lecionou em várias universidades renomadas, incluindo a Universidade de Chicago e a New School for Social Research em Nova York.

Sua primeira grande obra foi *Origens do Totalitarismo* (1951), onde analisa as raízes e a natureza dos regimes totalitários do século XX, focando principalmente no nazismo e no stalinismo. Arendt argumenta que esses regimes não são apenas ditaduras extremas, mas novas formas de governo que tentam controlar todos os aspectos da vida pública e privada, usando propaganda, terror e ideologia para eliminar a individualidade e a espontaneidade humana.

Com *A Condição Humana* (1958), Arendt examina a vida ativa e o que significa ser humano. Ela distingue entre três atividades fundamentais: labor, trabalho e ação. Labor refere-se às atividades biológicas necessárias para a sobrevivência; trabalho é a criação de artefatos duráveis que estruturam nosso mundo; e ação é a atividade política que ocorre entre as pessoas e cria a possibilidade de liberdade e novos começos. Arendt valoriza a ação como a forma mais elevada de atividade humana, porque ela envolve interação, discurso e a capacidade de iniciar algo novo.

Arendt também faz uma distinção entre o espaço público e o espaço privado. O espaço público é onde a ação e o discurso político ocorrem, permitindo a liberdade e a participação ativa na vida coletiva. O espaço privado é o domínio da vida doméstica e das necessidades biológicas. Ela critica a modernidade por obscurecer essa distinção, levando à perda da esfera pública e à dominação das necessidades econômicas sobre a ação política.

Outro conceito marcante de Arendt é a banalidade do mal, desenvolvido em seu livro *Eichmann em Jerusalém* (1963). Este livro é baseado em sua cobertura do julgamento de Adolf Eichmann, um dos principais responsáveis pela logística do Holocausto. Arendt argumenta que Eichmann não era um monstro demoníaco, mas uma pessoa comum que, sem reflexão crítica, seguiu ordens e se conformou às normas do regime nazista. Este conceito sugere que o mal extremo pode resultar da incapacidade de pensar criticamente e moralmente sobre as próprias ações.

Merleau-Ponty

Maurice Merleau-Ponty (1908-1961) foi um filósofo francês conhecido por suas contribuições à fenomenologia e à filosofia existencial. Sua obra se destaca pela ênfase na percepção e na experiência corporal como fundamentos para a compreensão da realidade.

Formado em filosofia pela Escola Normal Superior de Paris, onde conheceu Sartre e Beauvoir, com quem desenvolveu uma amizade e uma troca intelectual duradoura. Ponty começou sua carreira como professor de filosofia em várias instituições, até ocupar uma cadeira no Collège de France. Participou da Resistência Francesa durante a Segunda Guerra e depois se envolveu com o movimento existencialista e com a política de esquerda, contribuindo para a revista *Les Temps Modernes* junto com Sartre.

Suas principais obras são *Estrutura do Comportamento* (1942), onde explora a relação entre a percepção e o comportamento, antecipando muitas ideias desenvolvidas em *Fenomenologia da Percepção* (1945), sua obra-prima sobre percepção e experiência corporal; *Humanismo e Terror* (1947), uma análise das questões políticas e éticas no contexto da Guerra Fria e das revoluções; e *O Visível e o Invisível* (postumamente em 1964), uma obra inacabada que explora a relação entre o que é perceptível e o que está além da percepção.

Com *Fenomenologia da Percepção*, Ponty explora como a percepção sensorial é a base da nossa experiência do mundo. Ele argumenta que a percepção não é apenas uma atividade passiva de receber informações, mas uma atividade ativa e interpretativa. Nossas experiências sensoriais são sempre influenciadas por nosso corpo e por nosso contexto histórico e cultural.

Merleau-Ponty criticava a dicotomia cartesiana entre mente e corpo, propondo uma visão mais integrada da existência humana. Ele via o corpo não apenas como um objeto físico, mas como um sujeito

experiencial, essencial para a nossa interação com o mundo. Através do corpo, temos acesso ao mundo e aos outros.
Inspirado por Husserl e Heidegger, Ponty desenvolveu a ideia de Intencionalidade, que sugere que a consciência está sempre direcionada para o mundo. Para ele, estamos sempre "no mundo" de maneira pré-reflexiva, antes mesmo de começarmos a refletir ou analisar nossas experiências. Este "ser-no-mundo" é fundamental para compreender a existência humana.
Ponty também se interessou pela relação entre percepção e arte. Ele via a arte, especialmente a pintura, como uma forma de revelar o mundo de maneiras novas e profundas. Seu interesse pela arte é evidente em seus escritos sobre Cézanne e outros artistas, onde explora como a criação artística nos ajuda a perceber e a experienciar a realidade de maneiras únicas.
Menos conhecido por seu pensamento político, Merleau-Ponty escreveu extensivamente sobre questões políticas e sociais. Ele acreditava que a filosofia deveria estar engajada com o mundo real e com as questões sociais de seu tempo. Na obra *Humanismo e Terror*, ele examina o dilema entre a necessidade de ação política e os riscos da violência revolucionária.

Lyotard

Em um de seus livros mais conhecidos, *A Condição Pós-Moderna*, Jean-François Lyotard (1924-1998) propõe-se a examinar as mudanças em curso no saber quando as sociedades modernas entraram na era pós-industrial. Pode-se dizer que a obra é de epistemologia ou de sociologia da cultura. Mas as conclusões da análise ultrapassam os limites desses dois campos para entrar na especulação filosófica.
Para Lyotard, o saber mudou de estatuto. A diferença fundamental em relação a épocas anteriores é a abordagem da questão da legitimidade. Nas sociedades pré-modernas, a função legitimadora, ou seja, a tarefa de proporcionar uma coesão e uma unidade imaginária para a sociedade, era tarefa dos discursos de natureza mítica e religiosa (as lendas nas quais se narra o nascimento de uma nação ou as narrativas da religião).
Na modernidade, o panorama muda para uma direção que concerne diretamente ao ser humano contemporâneo, na medida em que ainda se vive, em grande parte, numa atmosfera ideológica moderna. A função legitimadora corresponderá, nesse segundo momento, a

uma determinada ideia de razão, que pode apresentar-se sob diferentes aspectos.

Os ingênuos discursos de Rousseau sobre a libertação da escravidão da ignorância por meio do conhecimento respondem ao mesmo mecanismo de fundo em que se inscrevem as ideias marxistas em relação ao avanço do proletariado em direção a uma sociedade sem classes, ou as justificativas neoliberais sobre a necessidade de produzir o máximo de riqueza para, em algum momento, redistribuí-la por meios imprecisos. Todos eles compartilham uma mesma ideia de razão, unitária e totalizadora.

Assim, nas sociedades pós-modernas produz-se um tipo de transformação que faz com que essa ideia de razão já não possa ser mantida. A função legitimadora no âmbito científico e social ou é abandonada ou é produzida por outros meios, e isso obriga a reconsiderar a noção de racionalidade baseada na aspiração à universalidade.

A condição pós-moderna é, precisamente, um estudo das mudanças ocorridas no saber nas sociedades contemporâneas, dedicando uma atenção preferencial às variações produzidas na instituição universitária. Analisando o modelo da universidade alemã do século XIX, Lyotard mostra até que ponto ela se apoiava numa pretensão já superada, a de fundir o discurso do conhecimento com o da ação, educar cidadãos aplicados, ao mesmo tempo, na busca das autênticas causas das coisas e na perseguição dos fins adequados.

O fracasso dessa pretensão obedece a diversos motivos. Lyotard interessa-se especialmente por aqueles relacionados com a teoria. Nenhum dos dois discursos mostrou a consistência que se esperava deles. De um lado, não se mostrou quais seriam esses fins, nos quais existiria unanimidade. A crítica de Nietzsche à falta de fundamento dos valores foi muito contundente para fazer de conta que nada aconteceu.

De outro lado, a ciência já não pode manter a antiga pretensão de discurso universal. Suas competências foram drasticamente recortadas. Por exemplo, a ciência não tem autoridade para dizer ao homem o que ele deve fazer. Nem sequer pode pretender – considerando que a universalidade se revelou vazia – legitimar a si mesma. Os critérios científicos não têm validade suficiente para legitimar a própria ciência.

Deleuze e Guattari

O pensamento de Gilles Deleuze (1925-1995) abrange uma ampla gama de temas, incluindo metafísica, epistemologia, política, arte e literatura. Junto com seu colaborador Félix Guattari (1930-1992), Deleuze desafiou as tradições filosóficas estabelecidas e ofereceu novas maneiras de pensar sobre a realidade, o desejo e a subjetividade.

Ávido estudante de filosofia, literatura e arte, Deleuze tornou-se professor acadêmico e publicou os seguintes textos: *Diferença e Repetição* (1968), exploração da ontologia da diferença e da repetição, *Anti-Édipo: Capitalismo e Esquizofrenia* (1972), crítica à psicanálise e introdução da esquizoanálise; *Mil Platôs: Capitalismo e Esquizofrenia* (1980), discussão de uma variedade de temas através da metáfora dos platôs; *O Cinema 1: A Imagem-Movimento* (1983) e *O Cinema 2: A Imagem-Tempo* (1985), obras teóricas sobre cinema baseada em diferentes tipos de imagens.

Com *Diferença e Repetição*, ele desafia a filosofia tradicional, que privilegia a identidade e a semelhança. Deleuze argumenta que a diferença é fundamental para a realidade, e que a repetição é uma força criativa que gera variações e novas formas. Essa abordagem coloca a ênfase na multiplicidade e na variação em vez de na unidade e na constância.

Junto com Guattari, criticou a psicanálise freudiana e sua ênfase no complexo de Édipo. Ambos propõem a esquizoanálise como uma alternativa, focado na multiplicidade de desejos e nas conexões que constituem a subjetividade. Eles argumentam que o desejo é produtivo e criativo, e não apenas uma força a ser reprimida. Em *Anti-Édipo*, os dois argumentam que o capitalismo captura e canaliza o desejo humano de maneiras que mantêm a repressão e a dominação. Eles exploram como as estruturas sociais e econômicas moldam a psique humana, sugerindo que a liberação do desejo é essencial para superar as limitações impostas pelo capitalismo.

Ainda com Guattari escreveu *Mil Platôs*, obra monumental que explora uma variedade de temas através da metáfora dos platôs, que representa estados de intensidade que não seguem uma hierarquia linear. Este trabalho introduz conceitos como o rizoma (uma estrutura não-linear e não-hierárquica) e a desterritorialização (processo de deslocamento e reconfiguração das forças sociais e culturais).

Separado de Deleuze, Guattari desenvolveria a ideia de ecosofia, que propõe uma ecologia integrada que abrange três ecologias: a ambiental, a social e a mental. Em *As Três Ecologias* (1989), ele argumenta que a crise ecológica global só poder ser resolvida abordando as interconexões entre esses três níveis. A ecosofia busca uma transformação tanto pessoal quanto coletiva, promovendo um modo de vida que respeite e valoriza a interdependência de todos os seres e sistemas.

Sua ideia de singularidade se refere a eventos únicos e irrepetíveis que constituem a realidade. Em oposição às generalizações universais, Deleuze enfatiza a importância das diferenças individuais e dos eventos específicos. Ele também introduziu o conceito de multiplicidade, que descreve sistemas complexos de relações e interações que não podem ser reduzidos a um único princípio ou essência.

Guattari trabalhou no conceito de cartografia do desejo, uma abordagem que mapeia os fluxos e conexões do desejo em diferentes contextos sociais e pessoais. Esta metodologia visa entender como os desejos são estruturados e como podem ser redirecionados para promover mudanças positivas.

Bauman

Zygmunt Bauman (1925-2017) foi um sociólogo e filósofo polonês, amplamente reconhecido por suas análises perspicazes da modernidade e da pós-modernidade. Sua obra abrange temas como globalização, consumismo, identidade, moralidade e as mudanças nas relações sociais na era contemporânea. Conhecido por seu conceito de Modernidade Líquida, que descreve a natureza fluida e incerta da sociedade pós-moderna.

De família judia, Bauman fugiu para a União Soviética para escapar da perseguição nazista. Após a guerra, serviu no exército polonês e estudou sociologia na Universidade de Varsóvia, onde mais tarde se tornou professor. Durante uma campanha anticomunista e antissionista na Polônia, em 1968, Bauman foi forçado a deixar o país e à sua filiação ao Partido Comunista. Estabelecendo-se em Israel e, posteriormente, no Reino Unido, foi professor na Universidade de Leeds até se aposentar em 1990.

Suas principais obras foram *Modernidade e Holocausto* (1989), *Globalização: As Consequências Humanas* (1998), *Modernidade Líquida* (2000), *Amor Líquido: sobre a Fragilidade dos Laços Humanos* (2003) e *Vida Líquida* (2005).

Bauman distingue entre a modernidade sólida e a líquida. Na modernidade sólida, típica do período industrial, as estruturas sociais eram relativamente estáveis e previsíveis. Em contraste, a modernidade líquida, característica do mundo contemporâneo, é marcada por constante mudança, incerteza e fluidez. As instituições e as relações humanas se tornam mais flexíveis, mas também mais precárias e instáveis.

Na modernidade líquida, as identidades se tornam fluidas e fragmentadas. As pessoas enfrentam a tarefa constante de construir e reconstruir suas identidades em um mundo em mudança. Da mesma forma, os relacionamentos humanos se tornam mais voláteis e temporários. Bauman usa o termo "relações de bolso" para descrever conexões sociais que podem ser facilmente descartadas ou substituídas.

Ele identifica o medo e a insegurança como características centrais da modernidade líquida. A constante mudança e a falta de estabilidade geram ansiedade e um senso de vulnerabilidade. Isso se manifesta em diversas formas, desde o medo da perda de emprego até a insegurança em relação à identidade pessoal.

Bauman explora como a globalização e o consumismo moldam a sociedade moderna. Ele argumenta que a globalização cria uma divisão crescente entre uma elite global, que se beneficia das oportunidades globais, e uma maioria que enfrenta incertezas e precariedades. O consumismo, por sua vez, transforma indivíduos em consumidores, onde o valor de uma pessoa é frequentemente medido pelo que ela pode consumir. Isso leva a uma busca incessante por novas experiências e bens, sem satisfação duradoura.

Também preocupado com questões de ética e moralidade na sociedade contemporânea, Bauman argumenta que a modernidade líquida enfraquece os laços sociais e as normas éticas, tornando mais difícil a construção de uma moralidade compartilhada. No entanto, ele defende a necessidade de uma ética da responsabilidade e da solidariedade em um mundo interconectado e interdependente.

Chomsky

Filho de um famoso filólogo da língua hebraica, Noam Chomsky (1928-) é um dos maiores linguistas e sociólogos vivos atualmente. Suas obras de destaque em linguística são *Estruturas Sintáticas, Aspectos da Teoria da Sintaxe, Linguagem e Mente* e *O Programa Minimalista*. Em política escreveu *O Poder Americano e os Novos Mandarins, Direitos Humanos e a Política Norte-Americana* e *Triângulo Funesto: Estados Unidos, Israel e os Palestinos*.

A obra de Chomsky desafia o empirismo de que a mente é uma tábula rasa ao nascer. Em vez disso, ela é compelida por estruturas inatas da linguagem e suas estruturas sintáticas. Na visão dele, todas as línguas compartilham, num nível fundamental uma gramática, a

mesma que está "amarrada" em nossos cérebros, em vez de ser algo aprendido por meio do ensino e da experiência.
A noção de uma gramática universal não é uma novidade de Chomsky. Ele se pautou na variedade de 5 mil linguagens humanas conhecidas. De acordo com ele, a despeito das diferenças superficiais, todas elas estão restritas por certos parâmetros e princípios que são propriedades inatas e únicas da mente humana. Ele se pauta em psicólogos experimentais que atestam que a velocidade com que a aptidão gramatical nas crianças se desenvolve em torno da faixa etária em torno da idade de 2 ou 3 anos, aptidão que vai muito além do escasso input de linguagem a que elas foram expostas. Por isso, parece plausível supor que a criança tem a gramática "amarrada" na mente: a exposição precoce à linguagem age como mero gatilho, e a criança desenvolve sua competência linguística a uma taxa acelerada.
Chomsky contraria as visões de escritores como Orwell e Huxley que procuravam demonstrar como regimes opressivos atuavam no pensamento através de fundamentos da psicologia behaviorista e, por mais que concordasse que isso efetivamente ocorria, o conceito de ser um "agente livre" era destruído por eles ao concordar com a "tábula rasa". A libertação para Chomsky provém da linguagem, uma atividade especificamente humana, mas também porque a linguagem "é o veículo do pensamento" e, portanto, colocada de forma singular para iluminar a essência da mente.

Baudrillard

Jean Baudrillard (1929-2007) foi conhecido por suas análises críticas da cultura contemporânea, mídia, tecnologia e consumo. Suas teorias sobre a simulação, o hiper-real e a sociedade de consumo tiveram um impacto significativo nas ciências sociais e nos estudos culturais, fazendo dele uma figura central no pensamento pós-moderno.
Um dos primeiros temas centrais na obra de Baudrillard é a sociedade de consumo, apresentado na obra *A Sociedade de Consumo* (1970), ele argumenta que o consumo se tornou uma força motriz na sociedade moderna, substituindo a produção como principal atividade econômica e cultural. O sociólogo sugere que os objetos de consumo não são valorizados por sua utilidade, mas por seu valor simbólico e pelo status que conferem aos consumidores.
Talvez Baudrillard seja mais conhecido por suas teorias de simulação e simulacro, desenvolvida na obra *Simulacros e Simulação* (1981), onde argumenta que, na era contemporânea, as representações da

realidade (simulacros) passaram a substituir a própria realidade. A sociedade moderna vive em um estado de hiper-realidade, onde as distinções entre real e imaginário, verdadeiro e falso, são cada vez mais indistinguíveis. Na hiper-realidade, a mídia e as tecnologias de comunicação criam uma realidade que é mais real do que a própria realidade, uma condição em que as representações midiáticas se tornam mais significativas e influentes do que os próprios eventos que pretendem representar.

Em *América* (1986) e *A Guerra do Golfo Não Aconteceu* (1991), ele examina como a mídia constrói narrativas e molda a percepção pública dos eventos, argumentando que, através da mediação da realidade, a mídia cria uma versão dos eventos que é mais convincente e poderosa do que os próprios eventos.

Embora influenciado pelo marxismo em suas primeiras obras, Baudrillard gradualmente se afastou das análises marxistas tradicionais. Ele criticou a ênfase marxista na produção e na economia, sugerindo que a sociedade contemporânea deve ser entendida através do consumo, da mídia e da simulação. Em *Para uma Crítica da Economia Política do Signo* (1972), ele propõe uma análise que vai além das questões econômicas para considerar a circulação de signos e símbolos.

Bourdieu

Pierre Bourdieu (1930-2002) foi um sociólogo francês amplamente reconhecido por suas contribuições significativas à teoria social e à sociologia da educação, cultural e de poder. Sua obra é notável por integrar conceitos da filosofia, antropologia e sociologia para compreender as dinâmicas sociais e a reprodução das desigualdades.

Vindo de uma família de classe trabalhadora, Pierre se destacou academicamente e estudou na prestigiosa Escola Normal Superior de Paris, onde se formou em filosofia. Após completar seus estudos, passou um ano na Argélia, onde lecionou e conduziu pesquisas etnográficas. Ao retornar à França, lecionou na Universidade de Lille e, posteriormente, na École des Heutes Études en Sciences Sociales (EHESS) e no Collège de France.

Suas principais obras foram *A Distinção: Uma Crítica Social do Julgamento* (1979), onde explora como o gosto e as preferências culturais estão associados às posições sociais e como elas servem para reproduzir a estrutura de classes; *A Reprodução: Elementos para uma Teoria do Sistema de Ensino* (1970), em coautoria com Jean-Claude Passeron, analisa como o sistema educacional perpetua as desigualdades sociais; e *O Poder Simbólico* (1991), coletânea de ensaios sobre diversos aspectos do poder simbólico e da dominação cultural.

Criou o conceito de *habitus* como um conjunto de disposições duradouras, padrões de pensamento, comportamento e percepção que os indivíduos internalizam através da socialização. Essas disposições influenciam como as pessoas agem e interagem no mundo, frequentemente de maneira inconsciente.

Ao estudar o capitalismo, Bourdieu ampliou a noção de capital, tradicionalmente se refere ao econômico, para incluir três outras formas:

- **Capital Cultural**: conhecimento, habilidades, educação e outras vantagens culturais que uma pessoa possui, que podem ser usados para obter status e poder na sociedade.
- **Capital Social**: rede de relações e conexões sociais que uma pessoa pode mobilizar para obter recursos e influência.
- **Capital Simbólico**: prestígio, reconhecimento e honra que uma pessoa acumula, influenciando como é percebida e tratada na sociedade.

A partir dos tipos de capital, surgiu o conceito de campo que Bourdieu usa para descrever os diferentes domínios sociais ou espaços de ação (como o campo político, artístico, acadêmico etc.) cada um com suas próprias regras, estruturas de poder e formas de capital. Os campos são arenas de lutas onde os agentes competem pelo poder e pelo capital específico daquele campo.

Outra preocupação central de Bourdieu foi entender como as desigualdades sociais são reproduzidas de geração em geração. Ele argumentava que o sistema educacional, longe de ser um meio de mobilidade social, frequentemente perpetua as desigualdades existentes, favorecendo aqueles que já possuem capital cultural.

Bourdieu introduziu o conceito de violência simbólica para descrever formas de dominação e opressão que são sutis e não físicas, mas que são internalizadas pelos dominados, levando-os a aceitar seu próprio status subalterno como legítimo.

Além de seu trabalho acadêmico, Bourdieu foi um crítico das políticas neoliberais, do sistema educacional francês e das práticas midiáticas. Ele usou sua posição de destaque para advogar por mudanças sociais e políticas que promovessem maior justiça e igualdade.

Derrida

Filósofo francês nascido na Argélia, Jacques Derrida (1930-2004) tornou-se famoso pelo desconstrutivismo das obras do estruturalismo de Saussure, Lévi-Strauss e Foucault. Entre suas obras estão *A Voz e o Fenômeno*, *Gramatologia* e *A Escritura e a Diferença*.
Diferente de Saussure, Derrida insiste que a distinção entre significante e significado não pode ser feita de maneira legítima; para ele, o meio de expressão é inseparavelmente ligado ao seu conteúdo. A forma como algo é expresso é tão importante quanto seu sentido convencional ao determinar as ideias às quais está conectado e aquelas das quais deveria ser distinguido, como evidenciam dispositivos da poesia, da retorica e da ironia. Por isso, não há ordem conceitual fixa entre os significantes.
Se Derrida estiver correto não há estrutura objetiva, então não há estruturalismo. De fato, em sua visão um signo sempre significa diversas coisas daquelas que o autor poderia supor. Há uma rede indeterminável de associações que se espalham através do tempo e do uso em que todo signo dado "circula". Que significado ele tem para uma pessoa qualquer em um momento qualquer é algo que só pode ser interpretado por aquela pessoa naquele momento, mas ela não pode reivindicar nenhuma autoridade ou objetividade para sua interpretação.
A dissolução do significado objetivo contamina todo conceito e tem impacto em nossa concepção de mundo e de nós mesmos, especialmente em conceitos metafísicos tradicionais, como "self", "substância" e "ideia". O sujeito humano é uma função da linguagem e não há sujeito que seja agente, autor e dono da linguagem. Interessante notar que Derrida admite que ele não poderia ser o autor nem a autoridade de suas próprias obras. Derrida ataca, recua, perfura e parodia as teses da filosofia tradicional.

Umberto Eco

Renomado escritor, filósofo, semiótico e crítico literário italiano, Umberto Eco (1932-2016) é amplamente reconhecido por suas contribuições a semiótica e seus romances históricos e intelectuais. Eco combinou uma erudição profunda com um estilo acessível, abordando temas complexos de maneira envolvente e instigante.
Figura central na semiótica, o estudo dos signos e da significação, Eco escreveu *Tratado Geral de Semiótica* (1975), desenvolvendo uma teoria abrangente sobre como os signos funcionam e como são

interpretados. Ele argumenta que a semiótica não se restringe apenas à linguagem, mas abrange todos os sistemas de comunicação, desde a arte até a moda.

Anos antes, em *Obra Aberta* (1962), Eco sugeriu a ideia de que os textos literários podem ser interpretados de múltiplas maneiras, dependendo do leitor (Teoria da Recepção). Ele enfatiza a interação entre o texto e o leitor, onde o significado não é fixo, mas é construído ativamente durante a leitura. A partir disso, surge a intertextualidade, que se refere à maneira como os textos se referem uns aos outros. Em *O Nome da Rosa* (1980), Eco demonstra esse princípio ao preencher seu romance com alusões literárias, filosóficas e históricas, criando uma rica tapeçaria de referências que dialogam entre si.

Crítica da cultura de massa e da mídia em *Apocalípticos e Integrados* (1964), ele examina a relação entre cultura popular e cultura erudita, explorando como a mídia de massa influencia a percepção e a interpretação dos eventos culturais e sociais.

Eco é lembrado como um pensador multifacetado que conseguiu conectar diversas disciplinas e trazer novas perspectivas sobre a comunicação, a interpretação e a cultura, deixando um legado duradouro tanto na teoria literária quanto na prática literária.

Gianni Vattimo

A diferença fundamental entre Gianni Vattimo (1936-2023) e os demais pós-modernos está, em grande parte, na maneira de valorar sua relação com a modernidade. Ele é crítico como os outros, mas não os acompanha nas conclusões.

Sua atitude é mais construtiva, mais positiva – ou menos catastrófica que a de, por exemplo, Lyotard. A diferença está relacionada com a questão teórica: Vattimo analisa a modernidade a partir de Nietzsche e Heidegger, o que significa precisamente que utiliza como noções-guia as ideias da morte de Deus e do fim da metafísica. Opera desse modo porque está convencido de que as teorizações do período pós-moderno, dispersas e nem sempre coerentes, somente adquirem rigor e dignidade filosóficos quando colocadas em relação com aquelas ideias.

Maffesoli

Sociólogo francês conhecido por seu trabalho sobre pós-modernidade, tribos urbanas e a sociabilidade contemporânea, as ideias de Michel Maffesoli (1944-) desafiam as noções tradicionais de modernidade, propondo uma compreensão da sociedade baseada na emoção, no imaginário e nas interações sociais. É autor das obras *O Tempos das Tribos: o Declínio do Individualismo nas Sociedades de Massa* (1988), *O Conhecimento Comum: Introdução à Sociologia Compreensiva* (1995), *A Contemplação do Mundo: Figuras do Imaginário Pós-Moderno* (1996) e *O Rito da Cotidianeidade* (2001).

Um dos principais teóricos da pós-modernidade, caracterizada pela fragmentação das grandes narrativas da modernidade e pela valorização do pluralismo cultural, Maffesoli argumenta que a sociedade contemporânea não é mais governada por grandes ideais racionais e progressistas, mas sim por uma multiplicidade de pequenas narrativas e experiências locais.

Um de seus conceitos centrais é o de tribos urbanas. Ele usa este termo para descrever grupos sociais formados com base em interesses e emoções compartilhados, ao invés de classes sociais ou instituições tradicionais. Essas tribos são fluidas e dinâmicas, refletindo a natureza fragmentada da pós-modernidade. Maffesoli chama a atenção para as subculturas musicais, comunidades online e movimentos alternativos.

Para Maffesoli, a imaginação e a emoção são elementos cruciais na vida social contemporânea. Ele argumenta que, na pós-modernidade, as pessoas buscam formas de sociabilidade que lhes permitam expressar suas emoções e se conectar com os outros em níveis mais profundos. A estética, o ritual e o simbolismo são, portanto, centrais para a compreensão das dinâmicas sociais.

Ao destacar a importância das interações cotidianas e da vida comunitária, ele sugere que a verdadeira essência da sociedade reside na sociabilidade informal e nos laços emocionais que as pessoas formam em suas vidas diárias. Essa perspectiva valoriza o "ser junto" e a comunhão, em contraste com a ênfase moderna na individualidade e na eficiência.

Outro conceito presente em suas obras é o presenteísmo, a valorização do presente sobre o futuro ou o passado. Ele argumenta que, na pós-modernidade, as pessoas se concentram mais nas experiências imediatas e nos prazeres do momento, em vez de se comprometerem com projetos de longo prazo ou com ideais históricos.

Lipovetsky

Gilles Lipovetsky (1944-) é conhecido por suas análises da sociedade de consumo com obras abordando temas como moda, hiperconsumo, cultura e a evolução da sociedade ocidental desde a era moderna até o presente.
Introduzindo o conceito de hipermodernidade para descrever a era contemporânea, caracterizada por um acelerado desenvolvimento tecnológico, consumismo desenfreado e uma ênfase crescente no individualismo. Em contraste com a modernidade, que era marcada pela busca por progresso e racionalidade, a hipermodernidade é vista como um período de excesso e saturação, onde as instituições tradicionais perdem sua influência e a cultura de consumo domina.
Em obras como *A Era do Vazio* (1983) e *O Império do Efêmero* (1987), Lipovetsky explora a natureza da sociedade de consumo. Ele argumenta que o consumo se tornou um aspecto central da vida moderna, substituindo outras formas de identidade e significado. Na sociedade de consumo, as pessoas buscam constantemente novas experiências e produtos para satisfazer suas necessidades e desejos, levando a um ciclo contínuo de insatisfação e busca por novidades. O fenômeno do individualismo, onde as pessoas são cada vez mais encorajadas a buscar sua própria felicidade e sucesso pessoal, é caracterizado por um foco na autorrealização e na expressão pessoal, mas também pode levar a um sentimento de vazio e isolamento.
Ao examinar a moda como um fenômeno sociocultural, em *O Império do Efêmero*, que reflete as mudanças e as contradições da sociedade moderna. Ele argumenta que a moda é uma expressão do desejo humano por novidade e distinção, mas também revela as tendências de superficialidade e efemeridade na cultura contemporânea.
Em *A Felicidade Paradoxal* (2006), Lipovetsky apresenta o conceito de hiperconsumo, que ele descreve como uma forma de consumo exacerbada e omnipresente na sociedade pós-moderna, questionando se ele realmente leva à felicidade e à satisfação. O autor sugere que, embora o consumo possa proporcionar prazer temporário, ele também pode gerar ansiedade e insatisfação a longo prazo.

Byung-Chul Han

Crítico feroz do neoliberalismo, da cultura digital e ao impacto dessas forças na psique humana e nas relações sociais, o filósofo sul-coreano radicado na Alemanha Byung-Chul Han (1959-) completou seu doutorado em filosofia na Universidade da Basiléia, na Suíça, sob orientação de Peter Sloterdijk.

Com *O Aroma do Tempo: Um Ensaio Filosófico sobre a Arte da Demora* (2009), Han explora como a percepção do tempo mudou na sociedade contemporânea, pois a aceleração do tempo e obsessão pela eficiência eliminaram a capacidade de contemplação e reflexão profunda. Han defende a necessidade de recuperar uma relação mais saudável e equilibrada com o tempo, que permita uma vida mais plena e significativa.

Um dos conceitos centrais de Han é exposto em seu livro *Sociedade do Cansaço* (2010), argumentando que a sociedade contemporânea é caracterizada por um excesso de positividade e de estímulos, que levam ao esgotamento físico e mental. Diferente das sociedades disciplinadoras do passado que eram marcadas pela repressão, a sociedade atual promove a auto exploração, onde os indivíduos se pressionam a serem produtivos e eficientes o tempo todo, resultando em burnout e depressão.

No livro *A Sociedade da Transparência* (2012), Han critica a obsessão moderna pela transparência e pela exposição. Ele argumenta que a demanda por transparência em todas as esferas da vida, desde a política até as relações pessoais, elimina a profundidade e a autenticidade das experiências humanas. Em vez de promover a confiança e a verdade, a transparência cria uma cultura de vigilância e superficialidade.

Han também aborda a erosão das relações humanas autênticas em sua obra *A Agonia de Eros* (2012), argumentando que a sociedade contemporânea está perdendo a capacidade de se relacionar de forma profunda e significativa, substituindo o amor e a intimidade por relações superficiais e transacionais. Han vê essa transformação como uma perda do potencial de transformação e crescimento que o amor verdadeiro pode proporcionar.

Com *Psicopolítica: o Neoliberalismo e as Novas Técnicas de Poder* (2014), Han explora como o neoliberalismo utiliza técnicas psicológicas para controlar e manipular os indivíduos. Ele sugere que o poder contemporâneo não opera mais através da repressão, mas através da sedução e da manipulação dos desejos e emoções. A psicopolítica é vista como uma forma de poder que explora a liberdade individual para promover a conformidade e o consumismo.

73 – Filosofia no Brasil

As raras expressões de pensadores brasileiros até o início do século XX foram de cunho amador. Só mais tarde, com a criação das universidades, teve início uma comunidade de pensamento propícia à reflexão filosófica no Brasil.

Escolástica e Iluminismo

A tradição escolástica medieval de Tomás de Aquino chegou ao Brasil com os jesuítas, no século XVI, e foi a corrente predominante nos quase 210 anos em que eles permaneceram aqui como educadores. Além de ser ensinado nas aulas de filosofia das escolas nacionais de nível elementar e médio, o tomismo também vigorava nas faculdades portuguesas, onde estudavam os jovens da elite brasileira.

Esse quadro só sofreria alterações no século XVIII, em consequência de duas iniciativas do Marquês de Pombal, primeiro-ministro português. Uma delas foi a reforma do ensino, que introduziu nas escolas as ideias iluministas. Outra foi a expulsão dos jesuítas e a modificação da estrutura educacional que eles mantinham no Brasil. Somente assim os estudantes brasileiros que se encaminhavam para as universidades portuguesas puderam estabelecer contato com as novas ideias caracterizadas pela secularização do pensamento, pela aceitação das novas ciências e da técnica, bem como pelo contato com obras de autores iluministas, embora Pombal fizesse restrições às ideias de Rousseau, Diderot e Voltaire. Aliás, foram essas ideias que influenciaram os jovens conjurados pela independência do Brasil.

Influência Moderna

Na primeira metade do século XIX, as filosofias francesa e alemã predominavam entre os intelectuais brasileiros. Em 1812, o padre Diogo Feijó escreveu um compêndio de filosofia, roteiro que servia de base às suas aulas e no qual se nota a influência kantiana. Em Pernambuco, frei Caneca (frei Joaquim do Amor Divino Rabelo e Caneca) escreveu diversos textos, cartas e panfletos com nítida ascendência francesa iluminista, sobretudo de Montesquieu, criticando Dom Pedro I e conclamando o povo a resistir à opressão, na luta pela liberdade e pela igualdade.

É frei Francisco de Mont'Alverne (1784-1858), porém, que os historiadores consideram nosso primeiro filósofo. Não tanto por seu

Compêndio de Filosofia, publicado postumamente, mas em decorrência de suas falas como pregador e de sua atividade de professor no Rio de Janeiro e em São Paulo. Sua filosofia se caracteriza pelo ecletismo espiritualista, que marca o pensamento no período imperial. Era essa também a tendência filosófica ensinada nos cursos preparatórios às faculdades de direito de Recife e de São Paulo, bem como nas de medicina do Rio de Janeiro e de Salvador.

Novas Ideias

No final do século XIX começa a oposição à filosofia de inspiração católica e ao ecletismo. As novas ideias surgem com a burguesia, interessada nas conquistas das ciências, e cujos filhos se encaminham para as carreiras militar, de medicina e engenharia. A tendência cientificista e naturalista se configura principalmente na adesão à filosofia positivista de Auguste Comte, ao evolucionismo de Herbert Spencer e ao monismo materialista de Ernest Haeckel.

Na última década que antecede a Proclamação da República, o comtismo encontra no Brasil terreno fértil para se expandir, sobretudo na expressão ortodoxa, que inclui a doutrina e a religião da humanidade. Os principais representantes, Miguel Lemos (1854-1917) e Teixeira Mendes (1855-1927), divulgaram as ideias positivistas em artigos de revistas, jornais e em publicações diversas, além de fundar a Igreja e Apostolado Positivista do Brasil, cujo templo se situa na cidade do Rio de Janeiro. São eles também os idealizadores da bandeira republicana brasileira, com o dístico "Ordem e Progresso".

Na mesma época, juristas como os sergipanos Tobias Barreto (1839-1889) e Sílvio Romero (1851-1914), seu seguidor e amigo, buscaram novos rumos para o pensar. Tobias Barreto, antiescolástico, iniciou-se pelo ecletismo, pensamento hegemônico de seu tempo, mas em seguida foi seduzido pelo positivismo e depois mergulhou na leitura dos alemães, quando sofreu a influência do monismo evolucionista e do materialismo de Haeckel.

Sílvio Romero, embora formado em estudos jurídicos, destacou-se na área das Letras, como autor da importante *História da Literatura Brasileira* (1882), além de ter sido cofundador da Academia Brasileira de Letras em 1897. Foi o primeiro historiógrafo da produção filosófica nacional, com seu livro *A Filosofia no Brasil* (1878), e também escreveu sobre filosofia do direito, entre inúmeras obras produzidas.

O cearense Raimundo de Farias Brito (1862-1917), formado em Direito, representou um esforço de renovação espiritualista contra o positivismo e o materialismo da Escola de Recife, de Tobias de Barreto. O ideal que impulsionava o filósofo é a ordem moral: para ele a filosofia visa resolver o problema da vida, do sofrimento e da morte. Considerava que todas as religiões estão mortas, sendo necessário criar uma religião nova: "A meu ver, a religião pode ser definida nesses termos: é a moral organizada. E isto quer dizer: é a sociedade organizada pela lei moral, é a sociedade governada pela razão". Ou seja, só a filosofia poderia regenerar o mundo. Entre suas obras estão *A Finalidade do Mundo* e *Ensaios sobre a Filosofia do Espírito*.

Universidades

Na maior parte da produção filosófica brasileira até o início do século XX, prevaleceu o cunho amador. Faltava uma comunidade de pensamento, pois até então não havia tradição acadêmica para estimular o debate e o confronto de ideias filosóficas.

Essa situação começou a mudar lentamente após a reforma do ensino superior, com a criação da Universidade de São Paulo (USP) em 1934. Para a Faculdade de Filosofia, Ciências e Letras foram convidados professores estrangeiros, em especial os franceses, cujo pensamento predominou até fins do século XX.

Na mesma época formou-se a Universidade Nacional, no Rio de Janeiro, e foi reconhecida a Faculdade de Filosofia São Bento (embrião da futura Pontifícia Universidade Católica de São Paulo – PUC-SP). Paralelamente às universidades, outros centros de pesquisa foram criados, como: Instituto Brasileiro de Filosofia (1949), Centro Dom Vital (década de 1920), Sociedade Brasileira de Filosofia (1927), Centro Brasileiro de Análise e Planejamento (1969), Sociedade Brasileira de Filósofos Católicos (1970) e Centro de Documentação do Pensamento Brasileiro (1982).

Foi importante também a fundação do Instituto Superior de Estudos Brasileiros (Iseb), em 1955, que reuniu pensadores de diversas tendências ideológicas – sociológicos, historiadores e filósofos –, dispostos a repensar a cultura e a identidade brasileiras, na tentativa de romper a tradição colonial de transplante cultural. Esse esforço representou uma vasta produção, interrompida pelo fechamento do Iseb pela ditadura militar.

O grande diferencial introduzido na área da filosofia pelo número crescente de novas universidades foi o alargamento das atividades acadêmicas, com produção de livros, tradução de autores estrangeiros e publicação de revistas especializadas. A partir de 1970, com a expansão do programa de pós-graduação, ocorreu maior efervescência intelectual em razão da defesa de teses de mestrado e doutorado. O incentivo de órgãos governamentais, ao conceder bolsas de estudo no exterior, e o surgimento de organizações para a promoção de simpósios e congressos foram outras condições que favoreceram o confronto de ideias e a ampliação do campo de reflexão dos filósofos.

74 – Ciência, Tecnologia e Sociedade

Na década de 1970, consolidaram-se os estudos sobre as relações entre a ciência, a tecnologia e a sociedade (CTS). Esses estudos converteram-se em departamentos, em algumas universidades, e até mesmo entraram no currículo do ensino médio.

Reflexão Filosófica

Os estudos CTS surgem da necessidade de analisar criticamente o impacto social da ciência e da tecnologia. Autores como Lewis Mumford (1895-1990) e Bruno Latour (1947-2022) aprofundaram-se nessas reflexões – que são de caráter interdisciplinar, uma vez que relacionam os avanços científico-tecnológicos com disciplinas tradicionais como a filosofia, a história, a sociologia ou a economia.
O questionamento inicial é que, se a ciência e a tecnologia têm um inegável impacto social, deveriam ser analisadas criticamente não só pelos cientistas, mas também pelos afetados pelo desenvolvimento da CT. Daí surgiu uma dupla perspectiva: por um lado, os que defendem que os cientistas sabem o que estão fazendo e não devem dar ouvidos a comentários de não-especialistas, por outro lado, os que consideram que os não-cientistas devem ter algo a dizer em relação ao que a ciência faz e como faz.

Qualidades Políticas

Uma das razões para o desenvolvimento dessa reflexão foi o significado político da tecnologia. Langdon Winner (1944-), em *A Baleia e o Reator*, analisa dois casos em que a tecnologia ou pode ser utilizada como meio para resolver assuntos políticos ou pode ser tratada como caso político.
Para ilustrar o segundo caso, expõe como Robert Moses – engenheiro e construtor de parques, estradas e pontes em Nova York de 1920 a 1970 – projetou as pontes de acesso sobre Long Island, passagem em direção a Jones Beach. Eram construções baixas, para garantir que os ônibus não passassem por elas e não tivessem acesso à praia. Desse modo, somente as classes proprietárias de carros (alta e média) poderiam chegar à praia. As pessoas pobres, que utilizavam transporte público, não tinham acesso a ela. Esse é um claro exemplo de como se pode fazer política com a tecnologia.

Outro exemplo do uso da tecnologia para resolver assuntos públicos encontra-se na fábrica de foices Cyrus McCormick, de Chicago. Foram introduzidos moldadores mecânicos a um custo de 500 mil dólares e com eficiência não comprovada; as máquinas eram utilizadas por operários menos qualificados do que aqueles que usavam os equipamentos antigos; assim, os funcionários com mais tempo de casa foram demitidos. As máquinas novas foram substituídas três anos depois, mas já tinham cumprido seu objetivo: acabar com o sindicato. Naquela época, a Cyrus McCormick tinha conflitos com a National Union of Iron Moldes (Sindicato Nacional dos Moldadores de Ferro) e obteve maior benefício financeiro com uma produção de menor qualidade do que atendendo às exigências do sindicato.

Esses exemplos demonstram que é necessária uma análise crítica diante dos avanços tecnológicos. As conclusões chegadas através dos exemplos são: a tecnologia é um modo de organizar o mundo; os debates sociais e os conflitos ideológicos podem ser obstruídos com o uso da tecnologia; cada sociedade exige um tipo de tecnologia.

De maneira consciente ou inconsciente, cada sociedade escolhe um tipo de estrutura tecnológica que influencia a vida dos cidadãos. Cada sociedade contém o que Mumford denomina "megaciência", um grande sistema tecnológico autoritário e poderoso; e "politécnica", uma tecnologia difusa, inventiva e durável.

Um exemplo da primeira seria a energia nuclear, controlada por especialistas e longe de qualquer ingerência social; e exemplos da segunda seriam o rádio e a televisão. Segundo afirmou Daniel Boorstin (1914-2004) em *A República da Tecnologia* (1970), a televisão pode "dissolver exércitos, destituir presidentes, criar um mundo democrático, completamente novo, de uma maneira jamais imaginada".

O problema com o qual o ser humano se defronta hoje é que a ciência se tornou uma estrutura tão imensa que sua responsabilidade ficou difusa. Não se sabe a quem apontar como politicamente responsável por possíveis desgraças ocasionadas por uma inovação tecnológica.

Liberdade e Responsabilidade

A concepção atual do ser humano é tecnológica. Os meios de comunicação de massa fragmentam o pensamento com múltiplas informações. O pensamento acrítico invadiu todas as dimensões da reflexão. A proposta dos estudos de CTS aponta para uma restauração do princípio de responsabilidade: o homem deve ser responsável não somente por suas ações no presente como também por seus efeitos futuros.

Os especialistas em CTS sugerem um paralelismo entre o desenvolvimento dos sistemas técnicos e os sistemas humanísticos, que aprofundam o uso da liberdade e da responsabilidade.

O filósofo Hans Jonas (1903-1993), em *O Princípio da Responsabilidade*, propõe a reformulação do imperativo categórico kantiano para a biologia: "Trabalhe de modo tal que a vida do futuro seja como a de hoje". Imerso na vertigem da sociedade tecnológica, o homem se vê diante da exigência de posturas éticas que salvaguardem a sensibilidade moral, estética, ecológica, afetiva e comunicativa.

Um dos grandes pensadores dos estudos CTS, Langdom Winner, afirma que é preciso observar o contexto em que os avanços políticos e tecnológicos acontecem porque "em nosso tempo as pessoas frequentemente estão dispostas a realizar mudanças drásticas na sua forma de vida para dar lugar à inovação, enquanto resistem a mudanças similares no terreno político".

75 – Filosofia Medieval Atual

O pensamento escolástico foi sendo rompido por Guilherme de Ockham tirando o foco da filosofia cristã medieval para um pensamento mais racionalista e empirista. No século XIX, alguns filósofos retomaram as ideias cristãs medievais e adaptaram para seus conceitos contemporâneos.

Contexto

A ruptura da tradição escolástica começou no século XIV com Guilherme de Ockham e aumentou durante a Ilustração, ou Iluminismo, em virtude da tendência à secularização (laicização) do pensamento e à expansão da religião natural.

No século XIX, em diversos países, houve tentativas de retomar a tradição escolástica. Um dos mais importantes representantes dessa corrente foi o filósofo espanhol Jaime Balmes (1810-1848), que criticou as correntes da filosofia moderna, sobretudo o ceticismo, o racionalismo, o materialismo, o idealismo e o panteísmo. Com ele concordou o papa Leão XIII, que em 1879 escreveu a encíclica *Aeterni Patris*. No documento, Leão XIII censura "a ideologia dos homens blasfemos, soberbos, sedutores, que erram e induzem os outros ao erro".

Neotomismo

Na tentativa de recuperar os valores cristãos enquadra-se o filósofo mais representativo da neoescolástica, o francês Jacques Maritain (1882-1973), considerado o iniciador de uma corrente filosófica denominada humanismo cristão. Foi aluno do filósofo Henry Bergson e aderiu ao socialismo revolucionário; mais tarde, converteu-se ao catolicismo e em 1908 passou a estudar a obra de Tomás de Aquino. Maritain foi professor nas universidades de Toronto, Princeton e Columbia. Escreveu sobre filosofia política e publicou, entre outros livros, *Os Direitos do Homem e a Lei Natural* (1942) e *A Filosofia na Cidade* (1960). De volta à França e depois da morte de sua esposa, entrou em um convento em Toulouse, cidade onde morreu em 1973.

Outro importante representante do neotomismo foi o historiador da filosofia Etienne Gilson (1884-1978), que realizou estudos e interpretações do pensamento tomista. Lecionou na Sorbonne, no Collège de France e na Universidade de Toronto. Foi um dos responsável não somente por suas ações no presente como também por seus efeitos futuros.

Os especialistas em CTS sugerem um paralelismo entre o desenvolvimento dos sistemas técnicos e os sistemas humanísticos, que aprofundam o uso da liberdade e da responsabilidade.

O filósofo Hans Jonas (1903-1993), em *O Princípio da Responsabilidade*, propõe a reformulação do imperativo categórico kantiano para a biologia: "Trabalhe de modo tal que a vida do futuro seja como a de hoje". Imerso na vertigem da sociedade tecnológica, o homem se vê diante da exigência de posturas éticas que salvaguardem a sensibilidade moral, estética, ecológica, afetiva e comunicativa.

Um dos grandes pensadores dos estudos CTS, Langdom Winner, afirma que é preciso observar o contexto em que os avanços políticos e tecnológicos acontecem porque "em nosso tempo as pessoas frequentemente estão dispostas a realizar mudanças drásticas na sua forma de vida para dar lugar à inovação, enquanto resistem a mudanças similares no terreno político".

75 – Filosofia Medieval Atual

O pensamento escolástico foi sendo rompido por Guilherme de Ockham tirando o foco da filosofia cristã medieval para um pensamento mais racionalista e empirista. No século XIX, alguns filósofos retomaram as ideias cristãs medievais e adaptaram para seus conceitos contemporâneos.

Contexto

A ruptura da tradição escolástica começou no século XIV com Guilherme de Ockham e aumentou durante a Ilustração, ou Iluminismo, em virtude da tendência à secularização (laicização) do pensamento e à expansão da religião natural.

No século XIX, em diversos países, houve tentativas de retomar a tradição escolástica. Um dos mais importantes representantes dessa corrente foi o filósofo espanhol Jaime Balmes (1810-1848), que criticou as correntes da filosofia moderna, sobretudo o ceticismo, o racionalismo, o materialismo, o idealismo e o panteísmo. Com ele concordou o papa Leão XIII, que em 1879 escreveu a encíclica *Aeterni Patris*. No documento, Leão XIII censura "a ideologia dos homens blasfemos, soberbos, sedutores, que erram e induzem os outros ao erro".

Neotomismo

Na tentativa de recuperar os valores cristãos enquadra-se o filósofo mais representativo da neoescolástica, o francês Jacques Maritain (1882-1973), considerado o iniciador de uma corrente filosófica denominada humanismo cristão. Foi aluno do filósofo Henry Bergson e aderiu ao socialismo revolucionário; mais tarde, converteu-se ao catolicismo e em 1908 passou a estudar a obra de Tomás de Aquino. Maritain foi professor nas universidades de Toronto, Princeton e Columbia. Escreveu sobre filosofia política e publicou, entre outros livros, *Os Direitos do Homem e a Lei Natural* (1942) e *A Filosofia na Cidade* (1960). De volta à França e depois da morte de sua esposa, entrou em um convento em Toulouse, cidade onde morreu em 1973.

Outro importante representante do neotomismo foi o historiador da filosofia Etienne Gilson (1884-1978), que realizou estudos e interpretações do pensamento tomista. Lecionou na Sorbonne, no Collège de France e na Universidade de Toronto. Foi um dos

melhores medievalistas de todos os tempos. Em 1926 fundou a revista *Archives d'histoire doctrinale et littéraire du moyen âge*.
O tomismo chegou ao Brasil, na época colonial, com a Companhia de Jesus, e influenciou gerações de estudantes. Em 1908 o belga neotomista monsenhor Charles Sentroul criou, no Mosteiro de São Bento, o curso superior de filosofia, embrião da Faculdade Católica de São Bento. Lá lecionaram o belga Leonardo Van Acker e Alexandre Corrêa. Este último foi o tradutor, para o português, da *Suma Teológica* de Tomás de Aquino. Outros pensadores se destacaram, tais como o padre Leonel França, que escreveu um livro sobre história da filosofia, e ainda Alceu Amoroso Lima, cujo pseudônimo literário era Tristão de Ataíde.
O neotomismo não constitui o único grupo filosófico de inspiração cristã. Podem ser encontradas seguidoras do agostinismo, de Santo Agostinho, e do escotismo, de Duns Scot, entre outras. O neotomismo, porém é o grupo mais importante, tanto por sua influência como pelo número de seguidores, assentados principalmente na França, na Bélgica e na Alemanha, estendendo-se também aos Estados Unidos.
Nas reuniões da sociedade neotomista estudam-se outras correntes filosóficas, como a fenomenologia e o existencialismo. Também podem ser encontrados exemplos da abertura do tomismo em relação a outras filosofias na bioética, com seus estudos sobre a dignidade humana, além da defesa dos direitos do homem em relação à vida.
A publicação bibliográfica da escola, *Bulletin Thomiste*, apresenta anualmente cerca de 500 indicações de livros e resumos. Também existem as revistas tomistas. Os centros mais importantes do tomismo são o Instituto Superior de Filosofia da Universidade de Louvain, o Instituto Católico de Paris, a Universidade Católica de Milão, o *Angelicum* romano e a Universidade de Friburgo.

Democracia Cristã

A filosofia de Jacques Maritain terá como consequência política o aparecimento da democracia cristã dentro do catolicismo. Na encíclica *Rerum Novarum* (1891), de Leão XIII, plasma-se uma doutrina social para contestar o liberalismo e o socialismo. Em polêmica com este último, a encíclica reafirma o direito à propriedade privada, mas apelando à solidariedade entre as classes sociais e à responsabilidade do indivíduo para com a sociedade. A partir desse documento, a Igreja permitirá a criação de partidos políticos e de movimentos comprometidos com a ação social e política, todos de inspiração cristã.

Volumes da Coleção:

Volume 1 – História Geral

Volume 2 – História do Brasil

Volume 3 – História da Filosofia

Volume 4 – História das Religiões

Volume 5 – História da Arte

Volume 6 – História da Música

Volume 7 – História da Literatura

Volume 8 – História do Cinema

Volume 9 – História dos Videogames

www.ingramcontent.com/pod-product-compliance
Lightning Source LLC
Chambersburg PA
CBHW050047230526
45470CB00004B/1430